编委会

主　编： 叶雪雯（东莞市大朗医院）郑穗瑾（东莞市厚街医院）

副主编： 叶巧章（东莞市大朗医院）张苏梅（东莞市大朗医院）
解　琼（东莞市厚街医院）王慧媛（东莞市厚街医院）

编　委： 孙妙艳（东莞市大朗医院）邓翠芳（东莞市大朗医院）
黄华娟（东莞市大朗医院）王秀华（东莞市大朗医院）
刘连友（东莞市大朗医院）张玉玲（东莞市大朗医院）
谢敏华（东莞市大朗医院）叶醒愉（东莞市大朗医院）
张婉玲（东莞市大朗医院）黎淑贞（东莞市大朗医院）
叶婉萍（东莞市大朗医院）陈巧媚（东莞市大朗医院）
尹嘉雯（东莞市大朗医院）黎秀娟（东莞市大朗医院）
谢绮雯（东莞市大朗医院）方肖琼（东莞市厚街医院）
方红芳（东莞市厚街医院）
欧阳莉茜（东莞市厚街医院）
秦姣红（东莞市厚街医院）王彩红（东莞市厚街医院）
曲轶枫（东莞市厚街医院）卢近好（东莞市厚街医院）
叶敏欢（东莞市厚街医院）刘金荣（东莞市厚街医院）
萧慧敏（东莞市厚街医院）
周福心（东莞市妇幼保健院）
李婉仪（东莞市妇幼保健院）
段冬梅（东莞市妇幼保健院）
朱建英（东莞市妇幼保健院）
袁慧贞（东莞市妇幼保健院）

婴幼儿照护全书

叶雪雯　郑穗瑾　主编

暨南大學出版社
JINAN UNIVERSITY PRESS

中国·广州

图书在版编目（CIP）数据

婴幼儿照护全书/叶雪雯，郑穗瑾主编．—广州：暨南大学出版社，2023.1

ISBN 978-7-5668-3146-0

Ⅰ.①婴…　Ⅱ.①叶…②郑…　Ⅲ.①婴幼儿—哺育　Ⅳ.①TS976.31

中国版本图书馆 CIP 数据核字（2021）第 084388 号

婴幼儿照护全书

YINGYOU'ER ZHAOHU QUANSHU

主编：叶雪雯　郑穗瑾

出 版 人： 张晋升
策划编辑： 杜小陆
责任编辑： 黄　颖　梁念慈
责任校对： 苏　洁　黄晓佳
责任印制： 周一丹　郑玉婷

出版发行： 暨南大学出版社（511443）
电　　话： 总编室（8620）37332601
营销部（8620）37332680　37332681　37332682　37332683
传　　真：（8620）37332660（办公室）　37332684（营销部）
网　　址： http：//www.jnupress.com
排　　版： 广州良弓广告有限公司
印　　刷： 佛山市浩文彩色印刷有限公司
开　　本： 787mm×960mm　1/16
印　　张： 15.75
字　　数： 281 千
版　　次： 2023 年 1 月第 1 版
印　　次： 2023 年 1 月第 1 次
定　　价： 59.80 元

前　言

新生命的诞生给每个家庭带来了无尽的快乐，但与此同时，各种问题也接踵而来。宝宝哭了，是哪里出了问题？宝宝饿了，是吃母乳还是吃奶粉？大便后怎么擦怎么洗？发热了，吃药物退烧还是物理降温？一大堆的育儿难题，让年轻的父母在最初的几个月甚至更长的时间里感到手忙脚乱，无所适从。育儿需要从零学起，不仅需要学习基本的育儿知识，更要从实践中学会具体操作。作为父母，不仅要关注婴儿的身体发育是否健康，更要学习如何激发婴儿体内蕴藏的无限潜能……

为了更好地普及科学的育儿知识，我们在众多专家学者的倾力协助下编写了这本《婴幼儿照护全书》。本书的一大特色是通过丰富的图片，为年轻父母提供更形象、直观的护理养育实操方法。本书中所有图片均为编者原创，涉及肖像已取得授权同意，不涉及版权问题。

本书内容分为上下两编，共十四章。上编详细阐述了如何照护新生儿，分别从新生儿喂养、新生儿日常起居照护、新生儿睡眠安全与照护、新生儿家庭情感的建立、新生儿免疫接种、新生儿常见疾病照护、新生儿异常情况的识别与应对、新生儿的安全防范几个方面进行讲解。

下编详细阐述了对婴幼儿的照护，分别从婴幼儿的膳食照护、婴幼儿生活照护、婴幼儿的教育辅导、婴幼儿的心理成长教育辅导、婴幼儿常见病照护、婴幼儿的安全照护几个方面进行讲解。

适合阅读本书的人群有：母婴护理从业人员如月嫂、月子会所母婴护理人员、医院妇幼医生和母婴护理人员等；孕妇和对其进行产后看护的家属（父母、公婆、丈夫等）。

由衷希望本书能够给新手父母及母婴护理从业人员带来全新的育儿理念、丰富的育儿知识和科学的育儿方法，从而在本书的指导下，找到一套属于自己的最实用的育儿方法，为孩子的健康发育、平安成长保驾护航。

作　者

2022 年 4 月

目　录

前　言　/001

上编　新生儿照护

第一章　新生儿喂养　/002

第一节　新生儿期的生理特点与常见的生理状态　/002
第二节　培养良好的新生儿喂养习惯　/005
第三节　新生儿母乳喂养　/006
第四节　新生儿人工喂养　/016
第五节　新生儿混合喂养　/021
第六节　给新生儿喂水　/022

第二章　新生儿日常起居照护　/024

第一节　新生儿的清洁护理　/024
第二节　托抱新生儿　/027
第三节　给新生儿穿、脱衣服　/029
第四节　给新生儿更换纸尿裤或传统尿布　/032
第五节　新生儿衣物洗涤　/034
第六节　观察新生儿大、小便及其异常　/035
第七节　新生儿脐部护理　/038
第八节　新生儿眼部护理　/040
第九节　新生儿口腔护理　/043
第十节　新生儿臀部护理　/045
第十一节　新生儿皮肤护理　/047
第十二节　新生儿抚触　/049

第三章　新生儿睡眠安全与照护　/052

第一节　新生儿拥抱反射　/052
第二节　新生儿睡眠安全照护的内容与方法　/053

第三节 培养新生儿良好的睡眠习惯 /055

第四章 新生儿家庭情感的建立 /058
第一节 母婴情感的维护 /058
第二节 父婴情感的维护 /060
第三节 多孩间情感的维护 /061
第四节 父母与新生儿游戏活动的开展 /063

第五章 新生儿免疫接种 /067
第一节 乙肝疫苗 /067
第二节 卡介苗 /068

第六章 新生儿常见疾病照护 /069
第一节 新生儿呼吸道感染照护 /069
第二节 新生儿黄疸照护 /072
第三节 新生儿泪腺堵塞、结膜炎的识别与照护 /074
第四节 新生儿鹅口疮的识别与照护 /080
第五节 新生儿脐炎的识别与照护 /081
第六节 新生儿红臀的识别与照护 /084
第七节 新生儿肠胀气及肠绞痛的识别与照护 /087

第七章 新生儿异常情况的识别与应对 /093
第一节 新生儿呼吸道异物的识别与应对 /093
第二节 非正常新生儿的识别与照护 /097
第三节 新生儿常见异常情况的识别与应对 /103

第八章 新生儿的安全防范 /121
第一节 新生儿摔伤防范与应急处理 /121
第二节 新生儿衣物安全与捂闷防范和处理 /124
第三节 新生儿滑脱与坠床防范 /129
第四节 新生儿皮肤损伤防范 /131

下编 婴幼儿照护

第九章 婴幼儿的膳食照护 /134

第一节 婴幼儿的营养需求 /134
第二节 婴幼儿膳食器具的清洁和消毒 /138
第三节 蛋黄泥的制作 /140
第四节 苹果泥的制作 /140
第五节 米糊的制作 /141
第六节 蛋黄羹的制作 /142
第七节 肉末菜粥的制作 /143
第八节 鱼蓉软饭的制作 /144

第十章 婴幼儿生活照护 /145

第一节 婴幼儿生活自理能力的训练 /145
第二节 婴幼儿日间照护 /148
第三节 婴幼儿的正确刷牙 /153
第四节 婴幼儿的大、小便照护 /154
第五节 婴幼儿的睡眠照护 /159
第六节 婴幼儿的哭闹安抚 /160

第十一章 婴幼儿的教育辅导 /162

第一节 婴幼儿的生长发育 /162
第二节 婴幼儿的主被动操运动 /172
第三节 婴幼儿的模仿操运动 /177
第四节 婴幼儿的粗大动作训练 /179
第五节 婴幼儿手指精细动作的训练 /183
第六节 婴幼儿的语言训练 /186
第七节 婴幼儿的认知训练 /188
第八节 婴幼儿的社会交往训练 /191
第九节 婴幼儿的玩具甄选 /194
第十节 婴幼儿的绘本甄选 /196
第十一节 婴幼儿的儿歌和故事讲述 /198

第十二章　婴幼儿的心理成长教育辅导　/200
第一节　婴幼儿的内在心理诉求　/200
第二节　婴幼儿的日常情绪疏导　/201
第三节　婴幼儿主动合作意识的培养　/204
第四节　亲子关系优化的方法　/205
第五节　婴幼儿家庭养育观念　/206

第十三章　婴幼儿常见病照护　/209
第一节　婴幼儿感冒照护　/209
第二节　婴幼儿发热照护　/212
第三节　婴幼儿咳嗽照护　/215
第四节　婴幼儿荨麻疹照护　/218
第五节　婴幼儿手足口病照护　/220
第六节　婴幼儿肺炎照护　/221
第七节　婴幼儿湿疹照护　/223
第八节　婴幼儿腹泻照护　/226
第九节　婴幼儿的给药方法　/228

第十四章　婴幼儿的安全照护　/232
第一节　婴幼儿的行走安全照护　/232
第二节　婴幼儿的乘车安全照护　/234
第三节　婴幼儿的摔伤防护　/236
第四节　婴幼儿的烫伤防护　/238
第五节　婴幼儿的烧伤防护　/239
第六节　婴幼儿的玩具及用品伤害防范　/240
第七节　婴幼儿的公共场所伤害防护　/242
第八节　婴幼儿的宠物伤害防护　/243

参考文献　/245

上编　新生儿照护

第一章　新生儿喂养

第一节　新生儿期的生理特点与常见的生理状态

新生儿从出生后脐带结扎开始，到第28天整的这一段时间称为新生儿期。绝大多数新生儿为足月产儿，即胎龄在37周以上，出生时体重超过2 500g，无任何疾病。

一、新生儿期的生理特点

（一）外观特点

1. 身体

头大躯干长，头部与全身的比例为1∶4。胸部多呈圆柱形，腹部呈桶状；四肢短，常呈屈曲状，指（趾）甲到达或超过指（趾）端，足底纹遍及足底。

2. 皮肤

出生时，皮肤覆盖一层灰白色的胎脂，出生后数小时内可被吸收；胎毛少，肤色红润，皮下脂肪丰满，个别新生儿在背部、臀部常有蓝绿色色斑，此为特殊色素细胞沉着所致，俗称青记或胎生青痣，随年龄增长而逐渐消失。

3. 头颅

头颅骨软，骨缝未闭，具有前囟及后囟。前囟直径通常为2～4cm，12～18个月后闭合；后囟出生时很小（0～1cm）或已闭合，最迟于出生后6～8周闭合。

4. 耳朵

耳壳软骨发育好，耳舟成形，越成熟则耳软骨越硬。

5. 胸部

多呈圆柱形，乳腺结节平均为7mm。

6. 生殖器

男婴睾丸已降至阴囊内，女婴大阴唇遮盖住小阴唇。

（二）生理特点

1. 呼吸系统

新生儿在出生数秒钟内即建立呼吸，由于其胸腔小、胸廓运动浅，主要依靠膈肌升降而呈腹式呼吸状态，呼吸频率为40～60次/分。

2. 循环系统

新生儿的心脏为横位，2岁以后逐渐转为斜位。安静时，正常足月新生儿心率为120～140次/分，血压正常范围为收缩压50～90mmHg、舒张压30～65mmHg。

3. 消化系统

由于新生儿的胃呈水平位，食管下端括约肌松弛而幽门括约肌发达，故吃奶后易出现溢奶、吐奶的情况。新生儿出生后12～24小时排胎粪，2～3天排完。胎粪为墨绿色、黏稠状，由胎儿期肠道分泌物、胆汁及咽下的羊水浓缩而成，3～4天转为过渡性大便。若24小时未排胎粪，应查明原因，排除消化道畸形的情况。

4. 泌尿系统

新生儿出生时肾单位数量与成人相当，但其生理功能尚不完善，故易出现水肿或脱水、尿潴留等症状。女婴尿道短，仅1cm，且接近肛门，易发生细菌感染；男婴尿道长，多有包茎、积垢，也可能引起上行性感染。

新生儿出生后24小时内开始排尿，正常尿量为每小时1～3mL/kg，每小时尿量小于1mL/kg为少尿，每小时尿量小于0.5mL/kg为无尿。出生后前几天的尿液放置会出现褐色沉淀，是尿中含尿酸盐较多所致。

5. 血液系统

新生儿血容量约占体重的10%，为80～100mL/kg。出生后6～12小时因进食少和不显性失水，红细胞数和血红蛋白量会比刚出生时高，随后因生理性溶血，出生后10天左右，红细胞数和血红蛋白量会比出生时减少20%。

6. 神经系统

新生儿头部相对较大，占体重的10%～12%，而足月儿大脑皮质兴奋性低，睡眠时间长，每天要睡20～22小时。新生儿已具备的原始反射包括觅食反射、吸吮反射、握持反射、拥抱反射和交叉反射。

7. 能量代谢

胎儿的糖原储备少，在娩出后的12小时内若未及时进食补充，容易出现低血糖反应。

8. 免疫系统

新生儿的特异性免疫和非特异性免疫功能均不成熟，唯有免疫球蛋白IgG可以通过胎盘由母体获得，使新生儿对一些传染病有免疫力而不被感染。由于IgA和IgM不易透过胎盘，因此新生儿易感染且感染易扩散。

二、新生儿期常见的生理状态

（一）生理性体重下降

新生儿出生后2～4天由于摄入少、不显性失水及胎粪排出等原因，体重会下降6%～9%，但一般不超过10%，10天左右恢复至出生体重。

（二）生理性黄疸

生理性黄疸是新生儿胆红素代谢的特点，是新生儿在生长过程中的一种正常的生理现象，是体内胆红素浓度过高而出现的皮肤黏膜黄染现象。足月儿的血清总胆红素不超过12.9mg/dL，早产儿的血清总胆红素不超过15mg/dL。

1. 生理性黄疸的原因

生理性黄疸主要与新生儿胆红素代谢的特点有关。除此之外，还与以下几个因素有关：胎儿出生后血氧分压升高，红细胞破坏过多，旁路胆红素来源增多，胆红素氧化酶含量高；新生儿肝功能不成熟，肝脏摄取、结合，排泄胆红素功能差；肝肠循环不成熟。这些因素共同导致新生儿胆红素增多而发生黄疸，这只是一种暂时现象，所以称为生理性黄疸。

2. 生理性黄疸的特点

新生儿一般在出生后2～3天出现生理性黄疸，4～5天达最高峰，这种现象足月儿一般在7～10天消失，早产儿由于血浆白蛋白偏低，肝功能不成熟，黄疸程度较重，消失得较慢，一般要2～4周，主要表现为皮肤发黄、巩膜发黄、粪便发黄，新生儿一般无不适症。足月儿中有50%～80%的新生儿会出现生理性黄疸，生理性黄疸无须特殊治疗，多可自行消失；部分新生儿可能较严重，会发展成病理性黄疸或胆红素脑病，因此要适当判断，及时治疗。

（三）马牙

“马牙”或称“板牙”（见图1－1），是指在新生儿上颚中线和齿龈部位有黄白色的小点，是上皮细胞堆积或黏液腺分泌所致，数周或数月后可自行消失，但也要防止因自然脱落而引起窒息。

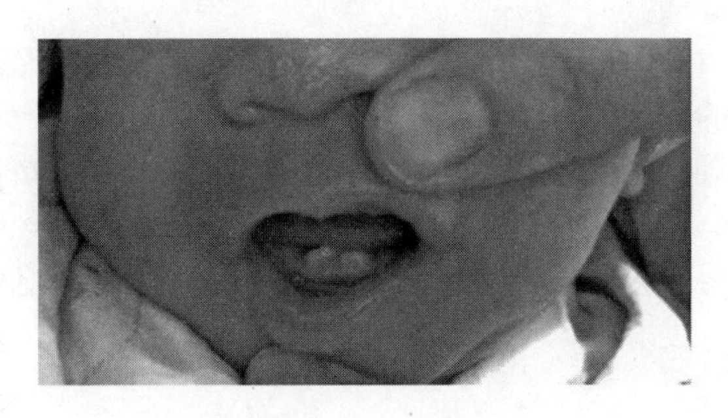

图1－1　马牙

（四）乳腺肿大、假月经

男女新生儿均可发生乳腺肿大，一般在出生后的3～5天发生，如蚕豆至鸽蛋大小，多在2～3周后自行消失，切记不可挤压或挑破。假月经发生在女婴，部分女婴在出生后5～7天会出现类似月经样的阴道流血，一般无须处理，1周后可自行消失。上述情况主要是受出生后母亲雌激素突然中断的影响所致。

（五）粟粒疹

新生儿出生后几天可见鼻尖、鼻翼及颊部因皮脂腺堆积而形成针尖样黄白色的皮疹，称为“粟粒疹”，此疹会自行消失。

（六）血管痣、红斑

个别新生儿出生1～2天后，前额和眼睑上会出现血管痣，数月后可自行消失；或于头部、躯干和四肢出现大小不等的红色斑丘疹，1～2天可自行消失。

（本节作者：叶巧章、邓翠芳）

第二节　培养良好的新生儿喂养习惯

少量的初乳足以预防健康足月新生儿发生低血糖，并有利于提高新生儿吸吮、吞咽和呼吸的协调性。即使在炎热的气候中，健康足月新生儿的身体里也有足够的水分，可满足他们新陈代谢的需要。因此，仅仅提供母乳就可以弥补新生儿体内隐形的水分流失。

每个新生儿都有自己独特的进食特点，父母要区别对待。有的新生儿吮奶几分钟则要休息几分钟，或者吮奶时很快就能睡着。对待这样的新生儿，母亲要留出更多的哺乳时间。父母与新生儿相处一段时间后，就能发现新生儿吮奶的规律和特点了。最好在新生儿刚出现饥饿迹象（吮嘴巴、流口水、吃手等）时就开始喂奶，不要待其哭闹后再喂。在哺乳时尽量避免新生儿睡着，可以轻柔地抚触其耳朵或者背部，如果已经睡着，则不要叫醒，但要拔出乳头，一定不能让新生儿养成含着乳头睡觉的习惯。有些新生儿会在乳头拔出后立刻醒来并继续寻找乳头，这时可以继续哺乳。

（本节作者：叶巧章、邓翠芳）

第三节　新生儿母乳喂养

母乳喂养是指新生儿除母乳外不得接受其他任何食物、饮料甚至是水。母乳喂养应按需进行，不分昼夜，不得使用奶瓶、人造奶头或安抚器。

一、母乳的营养成分

母乳对新生儿来说是最佳的营养来源，又是抵御感染的外源性免疫球蛋白的唯一来源。特别是初乳，脂肪较少，蛋白质较多，含糖量较低，含大量免疫性成分，可增加新生儿的免疫力，并有缓泻作用。母乳的营养成分主要有：

（1）蛋白质。母乳蛋白质由酪蛋白和乳清蛋白组成，前者提供氨基酸。乳清蛋白占总蛋白的2/3，主要成分有α-乳白蛋白、乳铁蛋白、溶菌酶、白蛋白，营养价值高，在胃内形成的凝块小，有利于消化吸收。

（2）碳水化合物。母乳中含有较其他乳制品含量更多的适合新生儿生长发育的乳糖。

（3）脂肪。母乳中含有促进新生儿大脑生长的脂肪。DHA 和 AHA 都属于 OMEGA-3（或称 n-3）系列的脂肪酸，对神经组织的生长发育至关重要。另外，母乳中还含有胆固醇，也能促进新生儿大脑的发育。脂肪以细颗粒的乳剂形态存在，其中较易吸收的油酸酯含量比牛乳多一倍，而挥发性短链脂肪酸比牛乳少 70%。长链不饱和脂肪酸较多，易于消化吸收。母乳中还含有脂肪酶，可促进脂肪消化吸收。

（4）维生素。正常营养的母乳中维生素 A、维生素 E、维生素 C 含量丰富，而维生素 B、维生素 B_2、维生素 B_6、维生素 B_{12}、维生素 K、叶酸含量较少，但能满足新生儿的生理需要。

（5）矿物质。母乳所含矿物质中钙、磷比例适宜，钙的吸收良好，故母乳喂养的新生儿较少发生低钙血症。母乳含铁量虽不多，却能满足新生儿的需求。母乳中的铁有50%能被新生儿吸收，是各种食物中吸收度最好的。母乳中锌的含量虽然较少，但其生物利用率高，可促进锌的吸收。

二、母乳的免疫成分

母乳中含有多种抗细菌、病毒和真菌感染的物质，对预防新生儿感染有重要意义。母乳中含有IgC、IgA和IgM，以初乳含量为最高。母乳中还含有大量免疫活性细胞，包括巨噬细胞、中性粒细胞和淋巴细胞。

三、母乳的分期与成分变化

母乳按不同时期划分，可分为初乳、过渡乳和成熟乳。

（一）初乳

分娩后7天内分泌的乳汁为初乳。初乳是母乳中最宝贵营养价值最高的乳汁，是新生儿的“液体黄金”。初乳含有丰富的蛋白质，还有新生儿不可缺少的铁、铜、锌等微量元素。

（二）过渡乳

从初乳向成熟乳变化，有一个过渡期，产后7～14天分泌的乳汁为过渡乳。相较于初乳，其外观与成分都有变化。

（三）成熟乳

在新生儿出生2周后，产妇的乳汁分泌量增加，呈水样液体，这就是含有丰富营养物质以供新生儿成长所需的成熟乳。

另外，乳汁的成分在每一次哺乳时也有变化，分为前乳和后乳。前乳指母乳喂养时，新生儿先吸出的乳汁。前乳较清淡、稀薄，水的含量比较多，含有丰富的蛋白质、维生素和免疫球蛋白。后乳指前乳之后的乳汁。后乳呈白色，比较浓稠，含有大量的脂肪和乳糖等，提供新生儿发育所必需的能量。

四、母乳喂养对新生儿的好处

母乳是新生儿最理想的食物，它不仅含有新生儿生长发育所需的全部营养成分，而且其成分及比例还会随新生儿月龄的增加有所变化，即与新生儿的成长同步变化，以适应新生儿不同时期的需要。母乳喂养对新生儿的好处可总结为以下几点：

（1）营养丰富，能满足新生儿的需要。母乳所含蛋白质、脂肪、糖的比例合适。母乳蛋白以乳清蛋白为主，酪蛋白少，在胃中形成的凝块小，容易被消化吸收。

（2）母乳喂养的新生儿更聪明。由于新生儿大脑发育速度很快，其得到的养分越多，大脑的发育就越好，母乳是促进大脑发育的最佳食品，为新生儿的大脑发育提供了良好基础。

（3）母乳喂养的新生儿肥胖概率低。由于母乳喂养的方式是新生儿自己决定吮奶的量，不会把胃撑大，有利于建立良好的新陈代谢。

（4）母乳喂养的新生儿身体健康。由于母乳富含抗感染物质，对新生儿起保护作用。母乳喂养的新生儿在其成人之后血压和胆固醇都比较低，他们患 2 型糖尿病等疾病的概率也较低。

五、母乳喂养对产妇的好处

母乳喂养也给产妇带来了巨大的好处，主要有以下几点：

（1）母乳喂养有助于子宫复原。分娩后 30 分钟内让新生儿吸吮乳房能减轻产后出血，促进子宫修复；母乳喂养的产妇子宫复原速度比不是母乳喂养的产妇更加快，并且有利于乳腺的疏通。

（2）母乳喂养可帮助产妇体内的蛋白质、铁和其他所需营养物质通过产后闭经得到储存，有利于产后恢复、延长生育间隔时间。

（3）母乳喂养有利于避孕。

（4）母乳喂养令产妇身体放松、心情愉快，可降低产后抑郁症的发生率。

（5）母乳喂养有利于促进亲子关系。因母乳喂养不仅仅是一种喂养手段，也是一种育儿方式和爱的体现，在哺喂过程中，母亲与孩子之间的共同付出及相互馈赠有助于双方情感的增长。

六、母乳喂养对家庭的好处

母乳喂养能减轻家庭的经济负担。母乳是最新鲜安全的食品，父母可省去准备奶粉及奶具的费用。特别是在夜间，母亲能及时给新生儿哺喂，避免其因没有得到及时哺喂而哭闹，也能保证家庭成员安静入睡，同时减轻因新生儿的哭声而引起产妇的内疚与焦虑感。

母乳喂养能够增强家庭成员之间的感情，有利于稳定家庭关系。

七、母乳喂养对社会的好处

（1）母乳喂养经济实惠，减少资源浪费，节省了代乳品、儿童保健品等各种消费，也节约了奶瓶、消毒用具等方面的附加费用。

（2）母乳喂养安全、卫生、环保、低碳，对人类回归大自然和整个自然界的生态平衡具有非常深远的意义。

（3）母乳喂养能够提高新生儿的身体素质，降低发病率和死亡率，同时提高产妇的健康水平。

八、新生儿的开奶时间

正常新生儿的开奶时间，是从母婴早接触、早吸吮开始。

（1）早接触。新生儿出生后30分钟内让其与产妇进行皮肤接触，接触时间不少于30分钟（皮肤接触时，新生儿与产妇应有目光交流）。

（2）早吸吮。吸吮反射在新生儿出生后10~30分钟最强，应让新生儿在出生后30分钟内开始吸吮产妇双侧乳头。国外提倡产后马上让新生儿吸吮产妇乳头，以获得每一滴初乳，产后30分钟内的接触和早吸吮可练习、巩固吸吮反射、觅食反射及吞咽反射。让新生儿获得初乳，有利于母乳喂养成功。感觉冲动从产妇的乳头传到大脑，其分泌的催乳素经血液到达乳房，可使乳房提早充盈，使乳腺细胞分泌乳汁。此外，早吸吮可使产妇脑垂体释放缩宫素，从而加强子宫收缩，协助胎盘排出，减少产后出血量，降低奶胀的发生率。早期频繁吸吮可以建立催乳反射和排乳反射，有助于乳汁分泌。

九、新生儿的开奶方式

（一）实行母婴同室

母婴同室是指分娩后如果产妇与新生儿都正常，可让新生儿一直待在产妇的身边，始终不分离，这样便于母乳喂养的成功。母婴同室能让新生儿时刻得到母亲的照顾，哭闹和惊醒的次数就会减少，使新生儿情绪比较稳定，并且让新生儿从襁褓之中就可以感受白天与黑夜的变化。对于产妇来说，时刻能看到新生儿，也能降低产后抑郁症发生的概率。另外，母婴同室可对新生儿的暗示及时作出反应。

（二）按需哺乳

所谓按需哺乳，就是不规定喂奶的时间和次数，按照新生儿的需求进行哺乳，或者当产妇感觉乳房充盈或新生儿睡眠时间超过3小时时，就要把新生儿叫醒予以喂奶。

（三）避免给6个月以内的新生儿喂母乳以外的食物

对于母乳喂养的新生儿，一般情况下不能再喂饮料、水等，也不使用任何代乳品，更不建议让新生儿吸吮橡皮乳头和使用奶瓶，以免新生儿把这些东西错认为是母亲的乳头，从而降低对母亲真正乳房和吸吮母亲乳头的兴趣，导致“乳头错觉”和“错认乳头”，甚至影响产妇的乳汁分泌，使得母乳喂养失败。在一般情况下，母乳完全能够满足6个月以内新生儿的需求，如果有医学上的指征需要喂水时，可用小匙来喂。

十、判断新生儿饥饱的方法

仅仅从新生儿吸吮乳头时间的长短来判断新生儿是否饥饱是不正确的，因为有的新生儿在吸空乳汁后还会继续吸吮10分钟或更长时间，还有的新生儿有吸吮乳头睡觉的习惯。另外，仅从新生儿的啼哭也无法准确判断其是否饥饿，因为新生儿也常会因其他原因而啼哭。一般可以从以下两个方面来判断新生儿的饥饱情况：

一是体重增长情况。新生儿的体重增长曲线平缓甚至下降，尤其在新生儿期，其体重低于600g则是体重增长不足的表现，这表明新生儿可能存在哺喂不足的情况。

二是大便情况。大便不正常，出现便秘和腹泻。正常大便为黄色软膏状，奶水不足时，大便会秘结、稀薄、发绿或大便次数增多且每次排出量少，这是新生儿哺喂不足的表现。

另外，吸吮时新生儿的嘴唇呈粉红色，这表明新生儿的嘴唇是向外翻而不是向里卷的。若新生儿的嘴巴和产妇的乳晕之间有一条紧密的接口，说明新生儿牢牢地含住了乳头。新生儿在吸吮时应看不到乳头的底部，只能看到乳晕的外沿，说明大部分乳晕含在新生儿的嘴里，没有乳汁从新生儿的嘴角流出。

吸吮时能听到新生儿吞咽的声音。在新生儿刚出生的几天里，可能要经过5~10次连续吸吮，才能听到新生儿吞咽的声音，一旦产妇的乳汁流量增多，每1~2次吸吮后，就可以听到新生儿吞咽的声音。

十一、母乳不足的处理方法

母乳不足通常是由于产妇营养不良、过度疲劳、睡眠不足、精神紧张而导致，同时母乳分泌量与乳母的体质、饮食、情绪，以及新生儿的吸吮程度相关。因此，如果发现母乳不足一定要先寻找其原因。母乳不足的处理方法有以下四个：

（一）增加吸吮和哺喂次数

新生儿刚出生不久，对奶头的吸吮还不太适应，产妇乳汁的分泌不太充足，这是很正常的，不必着急和忧虑，着急和忧虑反而会使乳汁分泌量减少。产妇分泌乳汁的时间各不一样，有的产妇第一天就分泌很多乳汁，有的产妇好几天才分泌乳汁，重要的是要让新生儿不断地吸吮。可以增加哺喂次数，因为新生儿吸吮得愈多，产妇分泌的乳汁也愈多。这是因为新生儿反复吸吮乳头可刺激产妇的泌乳反射，促使母乳分泌。另外，应避免因母乳不足而添加人工配方奶粉或直接改用奶粉喂养。

（二）加强营养方面的调理

产妇应注意调理饮食，加强营养，保证有足够的营养以产生乳汁。要多进食高蛋白食物，如鸡蛋、瘦肉以及海鲜类食品、豆制品等，还可喝一些排骨汤、棒骨汤、鸡汤、鱼汤、鸡蛋汤、青菜汤等。配方奶对产妇来说也是非常好的营养食品，配方奶中含有很多钙，可防止产妇缺钙。还要注意补充一些动物类肝脏，防止因缺铁导致的贫血。另外，应多进食蔬菜和水果，必要时还可添加一些粗粮，以补充蛋白质及维生素。

（三）生活规律，保持愉快心情

没节制的生活方式或睡眠不足、过度疲劳都会引起母乳分泌不足。产妇要安排好作息时间，安排好工作、学习和生活，保证足够的休息和睡眠时间。精神上的焦虑和紧张会使乳汁分泌减少，应鼓励产妇和亲人、朋友等多进行沟通交流，保持愉快心情。

（四）刺激喷乳反射

母亲尽可能保持和新生儿的皮肤接触和情感连接，如挤奶时将新生儿放在腿上，或挤奶时看着新生儿或新生儿照片；适量饮用温热的白开水、牛奶、汤类，不要饮用浓茶和咖啡；热敷乳房和淋浴。

1. 刺激乳头

用按门铃的方式按压乳头，触碰乳头敏感面，或快速且轻柔地搓揉乳头根部，直到乳头挺立起来，或者出现乳房酥麻感，这个过程一般需要半分钟以上（见图 1－2）。

2. 按摩乳房

从乳房外侧开始，轻轻地往胸壁压，沿着乳腺管的方向用手指打圈按摩，放射状向乳头方向移动，环绕整个乳房，这个过程持续约 1 分钟（见图 1－3）；身体往前倾，轻轻地摇晃乳房，借助地心引力帮助乳汁流动（见图 1－4）。

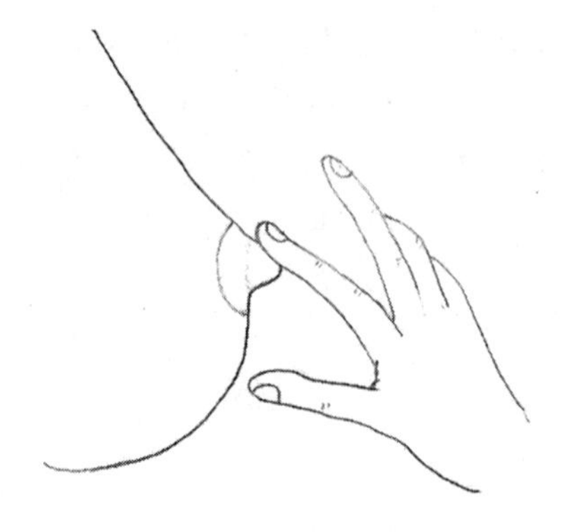

图 1 – 2　刺激乳头

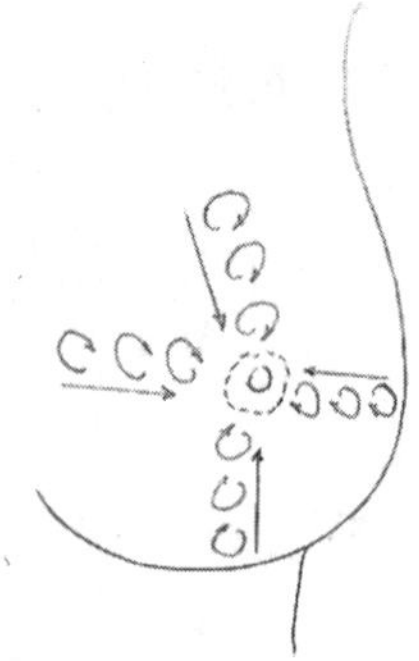

图 1 – 3　按摩乳房

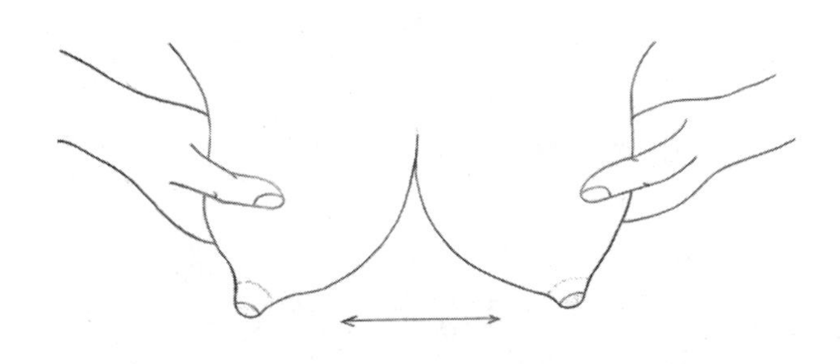

图 1 – 4　摇晃乳房

3. 按摩产妇后背

产妇取坐位，上半身向前弯曲，双臂交叠趴在床上或桌上，将头枕于手臂上。脱去上衣或露出后背，家属或护理人员在产妇脊柱两侧从上向下按摩，双手握拳，伸出拇指，用双拇指用力点压、移动按摩，同时做小圆周运动，拇指沿脊柱下移的同时可向颈部移动。

4. 挤压乳房

为了使新生儿每次都吃到更多的乳汁，可以在哺喂时挤压（并握住）乳房（用吸奶器吸奶时同样处理），如图 1 – 5 所示。这样可以在乳房内形成压力，模拟乳汁释放，有助于促进乳汁的排出，刺激新生儿再次吸吮，并帮助新生儿在更短的时间内获取更多现有的乳汁，如果产妇乳汁过多，有助于提供给新生儿更多脂肪（记住一次或几次喂奶时只吃一边乳房）。若使用吸奶器吸奶，可以增加乳汁的喷出量，更快速地挤出更多乳汁。

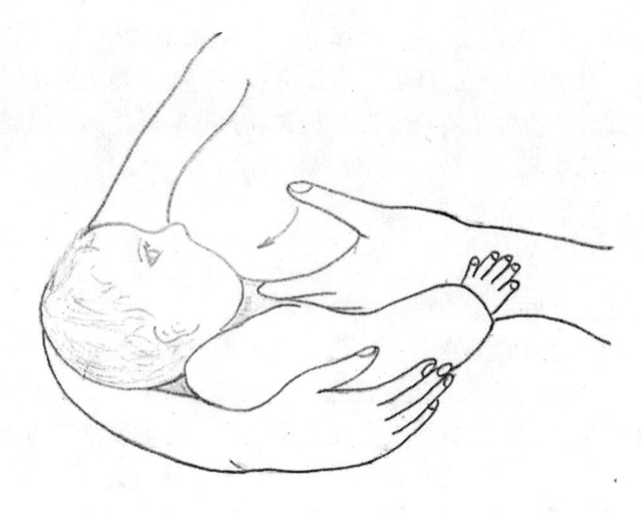

图1－5　挤压乳房

十二、母乳喂养姿势

（一）正确的母乳喂养姿势的意义

早期喂养问题的发生，如乳头损伤、泌乳不足、喂养姿势不正确等，是母乳喂养失败的重要原因。母亲自然舒适的喂养姿势是确保新生儿正确含接乳头和维持有效吸吮的前提，而新生儿正确含接，又是保护母亲乳头和乳房不受伤害以及有效吸尽乳汁的关键，这些对于母乳喂养的开启和维持具有非常重大的意义。

（二）母乳喂养姿势要点

母乳喂养姿势有很多种，没有绝对正确或错误之分，最主要的是帮助母亲找到最舒适放松的姿势，并在母亲熟练掌握喂养姿势后，鼓励和支持其尝试各种喂养姿势。同时教会母亲及其家人使用枕头、靠垫等来支撑腰背和手臂，坐位时使用脚凳抬高膝盖来支撑胳膊，以避免因腰背部无依靠、手臂长时间悬空托住新生儿而导致紧张和疲劳，并提供安静无干扰的环境，使母婴更好地磨合和建立亲密关系。

母亲应给予新生儿的肩、颈以及臀部稳定支撑，让新生儿的颈部能自由活动，避免将其头部推向乳房，也不要着急把乳头塞进新生儿的嘴里。同时保证新生儿的耳朵、肩膀及臀部呈一条直线，避免颈部扭曲而造成含接困难。

新生儿的脸面对母亲乳房，身体正面贴住母亲，始终与母亲保持“三贴一露”：胸贴胸，腹贴腹，下巴贴乳房，鼻孔自然露出。

母亲乳头对准新生儿的鼻尖，母亲可轻触新生儿鼻尖或上嘴唇，逗引其张大嘴，并轻推新生儿的背部帮助其含乳，此时新生儿会有自然仰头的动作，避免鼻孔堵塞。

（三）母乳喂养姿势的选择

1. 侧卧式

此姿势适合产后初期和喂夜奶的母亲。

姿势要点：母亲侧身躺下，头部、腰背部、两腿间各放一个靠枕或者哺乳枕以支撑身体，姿势以自身舒适为宜。靠近新生儿一侧的手可向侧上方弯曲或枕于头下，不要放在新生儿头下；新生儿侧躺面对母亲，下巴紧贴母亲的乳房；母亲用手托起乳房根部，乳头对准新生儿的鼻子，当新生儿张大嘴时轻推其背部，帮助新生儿含住乳房；新生儿开始吸吮时，母亲用手或抱枕支撑新生儿后背防止其挪动，确保其胸腹部贴紧自己，下巴贴近乳房，头自然上扬，如图 1－6 所示。

2. 半躺式

半躺式喂养法又称“生物养育法”，是基于新生儿有能力自己找到母亲乳房并吸吮的相关研究而提出的，其适用性广泛，在产后早期即可使用，能激发原始反射，重启失败的含乳，是最理想的喂养姿势。

姿势要点：母亲背后放靠垫或者枕头，使身体和床面呈 30°～45°，新生儿半趴在母亲的乳房上或者斜趴在母亲胸腹部吸吮；母亲的手臂适当搂住新生儿的臀部，防止其滑落，如图 1－7 所示。

3. 摇篮式

此姿势适合产后可以坐姿喂养的母亲，是最常见的喂养姿势。

姿势要点：母亲身体坐直放松，腰背部放置靠垫，还可准备脚凳；母亲抱起新生儿，手肘支撑新生儿的头颈部，手掌搂住新生儿的臀部，使其头、肩、臀呈一条直线；可将哺乳枕放在手臂和大腿之间以提供支撑；母亲另一只手托起乳房根部，用乳头逗引新生儿的鼻尖或上嘴唇，新生儿张大嘴时，轻推其背部，帮助其含乳。之后可使用靠枕或哺乳枕稳住新生儿的身体，利于其含住更多的乳头和乳晕部分，如图 1－8 所示。

4. 交叉式

此姿势适合早产儿以及吸吮力弱、含乳困难的新生儿，也适合乳房丰满以及手臂较短的母亲。

姿势要点：母亲坐位，以左边乳房喂养为例。用左手从乳房根部托住乳房做好支撑，右手从新生儿身后托住，手掌张开托住新生儿后脑勺（右边乳房喂养则相反），注意不要掐住新生儿的脖子。使用靠垫或者哺乳枕，帮助新生儿含乳；喂养时母亲用右手肘夹住新生儿臀部（右边乳房喂养则相反），避免新生儿吸吮时滑落；新生儿吸吮吞咽顺畅后，母亲可将托乳房的手撤出来，改为双手交叠支撑新生儿的头部，如图 1－9 所示。

5. 平躺式

此姿势适合剖宫产的母亲。

姿势要点：母亲平躺，可将有一定硬度的靠垫放置在喂养一侧的腋下；家人协助将新生儿抱给母亲，母亲一手托住新生儿肩颈，一手托住新生儿臀部，新生儿上半身斜趴在母亲的乳房上，下半身趴在靠垫上。新生儿成功含乳并开始吸吮时，需协助并调整靠枕的高度，给新生儿提供平稳的支撑，避免晃动。建议在分娩前预先模拟该喂养姿势，如图 1－10 所示。

6. 橄榄球式

此姿势适合产后可以坐姿喂养的以及产双胞胎或剖宫产的母亲。

姿势要点：母亲坐在椅子上，身体坐直放松，后背放置靠垫，需要使用哺乳枕。以右边乳房哺乳为例，母亲用右手托住新生儿的头颈，将新生儿的身体放在腋下，使其躺在靠垫或者哺乳枕上，保持新生儿的头、背、臀部呈一条直线。橄榄球式喂养姿势不需要腹贴腹，但需保证新生儿的下巴贴紧母亲的乳房，头自然向上仰，露出鼻孔，如图 1－11 所示。

图 1－6　侧卧式

图 1－7　半躺式

图1－8　摇篮式

图1－9　交叉式

图1－10　平躺式

图1－11　橄榄球式

（本节作者：王慧媛、曲轶枫、卢近好）

第四节　新生儿人工喂养

人工喂养是指在不能母乳喂养的情况下用其他奶粉冲剂代替母乳来喂养新生儿或婴幼儿。母亲不能喂养的原因常有泌乳不足、回归工作等，也有因母亲患有急性传染病、梅毒、艾滋病等疾病或者新生儿自身有疾病需要特殊的奶粉喂养，如苯丙酮尿症、氨基酸代谢性疾病等。

一、配方奶粉的选购辨别与存放要求

（一）配方奶粉的选购辨别

首先，在选购婴幼儿配方奶粉时要注意所标明的营养成分是否齐全，含量是否合理。同时要注意产品的冲调性和口感。质量好的奶粉冲调性好，冲后无结块，液体呈乳白色，品尝起来奶香味浓；而质量差的奶粉冲调性差，存在冲不开的现象，品尝起来奶香味淡，甚至没有奶的味道，或香精味浓。另外，淀粉含量较高的产品冲后呈糊状。

（二）配方奶粉的存放要求及注意事项

奶粉在存放过程中易受外界环境的影响，如温度、湿度及卫生状况等，对于没有密封包装的奶粉，影响就更大。

奶粉应存放在干燥通风的地方，相对湿度不高于75%，温度不高于15℃。如需要长期存放，温度在4℃～5℃为宜，以防脂肪氧化，产生异味或变苦。另外，奶粉应放在清洁无污染的地方。

当奶粉被打开，要密封保管，每次使用后务必盖紧塑料盖，并在一个月内食用完。为便于保存和取用，袋装奶粉开封后，最好存放于洁净的奶粉罐内，奶粉罐使用前应用清洁、干燥的棉巾擦拭，勿用水洗，以免生锈。如果使用玻璃容器盛装，最好选有色玻璃容器，切忌透明玻璃容器。因为奶粉要避光保存，光线会破坏奶粉中的维生素等营养成分。

另外，冰箱环境密闭、低温、潮湿，奶粉长期保存在冰箱中，极易受潮、结块、变质。只有液体状的奶或预混合的液体奶粉才可以存放于冰箱。

二、奶粉冲调方法及注意事项

冲泡奶粉的水必须煮沸，放凉至40℃～45℃，可使用水温计或将水滴至手腕内侧以判断温度。如水温过高，会使奶粉中的乳清蛋白产生凝块，影响人体消化吸收。另外，某些对热不稳定的维生素会被破坏，尤其有的奶粉中添加的免疫活性物质会被全部破坏。

不可用纯净水或矿泉水冲奶粉，因纯净水失去了普通自来水中所有的矿物元素，而矿泉水中本身矿物元素含量较高且复杂。现代家庭的饮用水都经过了科学处理，质量符合标准。

奶粉与水的比例必须按外包装上所写的要求来调配，奶水过浓或过稀，均会影响新生儿的健康。浓度不能过高，因为奶粉中含有钠离子，需要加足量的水稀释，如果奶粉浓度过高，新生儿饮用后会使血管壁压力增加，胃肠负担重，不易消化，肾脏也难以承受，甚至发生肾功能衰竭；奶粉浓度过稀，则会导致蛋白质含量不足，引起新生儿营养不良。

冲泡的奶粉在未饮用的情况下，常温存放不能超过2小时，不可放于温奶器，因为温奶器的温度高于常温，易导致营养物质流失；若放在冰箱冷藏，则不可超过24小时；配方奶应现配现用，若有剩余应丢弃。

冲泡好的奶粉不能再煮沸，否则会使蛋白质、维生素等营养物质的结构发生变化，从而失去原有的营养价值，新生儿再喝这种奶，获得的营养价值也不高，反而可能会引起各种不适。

新生儿奶粉冲调参考：出生 1 ~ 2 天每次喝奶 10 ~ 30mL，出生 1 ~ 2 周每次喝奶 60 ~ 90mL，出生 3 ~ 4 周每次喝奶 100mL，以后再酌量增加。新生儿存在个体差异，食量各不相同，应根据实际情况调整。在新生儿服药时，不可将药物加在奶粉中给其服用。应严格按照产品说明进行奶粉调配，避免过浓或过稀，也不可额外加糖。

三、奶具使用的注意事项及消毒方法

由于新生儿的免疫系统尚未发展健全，没有足够的免疫力对抗外来的细菌和微生物。如奶具（包括奶瓶、奶嘴、奶瓶刷等）清洁不彻底，则容易滋长细菌，让病毒有机会由口传入胃肠道，造成新生儿肠胃不适，导致急性肠胃炎、肠病毒等。因此，为了保障新生儿的安全及健康，一定要做好奶具的消毒清洁工作。

奶瓶是有使用期限的，塑胶奶瓶品质较不稳定，使用一段时间后，瓶身就会因为刷洗和氧化，出现模糊的雾状及奶垢不易清除等情况，所以建议六个月左右更换一次奶瓶，但如果表面有破损及磨损现象，则一定要及时换新；而奶嘴属于消耗品，长期使用后，会发生变硬、变质等情况，且在清洗的过程中也有可能使奶嘴变形，导致新生儿喝奶时发生呛奶危险，因此建议三个月左右更换一次奶嘴，一旦有破损则随时更换。下面介绍几种奶瓶消毒的方法：

（1）奶瓶刷清洗法。先用流动水冲洗奶瓶，再使用奶瓶刷彻底刷净奶瓶内部，注意清洗瓶口螺纹处；清洗奶嘴时，奶嘴和奶嘴座须拆下分开清洗。清洗奶瓶的工作最好在新生儿吮奶完毕后马上进行，若间隔很长一段时间再清洗，瓶内会残留牛奶的油脂，不仅奶瓶难洗，瓶身看起来也会有雾状感。

（2）煮沸消毒法。准备一个不锈钢煮锅，里面装满冷水，水的深度要能完全覆盖所有已经清洗过的奶具（不锈钢煮锅应是消毒奶具专用，不可与家中其他烹调食物混用）。如果是玻璃奶瓶，则需与冷水一起放入锅中，等水烧开后 5 分钟再放入奶嘴、瓶盖等塑胶制品，盖上锅盖煮 3 ~ 5 分钟后关火，待水稍凉后，用消过毒的奶瓶夹取出奶嘴、瓶盖，干后再套回奶瓶上备用。如果是塑胶奶瓶，则要等水烧开之后，再将奶瓶、奶嘴、瓶盖一起放入锅中消毒，煮 3 ~ 5 分钟即可，最后用消过毒的奶瓶夹夹起所有奶具，并置于干净通风处，倒扣沥干。

要注意的是，塑胶奶具不宜久煮，所以建议在水开后再放入，煮3~5分钟即可，否则很容易变质，也可以注意奶瓶上的耐温标示，如果不耐高温，最好使用蒸汽锅消毒。

（3）蒸汽锅消毒法。目前市面上有多种品牌的电动蒸汽锅，可以依照自己的需求来选择，消毒的方式只需要遵照说明书操作，就可以达到消毒奶具的目的。但需注意的是，使用蒸汽锅消毒前，仍应将所有奶具彻底清洗干净，再一起放入蒸汽锅，按上开关，待其消毒完毕，会自动切断电源。

此外，若于消毒24小时后没有使用奶具，使用前需对其重新进行一次消毒，以免滋生细菌。

（4）微波消毒法。将清洗后的奶具盛上清水放入微波炉，打开高火运作10分钟即可，切不可将奶嘴及连接盖放入微波炉，以免其变形、损坏。

注意玻璃奶瓶应该用尼龙奶瓶刷，而塑料奶瓶则使用海绵奶瓶刷，因为尼龙奶瓶刷容易把塑料奶瓶的内壁磨毛，更易积污垢。温度骤然变化易致玻璃奶瓶破裂，在天气冷的情况下，奶瓶需要预热，以防爆裂。

另外，还应注意以下几点：避免配方奶温度过高而烫伤新生儿；防止奶嘴滴速过快，以免新生儿来不及咽下而发生呛奶；避免因奶瓶、奶嘴等用具消毒不洁而造成新生儿口腔、肠胃感染；严格按照配方奶包装上建议的比例用量冲调奶粉。

四、人工喂养的注意事项

（1）人工喂养应取舒适的姿势，以坐姿为宜（见图1－12）。母亲应坐在有扶手、有靠背的椅子上，扶手可以支撑手臂，如果需要，还可以在椅背处或者其他地方添加一个靠垫，舒适即可，避免造成肌肉紧张；让新生儿的头部靠在母亲的肘弯处，背部靠在母亲的前手臂上，母亲呈半竖起的姿势环抱新生儿，并扶住新生儿的手，切忌采用仰卧位喂养姿势，这样会增加新生儿窒息的危险。

（2）喂养时让配方奶充满奶嘴，奶瓶保持一定的倾斜度，先用奶嘴轻触新生儿的嘴唇，刺激其产生吸吮反射，再将奶嘴放入新生儿的口中，注意哺喂时奶瓶与新生儿下颌为45°，以防新生儿吸入空气而引起溢奶、吐奶或腹胀。喂奶时要注意新生儿吮奶的速度，不可过快，停止哺喂时，轻按新生儿的下颌即可拔出奶嘴，中断其吮奶动作。

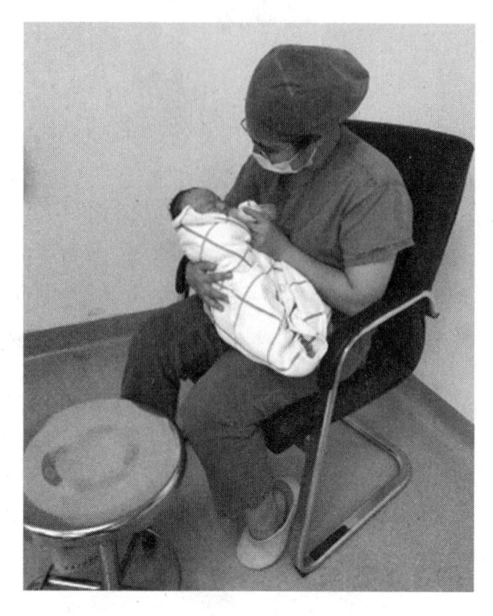

图 1－12　人工喂养

（3）喂奶时的互动交流。给新生儿喂配方奶时，母亲应注意与新生儿进行互动交流，平静而柔和，传递给新生儿放松、舒适且愉快的感觉，如和新生儿轻声说话，与其有目光交流。

（4）喂养次数。新生儿胃容量较小，3 个月后，新生儿可建立自己的进食规律，此时应开始定时喂养，3～4 小时喂 1 次，1 天喂 6 次。

（5）奶量估计。配方奶成为 6 月龄新生儿主要的营养来源时，需要经常估计新生儿的摄入量。3 个月内的新生儿的配方奶摄入量为 500～700 毫升/天，4～6 月龄新生儿的配方奶摄入量为 800～1 000 毫升/天，逐渐减少夜间哺乳。每个新生儿所需奶量差别较大，要因人而异，允许每次奶量有波动，避免采取不当方法要求新生儿摄入固定的奶量。

（6）观察大便情况。使用配方奶喂养的新生儿的大便颜色呈淡黄色或黄棕色，由于配方奶不像母乳那样能完全被新生儿吸收，与母乳喂养的新生儿的大便相比残留物较多，因此大便看起来体积更大。另外，使用配方奶喂养的新生儿的大便气味也较大，看上去更像成人的大便，有些新生儿会有 3～5 天排一次大便的现象，所以配方奶喂养的新生儿更需要时间耐心观察，如果发现其有腹胀、排便困难等现象，应及时就医。

（本节作者：叶巧章、黄华娟）

第五节　新生儿混合喂养

一、新生儿混合喂养方法

母乳喂养的好处有很多，一般母乳足够满足 6 个月大新生儿的需要，母乳不足时，才可实行混合喂养。混合喂养是用母乳与配方奶或其他乳类同时喂养新生儿，混合喂养的方法有以下两种：

（1）补授法混合喂养。补授法是每次喂养时，先让新生儿吸吮母乳，待其吸吮完两侧乳房后，再添加配方奶，如果母乳量足够，可不添加。补授法混合喂养的优点是保证了对乳房产生足够的刺激，这样实施的最终结果可能会重新回归到使用纯母乳喂养，建议 4 个月内的新生儿采用此种方法。

（2）代授法混合喂养。使用母乳、牛奶、代乳品等轮换间隔喂食，适合于6 个月以上的新生儿，这种喂养方法容易使母乳减少，逐渐用牛奶、代乳品、稀饭、烂面条代授，可培养新生儿的咀嚼习惯，为以后断奶做好准备。

如果因为母亲回归工作不能按时使用母乳喂养而需要进行混合喂养的新生儿，母亲可以按时将乳汁挤出，用消毒清洁后的奶具将乳汁保存在冰箱的冷藏室内，食用时再请家人加热哺喂新生儿，若母乳不足可给新生儿喂配方奶。

二、混合喂养时间安排及注意事项

（一）混合喂养的时间安排

2 个月内的新生儿提倡按需哺乳，以促进母亲乳汁分泌，随着新生儿的成长，吸入的奶量逐渐增加，可采取按时喂养方式，一般每 2 ~3 小时哺乳 1 次，以后随月龄增长而添加辅食并逐渐减少哺喂次数，每次哺喂时间为 15 ~20 分钟。

母乳足够满足 4 ~6 个月大新生儿的需要，产后 2 个月最好用纯母乳喂养，不添加辅食，4 个月后开始添加辅食，6 个月后逐渐以辅食代替部分母乳喂养，直到断奶。除母亲患病或者特殊情况而不能喂养外，母乳喂养持续时间可达 1 ~1. 5 年；如果新生儿不适或正值炎热夏季或寒冷冬季，可适当延长母乳喂养时间，以免新生儿消化不良。

（二）混合喂养的注意事项

（1）奶量估计。混合喂养添加配方奶的原则是从少量开始，然后观察新生儿的反应，如果新生儿吸吮后不睡或睡眠时间少于 1 小时，有张口找乳头甚至哭闹的现象，说明新生儿哺喂量不足，可以再适当添加奶量，直至新生儿能安静入睡或持续睡 1 个小时以上。

（2）消毒与保存工作。混合喂养也要按照人工喂养的方法对奶具进行清洗消毒，由于奶类和其他代乳品易滋生细菌及易变质，所以要做好奶具的消毒以及奶类和其他代乳品的保存工作。

（3）防止溢奶、吐奶。哺乳后应竖抱新生儿并轻拍其后背，然后取侧卧位，防止新生儿溢奶、吐奶，从而引发反流致窒息。

（4）以母乳为主。混合喂养应充分利用母乳喂养，再添加辅食以补充不足，添加辅食建议用杯、碗、匙喂养，而不用奶瓶，以免给新生儿造成乳头错觉；混合喂养最容易发生的情况就是放弃母乳喂养，然而母乳喂养不仅仅对母婴身体有好处，还对新生儿的心理健康成长有极大的益处，可以使新生儿获得母爱，如果母亲认为母乳不足，不断减少母乳喂养的次数，会导致母乳越来越少。

（5）避免过度喂养。配方奶的量不要过多，不要把新生儿的胃撑大，过度喂养会造成新生儿没有饥饿感，从而不愿吸吮母乳，这样会使母乳分泌减少，导致母乳喂养失败。

（本节作者：叶巧章、黄华娟）

第六节　给新生儿喂水

水是人体重要的组成部分，人的年龄越小，体内所含的水分比例就越高。正常足月新生儿体内的水分占 75% 左右，早产儿体内的水分占 80% 左右，成人体内的水分占 60% 左右。

母乳喂养的新生儿，如果其精神饱满，体重增加合理，那么在日常生活中就无须额外补充水分。但是，如果在天气炎热的夏季，新生儿因为经常出汗而出现唇干等症状，这时应该适当地为其补充水分。

人工喂养的新生儿应适当补充水分，因为配方奶中的水分不足以满足新生儿对水分的需求，每天应适量地为其补充 2 ~ 3 次温开水，一般可在两次喂养中间喂 1 次水，饮水量是奶量的 1/2，夜间不喂水。

哺喂新生儿的应是白开水，不要给新生儿喝葡萄糖水、蜂蜜水以及果汁等。

给新生儿喂水的注意事项如下：

（1）喂水的次数和量要合适。要根据天气和新生儿自身的状况来定，切忌多喂，因为摄入过量水分会给新生儿的心脏和肾脏造成过重的负担，因此要掌握好喂水的次数和量。

（2）用奶瓶喂，勿用汤匙。喂水时同样要用奶瓶，切勿用汤匙，因为用汤匙喂食更易出现呛咳现象，从而造成新生儿窒息。

（本节作者：叶巧章、黄华娟）

第二章　新生儿日常起居照护

第一节　新生儿的清洁护理

新生儿的皮肤娇嫩，皮肤表面的角质层薄，皮下毛细血管丰富，因此皮肤呈玫瑰红色。初生时，新生儿皮肤表面覆盖一层灰白色的胎脂，由皮脂腺分泌的皮脂等组成，具有保护皮肤、防止感染等作用。新生儿出生后数小时，胎脂开始逐渐被皮肤吸收，一般不要人为地用水清洗或用纱布等将其擦去，如果头顶部胎脂较厚，可擦适量植物油，待其干燥脱落即可。

胎毛通常于出生后 1 周开始脱落，给新生儿洗澡时可看到水中漂浮着许多细绒毛。在新生儿出生后的 10 ~ 15 天，全身皮肤会呈现干燥、鱼鳞状纹路，部分新生儿会出现脱皮现象，这时切忌将其撕脱，自然脱落即可。

新生儿皮肤皮质层薄，局部防御机能差，故很容易受损伤，且受伤处也容易成为细菌入侵的门户，轻则引起局部感染发炎，重则扩散至全身（如引起败血症等）。因此，新生儿的皮肤清洁卫生很重要，头、颈、腋窝、会阴部及其他皮肤褶皱处应勤洗并保持干燥，以免糜烂；每次换尿布后，特别是在大便后，应用婴儿柔湿巾清洁臀部，再涂抹护臀霜，以防发生尿布疹（即红臀），如在家里便后可以直接用温水清洗。

沐浴是清洁新生儿皮肤较好的护理方法，可促进新生儿血液循环、改善睡眠、增强免疫力、促进神经系统发育；沐浴时间选择出生后 24 小时，可选择一天中的任何时段。沐浴前要评估新生儿状态：不疲倦、不饥饿、不烦躁，并且清醒。另外，喂奶后 1 小时方可给新生儿沐浴，全过程 5 ~ 10 分钟。下面介绍新生儿沐浴方法及注意事项：

新生儿沐浴的方法如下：

1. 准备工作

（1）关好门窗，室温为 26℃ ~28℃，准备沐浴用水（先放冷水，再放热水），用水温计测试水温，保持在38℃～40℃。给新生儿沐浴时，建议浴盆内水深为5～8cm。

（2）家人或护理人员要把手上佩戴的戒指、手表等饰物脱下，洗净双手后方可为新生儿沐浴。

（3）给新生儿沐浴要选择棉纱布原料做的柔软的毛巾，将新生儿平放在铺好的清洁毛巾上，脱去衣服，保留尿布，并检查其皮肤状况。

（4）沐浴时应使用规范姿势抱住新生儿，保证新生儿安全。应一手连托住新生儿的头部、颈部、背部，将其身体夹在自己一侧腰部，另一手进行其他操作。

（5）沐浴顺序一般为先清洗头、面部，然后清洗全身。洗头时需用大毛巾包裹新生儿的身体，防止受凉。

2. 清洗面部

将小毛巾由内而外轻擦新生儿眼周的皮肤，再依次清洗鼻周、嘴唇周围及两侧脸颊，每清洗完一个部位后应换另一小毛巾或清洗原小毛巾后再擦，防止污染。

3. 清洗头部

（1）一手托住新生儿头、颈、背部，并用拇指和中指向前轻折其双耳廓，堵住外耳道，防止水渗入耳内，另一手取洗发露，在手中轻搓，轻轻擦在新生儿头部及耳后等皮脂腺分泌旺盛的部位，然后洗净、擦干。

（2）如新生儿有头垢，严禁用指甲抠刮，以免损伤头皮导致感染。

（3）可以用新生儿润肤油涂抹头垢部位，用毛巾包裹15分钟，使其充分软化，再用洗发露轻轻擦洗，即可洗掉头垢。如图2－1所示。

4. 清洗全身

（1）摘下尿布，用柔软湿巾擦净粪便、尿液等污物。清洗新生儿前身的顺序为：颈下—腋下—前胸—上肢—腹部—下肢—生殖器等部位（见图2－2）。

（2）将新生儿翻转过来，清洗其后身，使其舒适地趴于清洗人员的前臂，取沐浴露并用手搓揉（或溶解在水中），依次清洗新生儿的发梢—后颈部—背部—下肢—臀部（见图2－3）。

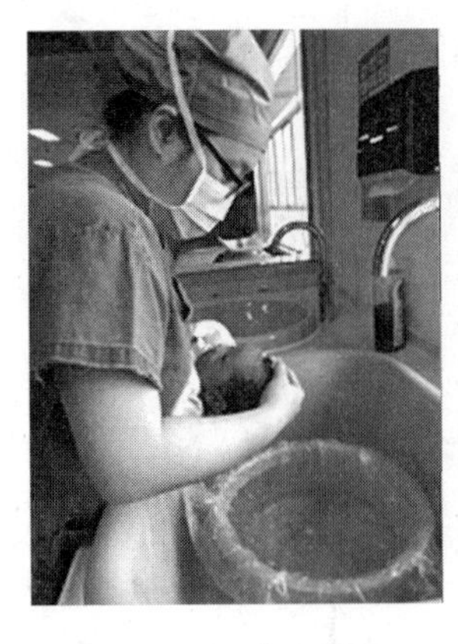

图 2－1　清洗头部

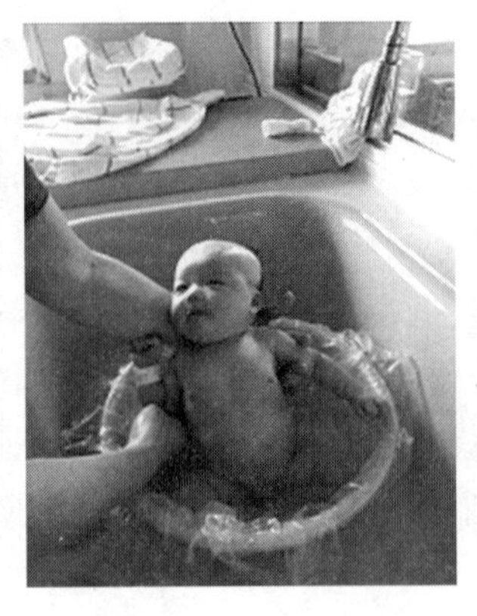

图 2－2　清洗前身

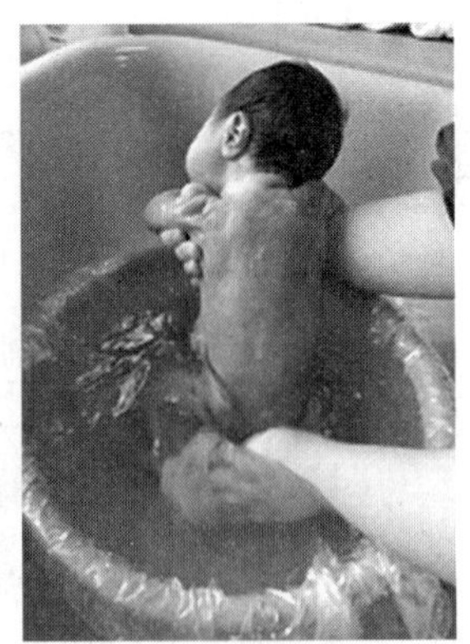

图 2－3　清洁后身

（3）洗干净后小心地将新生儿抱出，放在平铺的清洁干燥大浴巾上，吸干其全身水分，尤其是耳后、关节和身体褶皱处。

（4）新生儿脐带尚未脱落，应做好脐部消毒护理。

（5）沐浴后，可使用润肤露涂抹新生儿全身，以有效防止水分流失，保持皮肤湿度和滋润皮肤。

（6）在新生儿臀部涂抹一层护臀霜或鞣酸软膏，形成透气保护膜，隔绝细菌，可有效预防红臀。

5. 眼、耳、鼻的清洗

眼、耳、鼻是人身上最容易产生污秽物的器官，而初生新生儿的污秽物清理完全依靠家人或护理人员，家人或护理人员为新生儿清洁的时候必须采取较柔和的方式，这样才不会引发新生儿的不适且达到清除污秽物的目的。

人每隔一段时间，眼、耳、鼻都会长出分泌物，而我们也会定时去掉长出的分泌物，因此对新生儿也一样，必须定时清除这些污秽物。

其中，新生儿眼分泌物形成的原因主要有以下几个：

（1）鼻泪管发育不全，眼泪无法顺利排出，导致眼分泌物累积，此种原因引起的眼分泌物，多为白色黏液状。

（2）睫毛内倒，刺激眼球，导致眼分泌物增多，而且新生儿鼻泪管发育不全，鼻泪管较短，开口部的瓣膜发育不全，更加使眼泪无法顺利排出，导致眼分泌物累积。

（3）外环境的感染导致眼分泌物急剧增多。

（4）新生儿鼻腔内纤毛少，当接触污染空气时易发生鼻黏膜感染。

6. 口腔清洁

因新生儿口腔内尚无牙齿，因此没有必要专门为新生儿清洗口腔，更不要用纱布、手帕、棉签等来擦洗口腔黏膜，这样容易擦破口腔黏膜而引起感染。如果要给新生儿清洗口腔，在给新生儿喂完奶以后，再给其喂些温开水，将口腔内残留的奶液冲洗掉即可。还可以用干净的棉签蘸适量温开水，轻轻涂抹新生儿的口腔黏膜。注意动作要轻柔，不能将黏膜擦破。

（本节作者：张苏梅、王秀华）

第二节　托抱新生儿

一、托抱新生儿的方式和注意事项

托抱新生儿的方式主要有两种：

（1）手托法。用左手托住新生儿的背、颈、头部，右手托住其臀部。

（2）腕抱法。将新生儿的头放在左臂弯里，肘部护着新生儿的头，左腕和左手护其背和腰部，右小臂从新生儿身上环绕护着新生儿的腿部，右手托着新生儿的臀部和腰部。这是常用的一种托抱姿势。

托抱新生儿的注意事项：

（1）不要笔直竖抱。新生儿的头重占全身重的1/4，竖抱时，头的重量全部压在颈椎上，而新生儿的颈肌还没有完全发育好，颈部肌肉无力，这种不正确的托抱姿势会导致新生儿脊椎损伤，这些损伤当时不易发现，但可能影响其将来的生长发育，所以托抱新生儿不宜笔直竖抱。

（2）不要久抱。有些父母出于对新生儿的爱而长时间将其抱在手上，这种做法违背了新生儿生长发育的自然规律，对新生儿是有害无利的。新生儿的骨骼生长较快，如果长期抱在怀中，对其骨骼的正常成长极为不利；平常抱出去晒晒太阳，增强抵抗力是必要的，但时间也不宜过长。

（3）不要频繁抱。新生儿每天需要20个小时左右的睡眠时间，6个月左右的新生儿需要16个小时左右的睡眠时间，所以除了喂奶、换尿布等特殊情况外，不要过多抱新生儿。

（4）托抱前洗净双手。在抱新生儿之前，父母应洗净双手，摘掉手上的戒指或其他物品，以免划伤新生儿娇嫩的肌肤，并待双手温暖后，再抱新生儿。

（5）托抱时动作轻柔。抱新生儿时，动作要轻柔，父母应当微笑地注视着新生儿的眼睛，动作不要太快太猛，即使在新生儿哭闹时，也不要慌乱，多数新生儿喜欢父母用平稳的方式抱着自己，这会使他们感到安全。同时不要用过大的力气摇晃新生儿。新生儿哭闹、睡觉或醒来时，父母都会习惯性地抱着新生儿摇晃，以为这样是新生儿最想要的，但一般来说，摇晃的力度很难掌握，如果力度过大，很可能会给新生儿头部、眼部等带来伤害。

（6）时常观察新生儿。托抱新生儿时，要经常留意其手、脚以及背部姿势是否自然、舒适，避免新生儿的手、脚被压到，以及背部脊椎向后翻倒等，给新生儿造成伤害。

（7）端正托抱新生儿的态度。父母在托抱新生儿时，最好能建立起"分次抱，抱不长"的态度，即分次托抱新生儿，每次只抱3～5分钟，让新生儿感受到父母的关爱，使其有安全感。但绝对不要一抱就抱很久，甚至睡着了还抱在身上，这样会养成新生儿不抱就哭的不良习惯，也会给父母今后的养育过程增添不少困扰。

（8）注意距离。托抱新生儿时，父母不要与新生儿靠得太紧密，因为父母脸上、头发中及口腔内的细菌很容易传染给新生儿。

另外，新生儿满3个月前，颈部力量很弱，无法支撑自己的头，所以父母在抱起和放下新生儿的过程中，应始终注意支撑着新生儿的头。将新生儿放下时，最安全的姿势是使其背部向下，仰躺在床上。每次游戏之后，最好能静静地抱新生儿一会儿，让其安静放松下来。

二、托抱新生儿的步骤与技巧

（1）第一步：把手放在新生儿的头下。

把一只手轻轻地放在新生儿的头下，用手掌包住其整个头部，注意要托住新生儿的颈部，以便支撑起新生儿的头。

（2）第二步：另一只手抱臀部。

稳定住新生儿头部后，再把另一只手伸到新生儿的臀部下面，抱住新生儿的整个臀部，力量都集中在两个手腕上。

（3）第三步：慢慢把新生儿的头支撑起来。

这个时候，配合腰部和手部力量就可以慢慢地把新生儿的头支撑起来了，注意一定要托住新生儿的颈部，否则其头会往后仰。可分站立抱法、坐下抱法两种，如图2－4、图2－5所示。

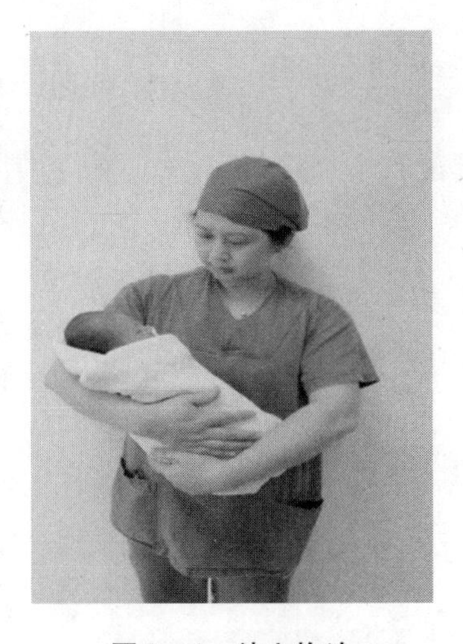

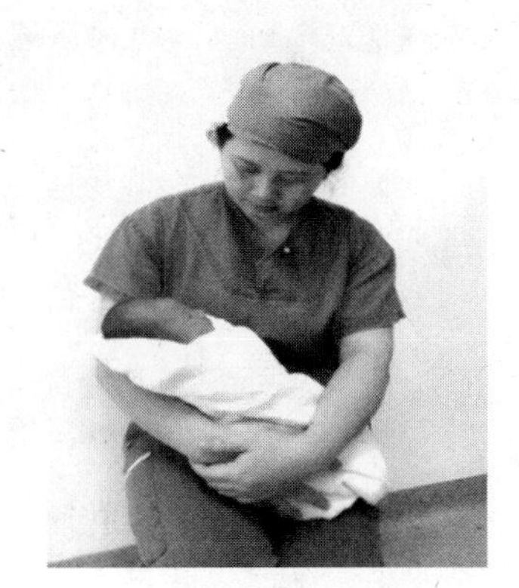

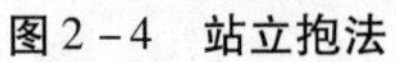

图2-4　站立抱法

图2-5　坐下抱法

三、不同情况下的新生儿托抱方法

（1）情绪不好或哭闹时。让新生儿趴在母亲怀里，母亲有节奏地轻微摇晃新生儿。

（2）醒着时。面向外竖抱，将新生儿的脸朝前方，一手托住其臀部，另一手轻而稳地护住其胸部，让新生儿的背部紧靠母亲的胸部。

（3）困倦时。躺在母亲的臂弯里，为了让新生儿舒适地入睡，母亲应尽量用臂弯给新生儿架设一张小床，既安全又舒适。

（本节作者：张苏梅、王秀华）

第三节　给新生儿穿、脱衣服

一、给新生儿穿衣服的方法

（1）穿上衣。先将新生儿的衣服平铺于床上，再将新生儿平放在衣服上，衣领齐脖。把一只手的手指伸入新生儿的一只袖口内，把袖子撑开，另一只手把新生儿的拳头带到伸入袖中的那只手上，手抓住新生儿的拳头，把衣服往上拉直至露出新生儿小手，用同样的方法穿另一只袖子，具体操作如图2-6、图2-7、图2-8、图2-9所示。

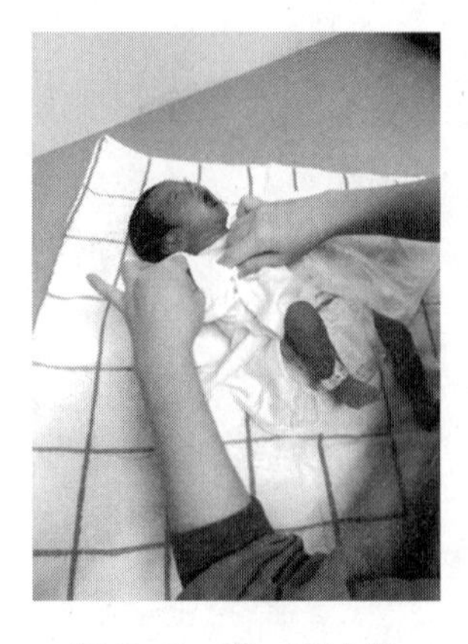

图 2－6　穿一侧衣袖

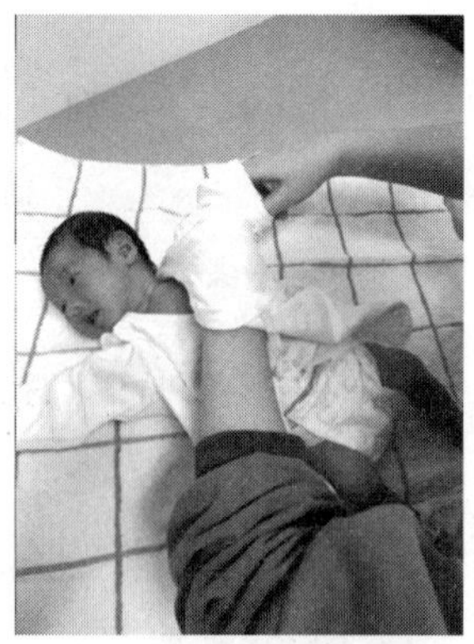

图 2－7　穿对侧衣袖

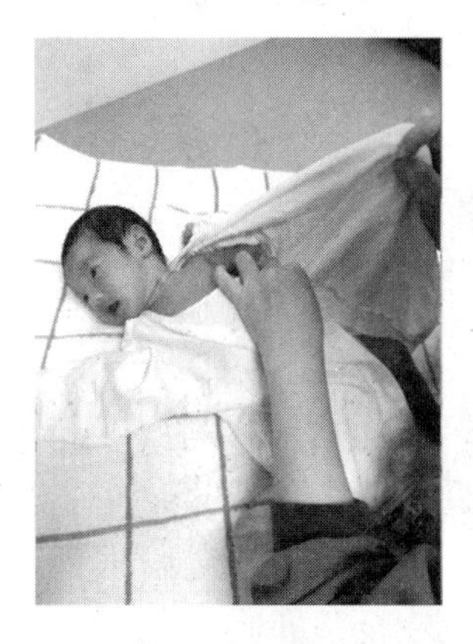

图 2－8　系绳子

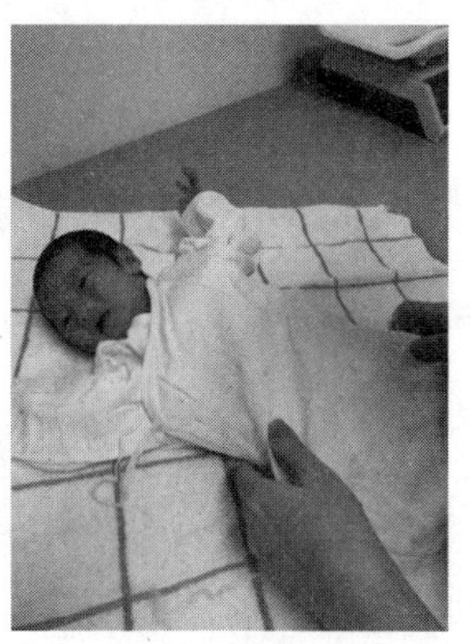

图 2－9　整理衣服

（2）穿裤子。将新生儿平放在床上或抱在怀里，用手撑开裤口，将其双腿放进裤口，再将裤子往上拉至新生儿腰部，整理好即可。

（3）穿连体衣。把衣服铺在床上，将新生儿放在衣服上，先将其双腿放进裤口穿好，再把衣袖穿上，系上扣子，整理好即可。

给新生儿穿衣服的注意事项：

（1）给新生儿穿衣服之前，要确保衣服上的线头已清理好，避免过长的线头缠绕新生儿的肢体从而造成伤害。

（2）穿衣袖时一定要将新生儿的手指全部握在手中，防止误伤。

（3）给新生儿穿衣服时动作要轻柔，要顺应其肢体的弯曲和活动方向，不能硬拉硬拽。

二、给新生儿脱衣服的方法

（1）脱上衣。先解开绳子，一只手伸进衣服里握住新生儿的肘部，另一只手将一只衣袖拉出，注意不要用力过猛，以防绳子勒伤新生儿，再轻轻托起新生儿的头、背部，把已脱掉的一侧衣服移向另一侧，将新生儿放下，把衣服从另一只手臂上脱下（见图 2-10、图 2-11）。

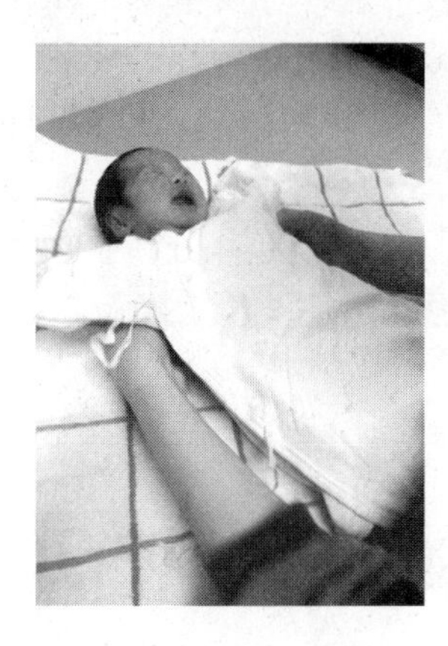
图 2-10　解开绳子

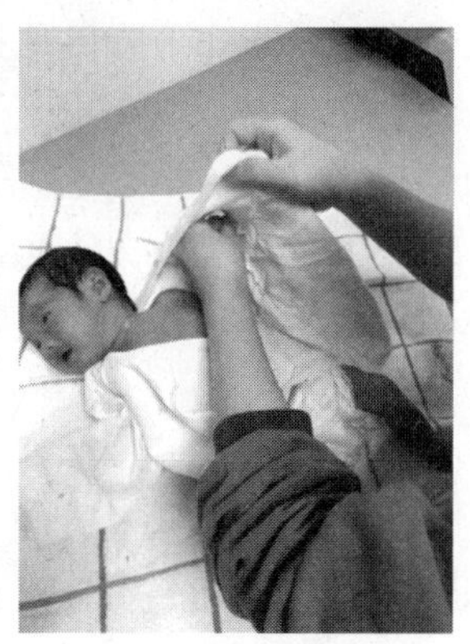
图 2-11　脱衣袖

（2）脱裤子。一只手握住新生儿的双腿，另一只手往下拉裤腿；或者两只手同时从新生儿腰部往下脱裤子。

（3）脱连体衣。先解开扣子，一只手伸进衣服里轻轻地抓住新生儿的肘部，另一只手将一只衣袖拉出，用同样的方法脱另一侧衣袖。然后，一只手轻轻地托起新生儿的头、背部，另一只手迅速轻柔地将上半身衣服往下拉至臀部，放下新生儿的头、背部，两只手同时将整件衣服从腿部脱下。

三、给新生儿穿、脱衣服的注意事项

（1）忌穿化纤织品。新生儿的神经功能尚未发育完善且容易兴奋，较成人出汗多、发热快，对气候变化的适应力差。虽然化纤织品色美且平整，但其吸水性和透气性较差，如果在夏、秋季炎热时给新生儿穿化纤衣服，很容易因不散热而长痱子、生疮疖，还容易引起新生儿出现过敏反应，诱发过敏性哮喘、荨麻疹、风疹、湿疹、皮炎等，所以最好选用棉布类纺织品，因为其吸水、透气、散热、柔软等性能均比化纤织品好，还不容易引起新生儿发生过敏性疾病。

（2）穿衣宜少不宜多。衣服可适当少穿一些，以方便新生儿活动，增加其活动量，从而增强体质，减少疾病的发生；反之，若衣服穿得太多太厚，新生儿活动时容易出汗，不仅会损伤身体的津液，还会使毛孔常处于开放状态，容易着凉感冒，甚至诱发肺部炎症。

（3）衣服应宽大色浅。为让新生儿的四肢活动得更好，衣服要选宽大的，穿紧身的衣服不仅会束缚新生儿胸廓运动和呼吸，还会影响其肺功能及胸、背、关节的正常发育。衣服宽大一些，也便于新生儿穿脱换洗。另外，要避免衣服有领子或扣子，以免擦伤新生儿颈部的皮肤。新生儿开襟衫的带子，要在其对侧腋下穿过再打结，切勿过高，以免损伤腋下皮肤。衣服应以浅色全棉为宜。

（4）新生儿衣柜忌放樟脑丸。樟脑丸会引起部分新生儿溶血，临床表现为全身皮肤出现黄染现象，以及贫血和出现茶色尿。

（本节作者：张苏梅、刘连友）

第四节　给新生儿更换纸尿裤或传统尿布

一、更换纸尿裤

（一）准备工作

洗手，准备好隔尿垫，打开干净纸尿裤并整理好备用，再准备好湿纸巾、干纸巾、护臀膏、消毒棉球、一小盆温水。

（二）穿着步骤

（1）先打开纸尿裤。把新生儿放在隔尿垫上，提起新生儿的双腿，注意观察，如臀部有大便，先用湿纸巾擦干净或用温水清洗臀部后再换纸尿裤（女婴由前往后擦，男婴应注意阴囊下面是否擦干净）（见图2－12）。

（2）在穿上干净的纸尿裤前，用温水或湿纸巾再次清洁新生儿臀部，必要时抹上护臀膏。接着提起新生儿双腿，将纸尿裤展开放在新生儿臀部下面，放下新生儿双腿，将纸尿裤两端抚平，然后将另一端上折粘贴好（见图2－13）。

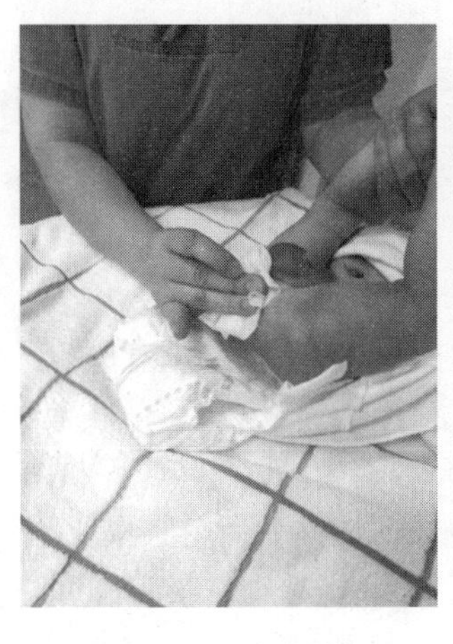
图 2－12　清洁臀部

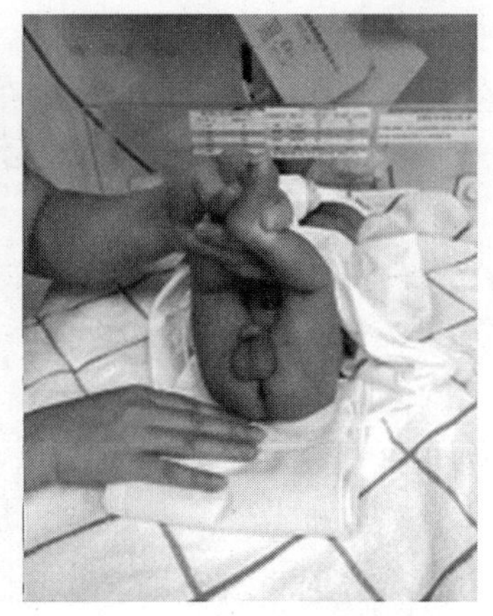
图 2－13　放置纸尿裤

（3）整理纸尿裤。留意粘贴后的纸尿裤对于新生儿的腰部、腿部松紧是否适度，以能容下操作者的 1～2 根手指为宜，切记要把纸尿裤的边拉出来整理平整，否则排泄物会从两边漏出。

（三）注意事项

女婴是从前向后擦，防止肛门内的细菌进入阴道，不清洁阴唇内侧；男婴擦洗睾丸时用手将其睾丸托起，把下面擦洗干净，换一个干净的消毒棉球清洁阴茎，顺着身体的方向擦洗，不要把包皮往上推开擦洗。纸尿裤的松紧带要松紧适度，太紧会影响新生儿的腹部运动。

二、更换传统尿布

（一）准备工作

洗手，将要换的干净尿布叠成长条形备用，再准备好小毛巾、湿纸巾、干纸巾、护臀膏、温水、扁平松紧带（布带）。

（二）叠法及穿着步骤

（1）三角形叠法。先将正方形的尿布对折成长方形，再对折成正方形，接着拉开一个角，把尿布翻转 360°，将正方形的一侧往中间折两下，即成为一个三角形的尿布。

（2）长条形叠法。将尿布对折成长方形，再继续对折，即成为一个长条形的尿布。

穿着步骤如下：用一只手握住新生儿的两只脚踝，再轻轻向上抬起新生儿的臀部，切忌提一条腿抬臀；另一只手迅速将叠好的尿布塞在新生儿臀下。如把长条形尿布放在新生儿裆内，尿布的多余部分，男婴放在前面，从腹部折下垫在阴部；女婴则放在后面，从腰部折下垫在臀部，以便吸尿，用扁平松紧带或布带固定，但不能过紧，尿布不掉即可。最后将新生儿的衣服整理好，保持平整舒适。

（三）注意事项

（1）换尿布的动作一定要轻柔且利索，如果动作太粗鲁，可能会引起新生儿髋关节脱臼。

（2）新生儿尿量少、次数多，每天可达 10 多次，为保护好新生儿娇嫩的肌肤，要勤换尿布，每次尿湿后应立即更换，保持其皮肤干爽。

（3）新生儿在脐带没有脱落以前，尿布不要捂住其脐部，防止尿液污染，引起感染。

（4）每次喂奶之前应先换上干净的尿布，否则吃奶后更换尿布容易发生溢奶、呕吐等情况。

（本节作者：张苏梅、刘连友）

第五节　新生儿衣物洗涤

新衣物上存有生产过程中残留的化学物质，这些物质是为了让衣物固色，在运输过程中不产生褶皱。而这些化学物质有可能对新生儿的生长发育或皮肤产生不良影响，因此新生儿的新衣物必须洗涤后才能穿着。

一、新生儿衣物的洗涤方法

清洗以前要充分浸泡衣物。新生儿衣物多为棉质，具有较强的吸附力，简单漂洗难以去除衣物上的化学残留物质，所以在清洗新生儿衣物前要充分浸泡。

用洗衣液洗净后应用清水漂洗至少三次，以水质见清为准。另外，洗好的衣服，一定要放在太阳下照射，杀菌消毒。

二、洗涤新生儿衣物的注意事项

（1）应用手洗。

洗衣机虽然方便，但容易藏污纳垢，而且很容易伤衣服，除非选择新生儿专用洗衣机，否则清洗新生儿衣服的最佳方法是手洗。用手慢慢地搓洗，这样既能保证衣服清洗得干净，又不会使衣服变形走样。

（2）成人与新生儿的衣物分开洗。

要将新生儿的衣物和成人的衣物分开洗，避免交叉感染。因为成人活动范围广，衣物上的细菌较多，洗涤时细菌易染到新生儿的衣物上，这些细菌可能对成人影响不大，但由于新生儿皮肤只有成人皮肤厚度的1/10，皮肤表层娇嫩，抵抗力差，稍不注意就会引发新生儿的皮肤问题，因此，新生儿的衣物最好用专门的盆单独手洗。

（3）用新生儿专用的洗衣液或肥皂清洗。

新生儿的贴身衣物直接接触新生儿娇嫩的皮肤，普通洗衣液或洗衣粉对新生儿而言碱性都比较强，不适于用来洗涤新生儿的衣物；普通洗涤剂容易残留磷、苯、铅等多种化学物质，长时间穿着留有这些有害物质的衣物会使新生儿皮肤粗糙、发痒，甚至出现接触性皮炎、婴儿尿布疹等疾病。此外，这些残留化学物还会损害衣物纤维，使柔软的衣物变硬。

（4）第一时间清理污垢。

新生儿的衣服上附有奶渍是常有的事，附上后应马上浸泡片刻再清洗，这是保持衣物干净如初的有效方法；如果等奶渍干后再清洗，污秽物深入纤维，花上几倍的力气及时间也难洗干净了。

（5）阳光是最好的消毒剂。

阳光是天然的杀菌消毒剂，没有副作用，所以新生儿衣物清洗完后，要晾在通风且阳光可照射得到的地方。使衣物在阳光下暴晒 6 小时以上，避免晾在油污、灰尘多的位置，因为在晾晒过程中油污、灰尘容易附着在新生儿的衣物上。

另外，清洗好的衣物一定要置于干净的衣柜内，如果是平日穿的衣物，要注意储存空间是否通风，避免滋生霉菌。应注意不要将穿过的衣物和洗净后的衣物混在一起，以免细菌交叉传染。

（本节作者：张苏梅、张玉玲）

第六节　观察新生儿大、小便及其异常

一、识别新生儿正常的大、小便

（一）新生儿正常的大便

新生儿在出生后 12～24 小时开始排胎粪，2～3 天排完。胎粪由胎儿肠道分泌物、胆汁及咽下的羊水浓缩而成，呈墨绿色，若超过 24 小时还未

见胎粪排出，应检查是否肛门闭锁及消化道畸形。

待胎粪排净后，向正常大便过渡时的大便呈黄绿色，多数新生儿在开奶2～3天后大便呈黄绿色，然后逐渐进入大便呈黄色的正常阶段。

母乳喂养的新生儿，正常大便外观呈黄色或金黄色，稠度均匀如膏状，不臭，但有一股甜酸气味，无明显黏液，偶尔有颗粒样奶瓣或微带绿色，每天排便3～5次，个别新生儿每天排便也可达6～7次或更多，但每次量不多，性状成形，体重照常增加，营养状态好，无脱水症状，这样的情况则不需要任何处理。如果新生儿从平时每天排便1～2次，突然变成5～6次或更多，并且水分较多或含有食物残渣，应及时去医院就诊。

人工喂养的新生儿，大便呈淡黄色或土黄色，质较硬，干燥成形，往往不玷污尿布，如奶中糖多则变软，并略带腐败的酸味，而且每次排便量较多。正常每天排便1～2次或2～3天1次。如新生儿无腹胀，无恶心呕吐，精神状态好，3～4天不解大便也属正常。随着新生儿年龄的增长和进食量的增加，大便逐渐与成人相同。

（二）新生儿正常的小便

新生儿的小便一般在出生后24小时内排出，如出生后超过24小时无尿，需要检查原因。小便次数一开始不多，第一天只有2～3次，且尿色深，一般呈黄色，以后随着喂养次数的增多，小便次数逐渐增多，总量也在增加。到出生后一周，小便次数可增加到每天10～30次，小便颜色也慢慢变淡。新生儿出生前几天的尿液放置后会有褐色沉淀，这是尿酸盐沉积所致，属正常现象，一般不必特殊处理，只需增加喂奶量，过几天即可消失。

二、识别新生儿异常的大、小便

（一）新生儿异常的大便

（1）泡沫样大便。食用淀粉或糖类食物过多时，可使肠腔中食物发酵的程度加深，产生的大便呈深棕色的水样状，并带有泡沫。

（2）奇臭难闻大便。食用含蛋白质的食物过多时，这些蛋白质可中和胃里的胃酸，这样就降低了胃液的酸度，使蛋白质不能被充分地消化吸收，再加上肠腔内细菌的分解代谢，产生的大便往往奇臭难闻。

（3）发亮大便。进食脂肪过多时，在肠腔内会产生过多的脂肪酸刺激肠黏膜，使肠蠕动的频率增加，产生的大便呈淡黄色液体状且量较多，有时大便发亮，甚至可以在便盆内滑动。

（4）绿色大便。若大便呈绿色，量少，黏液多，属饥饿性腹泻。有些通过配方奶喂养的新生儿，排出的大便呈暗绿色，其原因是一般配方奶中都加入了一定量的铁质，这些铁质经过消化道，并与空气接触之后便呈暗绿色。

（5）蛋花汤样大便。病毒性肠炎和致病性大肠杆菌性肠炎的患儿常常出现蛋花汤样大便。大便次数增多，或有黏液及泡沫，有腥臭味，这说明新生儿发生腹泻，应及时就医治疗。

（6）白陶土样大便。提示新生儿有胆道梗阻疾病，如先天性胆道梗阻。此外，进食配方奶过多或糖过少，产生的脂肪酸与食物中的矿物质相结合，形成脂肪皂，也可导致粪便呈灰白色，质硬，并伴有臭味等。

（7）柏油样大便。由于上消化道或小肠出血并在肠内停留时间较长，导致红细胞被破坏，血红蛋白在肠道内与硫化物结合形成硫化亚铁，故大便呈黑色；又由于硫化亚铁刺激肠道黏膜分泌较多的黏液，使大便黑而发亮，故称为柏油样大便，提示新生儿可能有上消化道出血的情况。另外，新生儿服铁剂或吃含铁多的食物也可能出现黑便，而服用铋剂、炭粉以及某些中药也会使大便变黑，但一般为灰黑色、无光泽。

（8）果酱样大便。果酱样大便见于肠套叠；暗红色果酱样脓血便则见于阿米巴痢疾。

（9）洗肉水样血便。有特殊的腥臭味，见于急性出血性坏死性肠炎。

（10）鲜红色大便。提示新生儿下消化道出血，常见大便中带血丝，多由肛裂、痔疮或直肠息肉引起。

（二）新生儿异常的小便

新生儿可在分娩中或出生后立即排小便，尿液色黄透明，开始量较少，一周后排尿次数增多，每天可达 20 余次。如果新生儿出生后 24 小时尚无小便排出，应该请医生检查是否患有先天性泌尿道畸形。

小便异常情况主要有以下几种：

（1）小便次数较多，每次尿量少，且小便时疼痛哭闹，可能是尿道有炎症。

（2）小便呈金黄色或橘黄色，可能受维生素 B_2、小檗碱等药物的影响。

（3）小便呈啤酒色或发红，为血尿，多见于肾炎，此病多见于 3 ~ 8 岁的儿童，2 岁以下少见。有的新生儿由于尿酸盐结晶把纸尿裤或尿布染红，可以不用处理。

（4）小便呈棕黄色或浓茶色，摇晃尿液时，黄色附在便盆上，泡沫也发黄，多见于黄疸型肝炎。

（5）小便乳白混浊，如加热后变清则为正常现象，加热后变得更混浊则不正常。

（6）小便放置片刻有白色沉淀，如果新生儿一切正常，尿检查除盐类结晶外没有其他异常，则不属病态。多喂水，沉淀即可消失。

三、注意事项

新生儿大、小便能够很好地反映其身体健康状况，如果需要带其到医院就诊，父母可以先在家中留取新生儿的大、小便样本（要求 1 小时以内的大、小便），以便到医院后方便医生观察，并能及时进行化验，尽早得到诊治，避免延误病情。

（本节作者：张苏梅、张玉玲）

第七节　新生儿脐部护理

一、新生儿脐部护理的重要性

胎儿出生后脐带会被剪断结扎，脐残端对于新生儿来说是一个伤口。当脐残端没有完全闭合时，凹陷的脐部容易积水，不易干燥，一旦被细菌侵入，可能会引发脐炎，重者甚至引发败血症，给新生儿的生命安全带来威胁。因此，如何正确护理脐部是照护新生儿的重要内容之一。

二、新生儿脐部护理的注意事项

脐带在 5 ~ 14 天脱落，在未脱落前，护理的重点是保持脐部的清洁和干燥。具体应注意以下事项：

（1）观察脐部出血、渗血情况。新生儿出生 24 小时内应密切观察其脐部有无出血、渗血情况，如有异常，应及时告知医务人员进行处理，保持脐残端及周围皮肤清洁干燥，有利于促进脐带早日脱落。

（2）避免盆浴。在脐带脱落前，避免盆浴，因为盆浴不利于脐部干燥，而且盆浴的水可能会污染脐部；如不慎湿水，应立即拭干，再用 75% 的酒精消毒脐窝及周围皮肤。

（3）注意护理前的手部卫生。进行脐部护理前应洗手，注意保持手部卫生。

（4）每日消毒。脐带未脱落前每天用 75% 的酒精消毒 1 次，如脐端干燥无分泌物，消毒次数不可过多，以免阻碍脐带脱落。但如分泌物较多可酌情增加消毒次数直至脐部干净，脐带脱落时个别新生儿会有少量出血，如消毒后没有明显的局部出血，不必过多处理。由内向外消毒，一支棉签只用一次，以免污染脐窝。

（5）保持衣物干爽。新生儿穿衣应注意清爽舒适，避免汗液过多以致脐部潮湿。

（6）纸尿裤或尿布勿盖过脐部。注意纸尿裤或尿布勿盖过脐部，以免大、小便不慎污染脐部。

（7）注意脐带脱落时间。关于脐带脱落的时间，每个新生儿各有不同，脐带残留也有长、短、粗、细之分，只要脐带保持干燥，可耐心等待，若超 30 天脐带仍未自行脱落，应由医务人员进行处理。

（8）观察有无脐肉芽肿。脐残端脱落后，注意观察脐窝内有无樱红色的肉芽肿增生，如有则应及时到医院处理。

（9）观察脐部异常情况。观察脐部及周围皮肤有无异常，如出现脐周皮肤红肿、有脓性分泌物且有臭味、皮肤温度升高等情况，则表示有脐炎（见图 2－14），应马上送医院进行诊治。

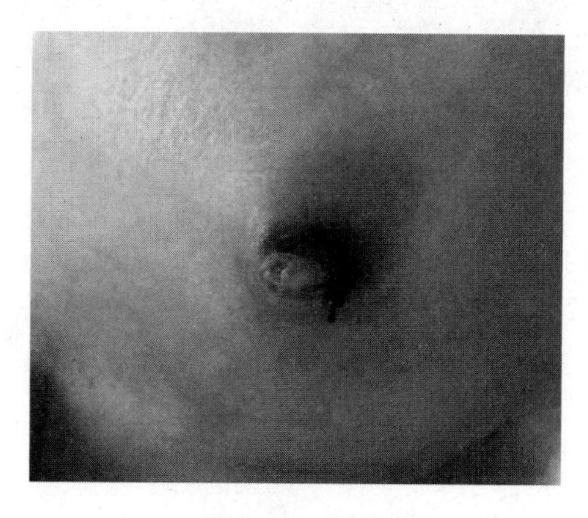

图 2－14　脐炎

三、新生儿脐部护理的步骤

（一）准备工作

（1）评估脐轮及周围皮肤有无红肿、渗液、异味等情况。

（2）评估新生儿状态是否良好，有无呕吐、烦躁、哭闹等。

（3）用物准备：75% 的酒精、消毒棉签、温开水。

（4）环境准备：关闭门窗，室内光线明亮，温度为26℃～28℃。

（5）操作者准备：洗手。

（二）护理步骤

（1）暴露脐窝。轻轻提起新生儿脐带结扎线，如果脐带已经脱落，用手指将脐部微微撑开即可（见图2－15）。

（2）清洗、消毒脐部。取一支消毒棉签蘸取温开水（有感染者则取75%的酒精），由中心向四周呈螺旋状擦拭（见图2－16），擦拭的同时旋转棉签，以温开水或酒精不滴水为宜，注意一支棉签只用一次，以免污染物附着脐窝，用过的棉签及时丢进垃圾桶。

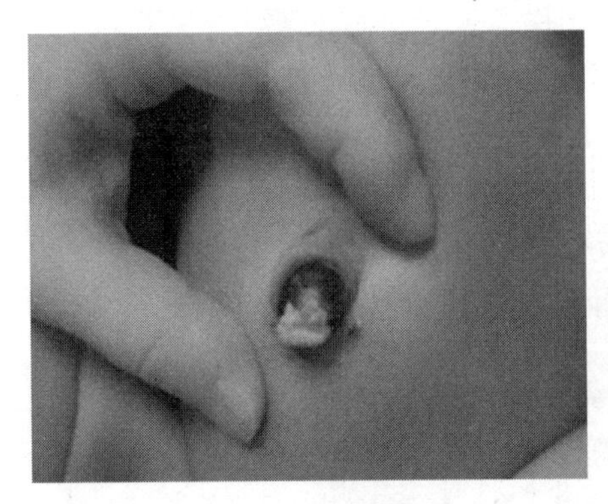

图2－15　暴露脐窝

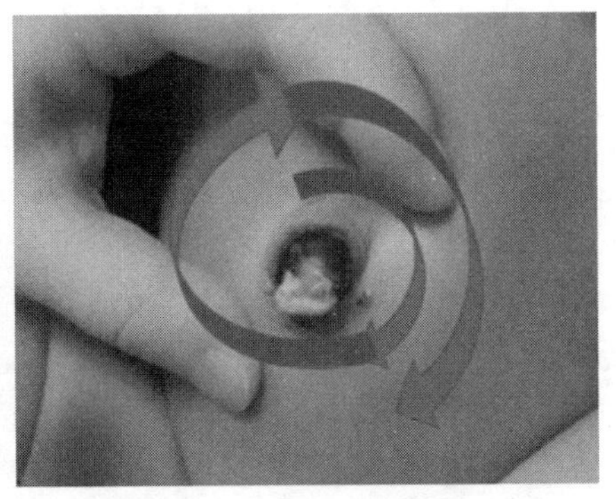

图2－16　螺旋状擦拭脐部

（3）另取新的消毒棉签蘸取温开水或75%的酒精从脐窝中心（脐根部）向外转圈擦拭，直至将脐部分泌物、渗血、细菌全部擦掉。

（4）整理新生儿衣物及洗手。

（本节作者：郑穗瑾、方红芳）

第八节　新生儿眼部护理

一、新生儿眼部护理知识

（1）新生儿刚出生时眼皮较厚，部分新生儿经产道挤压，眼睛会出现短暂肿胀，一般2天后消失。

（2）新生儿出生时的视力还没有发育完全，能见度为20～30cm，只能看到黑白影像，大约6个月后，才有色彩的感觉。

（3）新生儿出生后双眼和头部运动无法协调，会出现短暂斜视，继而逐渐能对视野内的物体产生短暂凝视，目光可跟随近距离的物品或人移动。

（4）有少数顺产新生儿因分娩时产道挤压，其瞳孔旁可见弧形条状出血（见图2－17），属正常现象，可自然消失。

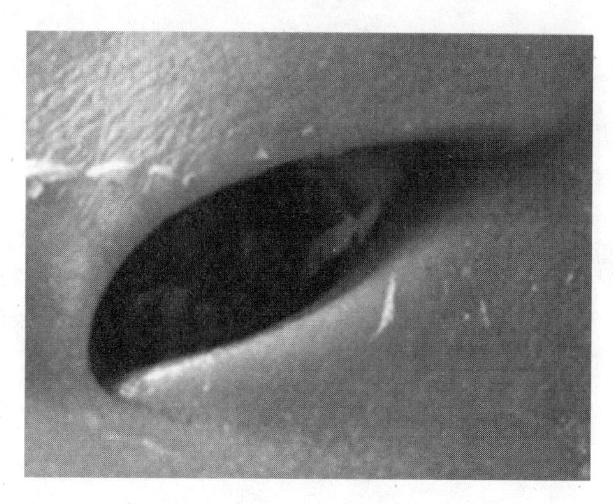

图2－17　新生儿瞳孔弧形条状出血

（5）新生儿有时会出现干哭无泪的现象，这是由于新生儿的泪液很少，只够用以保持眼球湿润。

（6）由于泪腺发育不成熟，且眨眼少，新生儿不能分泌足够的泪水来保护眼睛，因此容易受到刺激物的伤害，如遇到光线刺激会眨眼、闭眼和皱眉。

二、新生儿眼部护理的注意事项

（一）预防感染

（1）新生儿要有专用的脸盆和毛巾，并定期消毒。

（2）不可用手直接触摸新生儿的眼睛，以免病原菌侵入。

（3）给新生清洗眼部的时候，应从内眼角向外眼角将分泌物擦去，如果分泌物过多，可用消毒棉签或者消毒毛巾擦拭。

（二）避免强光直射

不要用手电筒等直射新生儿的眼睛，照相、摄影时避免使用闪光灯。

到户外活动要防止太阳直射新生儿的眼睛。

（三）少凝视近物

避免玩具挂在床头或者婴儿车的固定地方，应当经常更换位置和方向。同时应多让新生儿看色彩鲜明的玩具，多看户外风光，有助于视力发展。

（四）经常更换睡姿

新生儿的睡姿要经常更换，切不可长期一边侧睡。

（五）减少电器辐射

当电视机打开时，会发出定量的X线，新生儿对X线特别敏感，吸收过多的X线，会出现乏力、食欲不振、营养不良、白细胞减少、发育迟缓等现象。

（六）防止异物进入眼睛

如有异物进入新生儿的眼睛，不要用手揉搓，应用干净的毛巾擦拭眼睛。

三、新生儿眼部护理的步骤

（一）准备工作

（1）评估新生儿眼部有无分泌物，眼周皮肤有无红肿。

（2）评估新生儿状态是否良好，有无哭闹、烦躁、呕吐。

（3）用物准备：消毒棉签、清洁碗2个（分别装适量温开水、操作中用过的棉签）、干净软毛巾。

（4）环境准备：温度22℃～26℃，湿度50%～60%，光线充足。

（5）操作者准备：衣着规范，洗手。

（二）护理步骤

（1）固定头部。操作者用一手手掌托住新生儿头颈部以固定（见图2－18），另一手取消毒棉签蘸取温开水。

（2）擦拭眼周。用消毒棉签从内眼角向外眼角轻轻擦拭（见图2－19），用过的棉签放置清洁碗中。一侧擦拭两遍。

（3）用干净软毛巾擦干眼周余液（见图2－20）。

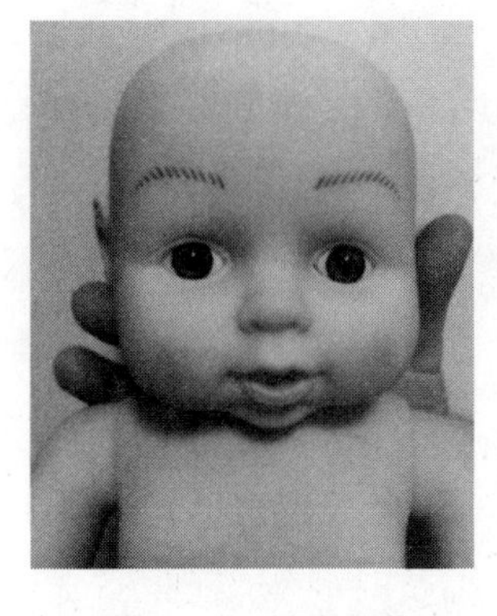

图 2－18　固定头部

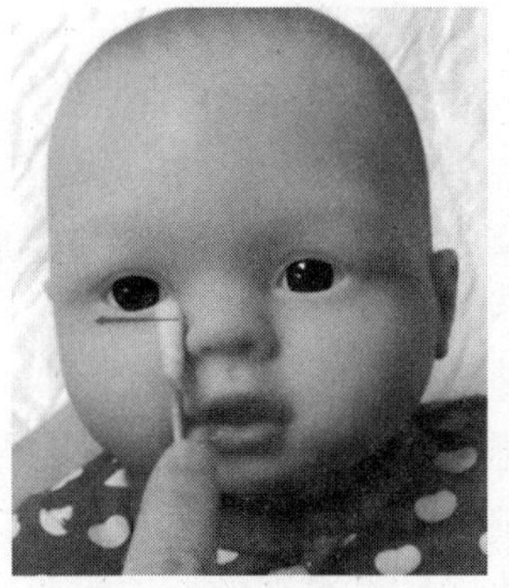

图 2－19　擦拭眼周

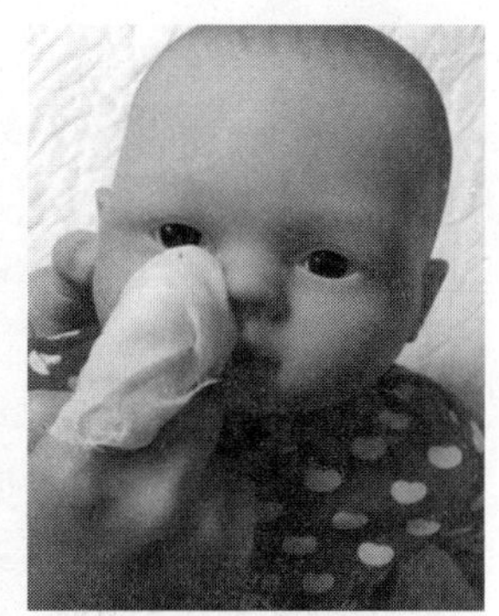

图 2－20　擦干余液

（4）整理用物、洗手及安抚新生儿。

（本节作者：郑穗瑾、方红芳）

第九节　新生儿口腔护理

一、新生儿口腔护理知识

新生儿的口腔内圆润无牙，黏膜细嫩，供血丰富。由于新生儿的唾液腺发育不全，分泌的唾液较少，因此口腔黏膜相对干燥，护理不当则容易发生口腔炎或鹅口疮。新生儿的唾液内含有 10% 的黏液素，有胶体保护作用，能防止乳汁凝固，有利于消化，因此如果没有特殊情况，新生儿是可以不用进行口腔护理的。

二、新生儿口腔护理的注意事项

（一）适量喂服温开水

（1）两次喂奶的间隔，可适量喂服新生儿温开水，起冲刷口腔的作用。

（2）当新生儿排汗增多以及生病发烧、感染时，应勤喂温开水。这样不仅可以除掉新生儿口内的奶渣，避免因口腔中的细菌发酵而产生异味，也有利于新生儿的新陈代谢，防止发生便秘。

（二）其他注意事项

（1）奶瓶及奶嘴每次用完后应及时清洗、晾干，经高温消毒后才能使用。

（2）母乳喂养者应保持乳头卫生，擦拭乳头的毛巾也应消毒后再使用。

（3）避免与新生儿口对口亲吻，这样容易将成人口中的细菌、病毒等传染给新生儿。

（4）避免新生儿含着奶嘴入睡。含着奶嘴入睡不仅容易破坏新生儿的牙床，导致乳牙萌出困难，还会限制新生儿口腔内唾液的正常分泌。

（5）避免经常擦拭新生儿的口腔。如新生儿口腔黏膜完整，无口腔疾病，不宜经常擦拭，以免损伤其柔嫩的口腔黏膜。擦拭时动作应轻柔，避免损伤新生儿的口腔黏膜，如新生儿哭闹，应根据情况适当停止。

（6）做口腔护理时应注意观察新生儿口腔黏膜的变化，如有无充血、炎症、糜烂、溃疡、肿胀及舌苔颜色异常等。

三、新生儿口腔护理的步骤

（一）准备工作

（1）评估新生儿口腔情况，有无出血、溃疡、感染等。

（2）评估新生儿状态是否良好，有无哭闹、烦躁、呕吐等。

（3）用物准备：清洁碗 1 个、医用棉签 1 包、小毛巾 1 块、手电筒 1 个、婴儿勺子 1 个、口腔护理液适量（根据新生儿口腔情况选择，普通护理用生理盐水；鹅口疮用 2% 的碳酸氢钠溶液）、温开水适量。

（4）环境准备：室温及湿度适宜，光线充足。

（5）操作者准备：洗手。

（二）护理步骤

（1）新生儿侧卧，脸朝操作者，把小毛巾放在新生儿的颌下，以防止护理时弄湿其衣服。

（2）用一手手指轻轻将新生儿的下巴往下压，使其张开嘴巴（见图 2－21）。用婴儿勺子（如有压舌板最好）压住新生儿的舌头，再用手电筒检查新生儿口腔的情况。新生儿口腔情况可分两种：

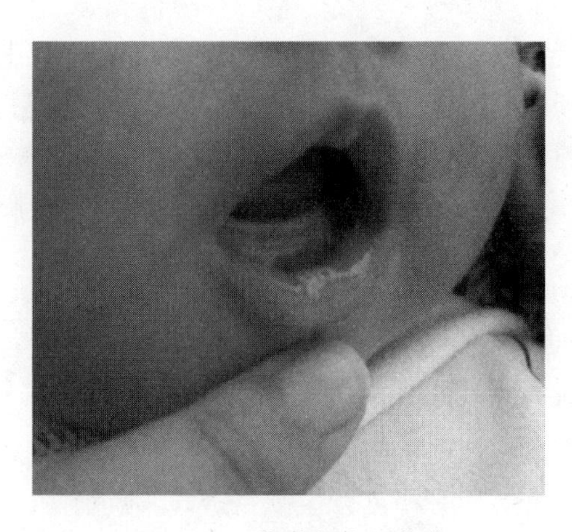

图2－21 协助新生儿张嘴

如新生儿口腔黏膜完整，无红肿破损，只需协助其简单漱口或直接喂其温开水，操作完毕后用小毛巾擦净口周余液，保持局部清洁干燥。

如新生儿口腔黏膜局部红肿或破损，则应遵医嘱用药擦拭口腔，以常见的鹅口疮病为例：

①取1支医用棉签蘸温开水湿润新生儿的口唇，用过的棉签放于清洁碗内（后同）。

②取1支医用棉签蘸取2%的碳酸氢钠溶液（以下棉签均蘸取），先从内向外擦新生儿两颊内部及上、下牙床外侧，后换新的棉签擦拭新生儿口腔上颚及上、下牙床内侧。

③以上操作完毕后，由内向外左右横向擦拭新生儿舌面及舌下。

④用小毛巾擦净新生儿口周余液。

⑤用手电筒再次检查新生儿的口腔情况，若新生儿口唇干裂，应适当擦涂茶油。

⑥整理用物后洗手。

（本节作者：郑穗瑾、方红芳）

第十节 新生儿臀部护理

一、新生儿臀部护理知识

新生儿臀部护理的重点是保持臀部皮肤清洁、减少局部摩擦、选择透气柔软的尿布或纸尿裤。新生儿臀部皮肤娇嫩，角质层薄，防御功能低，容易受外界环境刺激。由于新生儿需要使用尿布或纸尿裤，臀部皮肤长时间处于闷热潮湿的环境中，加上大、小便频繁，化学刺激多，以及频繁清洁对皮肤的摩擦，特别容易引起臀部皮肤潮红、破溃、糜烂等。因此，新生儿臀部护理是一个非常重要的环节。

二、新生儿臀部护理的注意事项

（1）由于新生儿不懂得控制大、小便，因此臀部经常会被附上泻物，清洗时不仅要注意是否清洗干净，还要注意不要因为用力过猛而伤到新生儿。

（2）选择的尿布或纸尿裤必须柔软、透气、吸水性好，2～3 小时更换一次。

（3）若新生儿有尿布疹等皮肤疾病则不宜直接用湿巾擦拭臀部，需在温水中将湿巾清洗后使用或用柔软的棉布擦拭，然后涂上专用的软膏如罗红霉素软膏、鞣酸软膏等。

（4）男婴应注意清理阴囊褶皱下的皮肤，换尿布或纸尿裤时调整好阴茎的位置，尽量不要超过脐部；女婴擦拭顺序必须由上往下（尿道口往肛门方向），以免大、小便逆行污染。

（5）如大便难以擦拭，可涂上植物油，再轻轻擦拭干净，必要时用温水直接清洗。

（6）清洁新生儿时应注意保暖。

三、新生儿臀部护理的步骤

（1）女婴臀部护理的步骤。

①解开尿布或纸尿裤，擦去肛门周围残余的粪便，用湿巾或洁净的温湿毛巾由外向内、由上向肛门处擦去。

②用一块干净的湿巾擦洗女婴大腿根部所有皮肤褶皱，由上向下、由内向外擦。

③抬起女婴的双腿，并把一只手指置于女婴双踝之间，清洁其外阴部，注意由前往后擦洗，防止肛门处的细菌进入阴道和尿道；用干净的湿巾清洁肛门，然后清洁臀部及大腿，由内擦拭至肛门处。

④操作者擦干双手，用纸巾或干毛巾擦干女婴的臀部皮肤，如果患有红臀，可以先将臀部皮肤暴露在空气中 10～15 分钟，待干透后，在外阴部四周、阴唇及肛门、臀部等处擦上护臀膏，可形成皮肤保护膜，减少大、小便的刺激。

（2）男婴臀部护理的步骤。

①让男婴平躺在床上，解开尿布或纸尿裤，男婴一般会在此时小便，因此，解开尿布或纸尿裤后仍将前半段停留在阴茎处几秒钟，等其解完余下的小便，利用尿布或纸尿裤的吸水性，吸干尿液，以免弄湿和污染床垫。

②操作者站在男婴右侧，先用左手抬起男婴的双腿，一只手指置于其两踝之间，再用另一只手打开尿布或纸尿裤，用尿布或纸尿裤内面擦去肛门周围残余的粪便，将尿布或纸尿裤前后两片折叠，暂时垫在男婴的臀部之下，准备用专门的湿巾或洁净的温湿毛巾擦洗臀部。

③用湿巾或洁净的温湿毛巾擦洗男婴臀部前应先擦洗肚皮、脐部，再清洁大腿根部和外生殖器的皮肤褶皱，由内向外顺着擦拭，最后用干净的湿巾清洁睾丸及阴茎下面。

④ 给男婴清洁阴茎时，要顺着离开其身体的方向擦拭，不要把包皮往上推；在男婴 6 个月前都不必刻意清洗包皮，因为 4 岁左右包皮才和阴茎完全长在一起，过早地翻动柔软的包皮会伤害其生殖器；清洁睾丸下面时，用手指轻轻将睾丸往上托住，清洗完会阴部，再抬起男婴的双腿，清洁臀部及肛门。

⑤操作者擦干双手，用纸巾或干毛巾擦干男婴的臀部皮肤，如果患有红臀，可以先将臀部皮肤暴露在空气中 10 ~ 15 分钟，待干透后，在阴囊下及肛门、臀部等处擦上护臀膏，可形成皮肤保护膜，减少大、小便的刺激。

（本节作者：张苏梅、谢敏华）

第十一节　新生儿皮肤护理

一、新生儿皮肤护理知识

皮肤是一种多功能器官，具有吸收、感觉、分泌与排泄、调节体温、新陈代谢等功能。新生儿出生后，其皮肤结构需要 3 年的时间才会发育至与成人相同，所以非常娇嫩、敏感，易受刺激和感染，护理不当不仅会导致各种皮肤病，还会增加皮肤感染的概率，因此，新生儿皮肤护理的科学合理性非常重要。进行新生儿皮肤护理前应了解新生儿皮肤的特点：

1. 具有胎脂

新生儿出生时会有胎脂遗留在皮肤表面，有些覆盖于全身，有些只遗留在皮肤褶皱处。胎脂在出生前起润滑、保护皮肤不受羊水侵蚀等作用，出生后主要起保温作用。

2. 体表面积大

新生儿皮肤面积与体重之比要大于成人，对于同样剂量的药品或洗护品吸收得比成人多，同时，对过敏物质或有毒物质的反应也更强烈。

3. 皮肤控制酸碱能力差

因为新生儿的皮肤没有完全发育好，仅靠皮肤表面的一层天然酸性保护膜来保护皮肤，所以要保护好这层保护膜，并维持皮肤滋润，以防细菌感染。

4. 皮肤色素层薄

新生儿的皮肤生成的黑色素很少，因而色素层薄，很容易被阳光中的紫外线灼伤。

5. 皮肤体温调节能力弱

由于新生儿皮肤的汗腺和血管还处于发育中，所以当环境温度升高时容易产生热痱。

6. 皮肤抵抗力弱

由于新生儿的免疫系统尚未发育完全，抵抗力弱，因此较易出现皮肤过敏，如红斑、丘疹、水疱等现象。

二、新生儿皮肤护理的注意事项

（1）不可粗暴擦拭胎脂。可先蘸取润肤油软化胎脂，再用柔棉巾轻轻擦拭。

（2）坚持每日洗澡。洗澡不仅可以起到清洁新生儿皮肤的作用，还可以通过洗澡及时发现新生儿皮肤出现的问题，但洗澡的时候一定要注意水温。

（3）慎重选择洗护用品。在给新生儿清洗皮肤时，不要用含皂质和具有刺激性的沐浴露，应用温和的婴儿专用润肤露、润肤油。

（4）选择透气柔软的尿布及贴身衣物。尿布及贴身衣物应选择棉质的，柔软且吸水性强，同时根据天气变化及时增减衣服。

（5）勿过度清洗皮肤。新生儿大便后，如量较多，应用温水清洗干净，量少或小便后用湿纸巾擦拭即可；勿过度清洗，以免破坏皮肤保护层，清洗后用护臀膏或者润肤油涂抹臀部，以便形成保护膜，同时减少摩擦，预防热痱和尿布疹的发生。

（6）做好防晒。要避免新生儿过度暴露在阳光下，外出时应做好必要的防晒措施。

（7）适度保暖，勿包裹过度。包裹过多，会影响皮肤透气功能，且如果排汗增多，长期在闷热潮湿的环境下容易滋生痱子。

（本节作者：郑穗瑾、叶敏欢）

第十二节　新生儿抚触

一、新生儿抚触知识

抚触会对新生儿的神经系统产生一定的刺激，从而促进新生儿神经系统和肢体功能的发育。通过抚触能够增加新生儿对外界的认识，增加新生儿的安全感，有助于新生儿入睡，还能调理新生儿的胃肠功能和增强新生儿的免疫功能，降低患病率。另外，通过抚触还可以增进母婴之间的感情。

二、新生儿抚触的注意事项

（1）选择适当的时间进行抚触，当新生儿疲劳、饥饿或烦躁时，都不适合抚触。最好在新生儿沐浴后或给其穿衣时进行，抚触时房间需保持温暖。

（2）抚触之前，操作者要将双手指甲修平，并摘掉首饰。用温暖的双手将婴儿润肤露或润肤油倒在掌心涂均，先轻轻抚触，随后逐渐增加压力，以便新生儿适应。

（3）有脐部感染或皮肤疾病的新生儿不宜进行抚触。

（4）当发现新生儿面色苍白，全身发抖，必须停止抚触，避免发生不良后果。

（5）注意抚触的力度，不可粗暴，动作要温柔，有爱心，注意与新生儿互动，进行情感交流。

三、新生儿抚触的步骤

（一）准备工作

（1）用物准备：毛巾、棉签、纸尿裤、换洗的衣物和婴儿润肤油（或婴儿润肤露)、护臀膏。

（2）环境准备：室内光线温和，温度为26℃～28℃，湿度为50%～60%。可播放柔和的音乐帮助新生儿放松。

（3）操作者准备：洗手。

（二）抚触步骤

（1）头部。操作者用两手拇指指腹先从新生儿眉间向两侧滑动（见图2－22），再从下颌上、下部中央向两外侧上方滑动，使新生儿上下唇形成微笑状。

一手托头，用另一只手的拇指指腹从新生儿前额发际向上、后滑动，至后下方发际，并停止于耳后乳突处，轻轻按压。

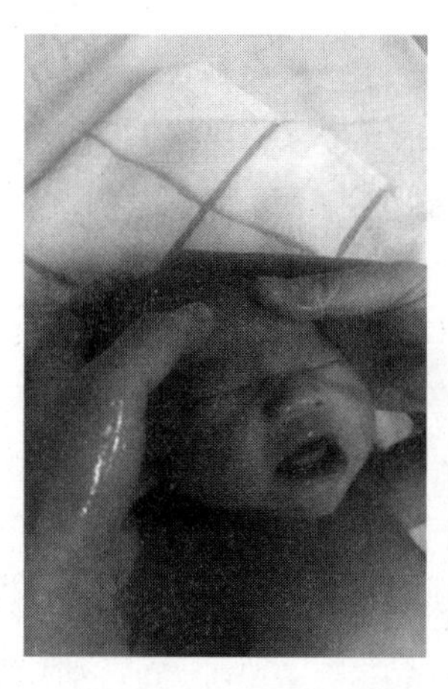

图2－22　头部抚触

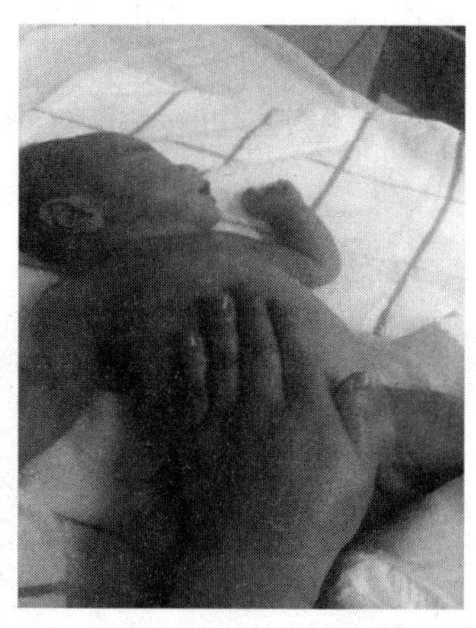

图2－23　腹部抚触

（2）胸部。操作者两手分别从新生儿胸部的外下方（两侧肋下缘）向对侧上方交叉推进，注意避开新生儿的乳头。

（3）腹部。操作者用一手的拇指指腹依次从新生儿的右下腹至上腹再向左下腹移动，呈顺时针方向画半圆，注意避开新生儿的脐部（见图2－23）。

（4）四肢。操作者两手交替抓住新生儿的一侧上肢，从腋窝至手腕轻轻滑行，在滑行的过程中由近端向远端分段挤捏。双下肢的做法相同。

（5）手和脚。操作者用拇指指腹从新生儿手掌或脚跟向手指或脚趾方向推进，并抚触新生儿的每根手指或脚趾。

（6）背和臀。以新生儿脊椎为中分线，双手分别放在脊椎两侧，从新生儿背部上端开始抚触，逐步向下至臀部（见图2－24）。操作者还可将两手掌分别放于脊柱两侧，以脊柱为中线，由中央向两侧滑动（见图2－25）。

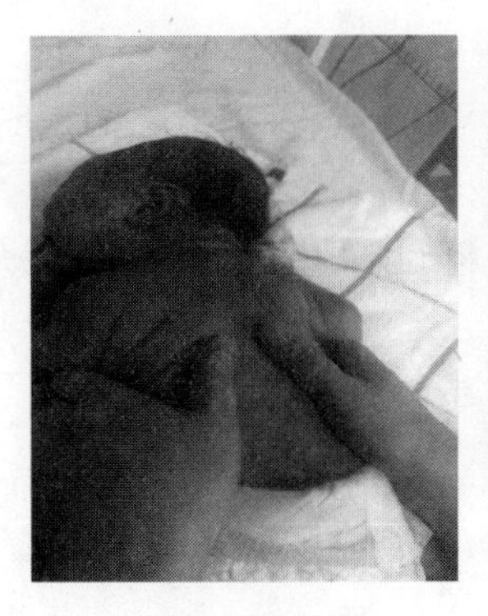

图 2－24　背部抚触（1）

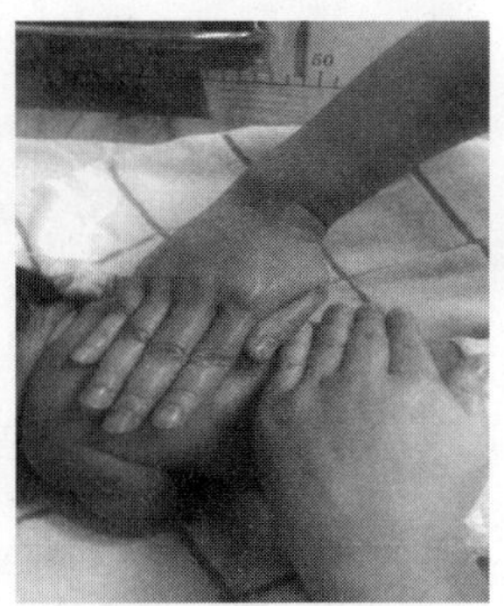

图 2－25　背部抚触（2）

（本节作者：叶巧章、叶醒愉）

第三章　新生儿睡眠安全与照护

第一节　新生儿拥抱反射

一、拥抱反射常识

新生儿出生时已具备多种暂时性原始反射条件，拥抱反射是新生儿原始反射中的一种，临床常见的原始反射还有觅食反射、吸吮反射、握持反射等。

拥抱反射的定义为母亲或者家人走到新生儿身旁，或者是发出响声，新生儿会两臂外展伸直，屈曲内收到胸前，即出现拥抱状，是一种生理现象。医学上也称惊跳反射，是新生儿最具防御性的反射。

拥抱反射是脊髓的固有反射，属于非条件反射，若缺乏这种拥抱反射则说明新生儿可能出现了某些问题，有以下几种可能：一是大脑神经系统没有发育成熟；二是神经系统有损伤或病变，如颅内出血或其他颅内疾病。另外，拥抱反射会随大脑皮层高级神经中枢的发育而逐渐消失。

二、新生儿出现拥抱反射的应对

拥抱反射一般在3~4个月的新生儿身上出现，大约持续到6个月，正常情况下，6个月后随着新生儿大脑皮层高级神经中枢的发育而逐渐消失，不必特别处理。

拥抱反射也是检测新生儿神经状态是否达标的条件，通常情况下，如果3~4个月的新生儿没有这种拥抱反射，则表明神经方面存在问题，需要及时到医院检查以排除神经系统疾病，尤其要警惕脑瘫的发生，做到早发现、早诊治、早进行康复训练。

（本节作者：郑穗瑾、方肖琼）

第二节　新生儿睡眠安全照护的内容与方法

一、婴儿猝死综合征

婴儿猝死综合征是新生儿及婴幼儿最常见的死亡原因，并且几乎所有新生儿及婴幼儿的猝死综合征都发生在睡眠时，并且常发生在冬季。父母或其他家庭成员照护新生儿或婴幼儿时应避免婴儿猝死综合征的发生。

二、保证新生儿睡眠安全的方法

新生儿与父母同室不同床是保证新生儿睡眠安全的主要方法，有三种形式：

（1）分床睡，新生儿睡婴儿床，不与父母同睡一张床（见图3－1）。

（2）拼床睡，小床拼大床，将婴儿床一边的围栏拆掉，在同一高度和父母的大床拼在一起（见图3－2）。

（3）大床上放小床（图3－3）。

图3－1　分床睡

图3－2　拼床睡

图3－3　大床上放小床

同时，应为新生儿的床做好安全措施，主要有两种方式：

（1）若是分床睡，可在床的四周设防护栏（见图3－4），不得使用软床栏。

图3－4　添加防护栏

（2）在床的下面铺上一张毛毯（见图3－5）或棉垫（见图3－6）。

图3－5　毛毯

图3－6　棉垫

三、新生儿睡眠安全与照护的注意事项

（1）新生儿采取仰卧位睡姿。仰卧是最安全的睡眠姿势，无论白天黑夜，新生儿都应该仰卧睡觉。

（2）婴儿床表面应结实平坦，建议使用硬板床，且床上避免放置如枕头、抱枕、靠垫、毛绒玩具、毯子、被子等物品，降低新生儿呼吸道被堵塞窒息的风险；避免新生儿睡在沙发、躺椅以及非常柔软的床垫上面，且不推荐使用定型枕。

（3）不可给新生儿包裹得太严实或者盖得太多，注意室温舒适且通风透气，确保新生儿没有过度出汗，避免发生蒙被综合征。

（4）纯母乳喂养可以降低新生儿发生婴儿猝死综合征的风险。

（5）避免父母中的一方或双方在新生儿的房间内吸烟。

（6）父母或其家庭成员夜间睡觉时要保持警觉状态，发现新生儿哭闹或异常要及时起床观察。

（7）不要使用车载儿童安全座椅代替婴儿床。

（本节作者：郑穗瑾、方肖琼）

第三节　培养新生儿良好的睡眠习惯

一、新生儿睡眠生理模式

新生儿的睡眠时间具有个体差异，是成人的 2 倍多，一般睡眠时间为 18 ~20 小时，其睡眠的节律尚未建立，昼夜平均睡眠时间分布相近。新生儿在不同的睡眠片段之间常有 1 ~2 小时的清醒时间，睡眠不足的新生儿常常会伴有烦躁、易怒、食欲减退、体重减轻、身高增长缓慢等现象。

二、新生儿的睡眠特点及习惯培养

（一）昼夜节律不明显

新生儿出生后睡眠通常无明显节律，如常常出现夜醒日睡，因此要逐渐增加新生儿日间清醒的时间，可帮助其建立昼夜的睡眠节律。新生儿已经具有随环境光线强弱调节睡眠的能力，因此应增加新生儿日间暴露于自然光下的时间，早晨接触自然光，有利于夜间睡眠；而夜间睡眠环境光线暗，亦有益于新生儿建立昼夜睡觉节律。

（二）睡眠结构

新生儿的睡眠分为深睡眠状态（安静睡眠）和浅睡眠状态（活动睡眠）。新生儿在深睡眠状态下非常安静，脸部、四肢均呈放松状态，偶尔在声音的刺激下有惊跳动作，一些新生儿或婴幼儿会出现嘴角摆动、呼吸非常均匀、偶有鼻鼾声等现象，这是处在完全休息的状态；浅睡眠状态下的新生儿或婴幼儿在整个睡眠过程眼虽然呈闭合状态，但可见眼球在快速运动。新生儿在睡眠过程中偶尔会短暂地睁开眼睛，四肢和躯体有一些活动，脸上常显出微笑的表情，有时会皱眉，有时出现吸吮或咀嚼动作，轻微的声响就可引发惊跳动作，也可能突然啼哭。从深睡眠到浅睡眠是一个睡眠周期，时间各占一半，一个周期持续0.5～1小时，所以新生儿每天有18～20个睡眠周期，在这期间有9～10小时是浅睡眠状态，这段时间往往被家长误认为是新生儿睡眠不安。

（三）良好睡眠习惯的培养

良好的睡眠习惯包括按时睡觉、自己入睡、入睡快等，这些习惯需要从新生儿阶段开始培养，使新生儿大脑皮层快速产生抑制，进入睡眠。以下介绍几种有助于新生儿形成良好睡眠习惯的方法：

（1）提供安静的睡眠环境。保持卧室安静、光线柔和、空气清新，新生儿处在这种环境就容易产生睡意。

（2）避免睡前进行刺激性活动。睡前不要让新生儿产生兴奋感，避免听惊险可怕的故事或音乐。当新生儿躺下后，可以让其听一些柔和的音乐，有助眠作用。

（3）避免不良睡眠行为。将新生儿抱在手中，边走边拍边哼歌哄新生儿入睡以及让新生儿含着奶嘴入睡、让新生儿咬着被子或手帕入睡等，这些行为均可能使新生儿养成不良的睡眠习惯，应当避免。

（4）固定入睡时间。每晚的入睡时间应固定，不要随意变更。

（5）睡前爱抚。如果新生儿不能自行入睡，不要大声训斥，可以轻轻抚摸新生儿，慢慢缩短睡前爱抚的时间，使新生儿逐渐过渡到自己入睡。

（6）使用婴儿床。让新生儿独自睡婴儿床有利于新生儿和父母都得到充分的休息，并可培养新生儿良好的睡眠习惯；选择带轮子便于移动的小床更适宜，便于调整最佳位置，让父母能看见新生儿的脸，便于观察、照顾新生儿。

三、日夜颠倒的应对方法

这种情况多发生在出生后6个月内的新生儿，由于大脑皮质功能发育不完善，正常的生活规律尚未建立，新生儿对黑夜和白天没有概念，所以白天大部分时间在睡觉，而晚上清醒的时间较多，甚至在夜间啼哭不止。如果新生儿夜间哭闹不睡觉，会导致其生长发育迟缓，不利于成长。可从以下几个方面去寻找原因：检查新生儿居室的温度是否太高；新生儿穿的衣服是否太厚；新生儿如果没有吃饱或吃得过饱，也会造成睡眠不稳；患低钙血症的新生儿常常会出现睡眠不安的现象，表现为哭闹增加，应检查是否存在低钙血症，若是应加以治疗。因此，一定要将新生儿夜晚不肯入睡的习惯尽早纠正过来，父母可以采取以下措施：

（1）在新生儿临睡前换上干爽的尿布或纸尿裤，并让其吃饱后入睡。

（2）新生儿半夜醒来时，不要马上将其抱起来哄，这样会使新生儿彻底清醒，应轻拍新生儿。

（3）减少白天的睡眠时间。新生儿白天睡得多，夜里便精神十足。因此，白天应与其玩耍交流，以减少新生儿白天的睡眠时间。

（4）对新生儿进行温柔抚触。在新生儿入睡前或睡眠中醒来时，父母可利用缓慢且轻柔的方式拍打或按摩新生儿的身体，帮助新生儿稳定情绪以快速入睡。抚触是父母通过双手对新生儿的皮肤进行有次序、有手法地科学抚摸，让温和的刺激感顺着新生儿的皮肤传到其中枢神经，产生积极的生理反应。

（本节作者：郑穗瑾、方肖琼）

第四章　新生儿家庭情感的建立

第一节　母婴情感的维护

一、了解母婴情感的概念和重要性

弗洛伊德很强调潜意识的作用以及一个人在童年时代所受到的情感创伤的影响，如果一个人小时候在某一方面未得到满足，那么其心中就会在这方面形成阴影，进而在以后的成长中以这样或那样的问题表现出来，甚至影响这个人的一生，母婴情感的建立亦是如此。

母婴情感是母亲与孩子之间一种积极的、充满深情的情感关系，其建立的好与坏会影响孩子一生的发展，会影响孩子能否顺利地度过人生的各个阶段。安全型的母婴情感有助于孩子健全人格的发展，而回避型或反抗型的母婴情感则会给孩子及其家人乃至社会带来危害。

鲍尔比在1951年提出生命的最初几年对人发展的重要性。鲍尔比认为，孩子与其母亲之间形成的关系来自一个叫作“印记”的过程，这是一种特殊的学习类型，它发生在新生儿阶段。基于此种原因，鲍尔比提出了单向性的概念：新生儿只会对母亲形成一种特殊的依恋，这与其和他人所形成的其他关系是完全不同的，而这种关系一旦被破坏就会给新生儿造成极大的痛苦和长期的创伤。鲍尔比认为，5岁之前的孩子必须与其母亲保持接触。鲍尔比对44名少年犯进行了回顾研究，发现其中有17人在5岁之前与母亲分开了一段时间，他得出结论说，是因为这些少年犯的母爱从小被剥夺，才会产生种种令人不可思议的行为，将孩子与他们的母亲分开，即使是暂时的，也会产生不良影响。其他研究也表明了母爱被剥夺有类似破坏性效果，比如母爱被剥夺的孩子智商较低，或是患有情感缺失疾病（即完全缺乏社会良知和社会关系）。众所周知，人和动物都有需要，但人不仅有生理性需要还有社会性需要，对于新生儿来说，绝不仅仅是喂奶、洗澡、换尿布或纸尿裤，更主要的是在其有需求的时候母亲要给予及时回应，即绝不是简单的温饱问题，而是要认真地去满足新生儿的精神需求，给其安全感。

因此作为母亲，一定要有高度的责任感，不能因自己工作太累或心情不好或夫妻争吵等原因而对新生儿的需求不予及时满足，更不能把不良的情绪发泄到新生儿身上，应具备良好的修养。

二、未建立良好母婴情感依恋关系的危害

行为主义学派有观察学习理论之说，即孩子会去模仿他们所观察到的行为，而不管其是否合乎社会规范，因此有人说“有什么样的父母就有什么样的孩子”。若父母自身从小未建立起良好的依恋关系，极有可能会影响孩子建立良好的依恋关系，从而形成反社会型人格或者给他人和社会带来危害。

母婴情感依恋理论认为，友谊特性直接起源于基本依恋关系的特性。依恋关系建立得好的孩子会比较合群，在同伴中更受欢迎，对其他伙伴的态度是包容的、接纳的、友好亲密的；而依恋关系建立得不好的孩子，往往会表现出攻击行为和敌意态度，因此会受到同伴的排斥与抵触，进而影响其人际关系，造成心理压力。

三、如何建立安全型母婴情感

母亲应按照新生儿的需求调节自己的行为，而不是以自己的意志要求或强加于新生儿，特别是在对待回避型新生儿的时候不要急躁，要给予其足够的时间。

母婴情感依恋关系的建立是母亲和孩子双方长期互动的结果，依恋的程度受母亲的个性、修养水平等因素影响，也与新生的身体状况和气质有关。安静可爱的新生儿人人都喜欢，但是对于爱哭闹的新生儿，家长要有耐心，努力为其提供积极、充满感情的交往环境，帮助其建立起安全型母婴情感依恋关系。

积极鼓励新生儿探索周围环境，在他们需要的时候及时提供保护和帮助，不要因为怕其受到伤害而限制其活动。

经常与新生儿保持密切的身体接触，如拥抱、亲吻、按摩，以积极、正面的情绪与新生儿相处，给新生儿以爱的表达。母亲对待新生儿的态度将直接影响到新生儿依恋的性质，母亲若对新生儿没有感情，常常迁怒于新生儿，这种情况极易形成回避型依恋；有的态度不稳定，时好时坏，这种情况容易形成反抗型依恋。

对新生儿的表情做出反应，新生儿依恋目标的选择在很大程度上取决于母亲的行为，若母亲平时对新生儿发出的各种信号或需求都很在意，并能给予迅速、恰当的反应或满足，可促使新生儿形成安全型依恋。

另外，关于母婴早期皮肤接触，美国心理学家通过研究指出：母婴间的早期皮肤接触，可促进亲子依恋关系的产生。研究发现，在产后 6 ~ 12 个小时母婴进行皮肤接触，1 个月后可发现这些母婴比没有进行皮肤接触的母婴靠得更近、抱得更紧、爱抚更多，这无疑有助于建立安全型母婴情感。

（本节作者：叶雪雯、张婉玲）

第二节　父婴情感的维护

一、父婴情感的概念和重要性

长期以来，人们受传统“男主外、女主内”思想的影响，在孩子抚养和亲子沟通的过程中，更多地关注母婴关系，忽视了父亲在孩子教育中的重要作用。父亲自己往往也认为，母亲是孩子教养的主力，自己的强大教育作用要等到孩子上学之后才能得以有效发挥。

其实，父亲的作用与母亲同等重要，甚至有时超过母亲。父亲与母亲的教养风格有着明显不同，如每个母亲都有自己独特的抱新生儿的方式，并且 10 次中有 9 次都会以相同的方式抱起新生儿，而父亲则 10 次有 9 次以不同的方式抱起新生儿，甚至会将新生儿的头朝下抱起来；母亲在与新生儿玩耍时较喜欢使用玩具逗引，而父亲则喜欢用自己的身体当作新生儿的爬杆……父亲的教养方式更有助于培养新生儿的独立性，与母亲相比，他们可以让孩子爬得更远，然后再把他们抱回来。当新生儿面对新事物，如一只狗、一个陌生人或一个新玩具时，母亲会本能地靠近新生儿，让其感到可以得到保护，父亲则倾向于站在一边，让其自己去探索。这两种不同的教养方法，即保护和挑战，都有助于孩子的情绪发展。

二、当个好父亲并不难

父亲也应付出时间与孩子相处，每天至少拿出 30 分钟来关注和参与孩子的活动，或者帮其洗澡、与其交谈。相处的时间虽短，但这会让孩子感受到父爱的存在。此外，父亲还应成为孩子重要的游戏伙伴。

孩子与父亲相处、沟通，不仅可以从父亲那里感受到爱，还受父亲的气质、情感、智力等方面的影响，为自身的心智发育汲取养分。

三、爱要让孩子知道

生活中如何才能让孩子得到最适当的教育，如何让孩子在父母的爱中快乐成长，才是为人父母更应该花费心思和精力去关心的问题。要让孩子知道父母对他（她）的爱，要让他（她）体会到父母无时无刻不在牵挂着他（她），尤其父亲平时应多亲吻、拥抱、抚摸孩子，让孩子时刻感受到父爱的温暖。

四、体会孩子的感受

尽管孩子太小还不能用语言表达自己，但他们能用动作和声音表达自己的感受和要求。和成人一样，他们也会有压抑不良的感受，当他们持续处于不良情境刺激时，不良情绪也会渗透到其幼小的心灵中，还可能表现为生理上的不适甚至发生疾病。因而，作为父母，应努力去了解、体会孩子的需要和感受，避免让孩子感到孤独无助。

五、具备耐心和细心

这是作为父亲的最基本的条件，也是新生儿最需要的。耐心和细心其实都包含着爱心，父亲对孩子的爱从中显露，同时，细心认真的父亲会让孩子更加舒适放松，而且能让孩子在潜移默化中学到这些优点。

六、拥有健康的体魄

与孩子玩耍、带孩子出游、拥抱孩子等，这些都依赖于父亲强健的体魄和宽厚的臂膀，所以父亲应该爱惜身体，经常锻炼，不吸烟，时刻准备着履行父亲的职责。

（本节作者：叶雪雯、张婉玲）

第三节　多孩间情感的维护

多孩间情感维护的方法主要有以下几点：

（1）平等对待。

父母对于多孩间一定要持公平态度，不偏不倚，更不能因为自己的失误而给孩子们带来任何负面的影响。

国外最新研究发现，新生儿在4个月时就会出现“吃醋”的反应，这主要源于新生儿对熟悉的母亲的依恋，当母亲抱别的孩子时，新生儿就会立刻哭闹，这是一种原始情感。遇到这种问题，母亲要会权衡把握，小心处理，以免顾此失彼，可采用单独安抚，以待新生儿情绪缓和，或采取轮流制，让其感受到被公平对待等方法处理。

孩子的心思很细腻，对大人的情感表达相当敏感，要小心呵护。如果长期只对一个孩子表示温和，会造成另一个孩子的心理不平衡。在日常生活中，父母应尽可能地“端平一碗水”，以公正平等的心态处理多孩问题，细心观察，留意他们的情绪反应，及时调整，让他们感受到父母平等的爱。

（2）因人而异，尊重每个孩子的个性发展。

每个孩子都是一个独立的个体，有着自己的想法，即使是双胞胎，也有可能性格迥然不同。父母应该尊重每个孩子的个性发展，秉承“因人而异，因材施教”的教育理念。针对性格不同的孩子，采取不同的教育方式，并促使他们发展各自的优点。

（3）适度竞争更利于彼此成长。

孩子在成长过程中可能会出现一些竞争，如果是适度竞争，应以鼓励为主，切不可让过度的竞争加重孩子的心理负担、强化孩子之间的斗争性。在养育多孩时，既要适度增加孩子的竞争感，帮助其快速成长；又要注意把握其中的尺度，千万不能让这种竞争感影响孩子之间的感情。所以在日常教育中，父母也要注重加强孩子之间的感情联系。

（4）帮助孩子多融入集体。

尝试与每个孩子建立比较个性化的接触，如给他们换尿布和哺喂时用不同的称呼，又如在哄不同孩子睡觉时，用不同的方式和音调，孩子越大，越需要父母花时间来保持这种独特的关系。

在孩子的成长过程中，父母也应关注他们的个性需求，从各自不同的兴趣和爱好出发，有意识地带他们融入更大的社交圈，让他们结交各种类型的同伴，有更多的社会交往，这样可以减少彼此之间的依附性。融入集体的孩子会减少骄纵和任性霸道等行为，情商也得到提高。

（本节作者：叶雪雯、张婉玲）

第四节　父母与新生儿游戏活动的开展

新生儿的视、听、嗅、味等感觉都是初级的、原始的、不协调的，必须经过无数次训练、学习才能使大脑把多种感觉信息综合起来。有研究显示，得到充分练习和刺激的新生儿比没有或少有练习的新生儿要聪明得多，所以父母可以用适当的方法与新生儿进行游戏。

一、新生儿感官系统知识

感觉和知觉是不同的心理过程，感觉是基于事物的个别属性，是依赖个别感觉器官的活动；知觉是基于事物的整体属性，是在感觉的基础上发展的，依赖多种感觉器官，感觉是知觉发展的重要基础。感觉发育具有年龄发育的标志，可监测和评估儿童的发育水平，新生儿出生时 5 个主要感觉（视觉、听觉、嗅觉、味觉和触觉）都已不同程度地发育，但都没有达到成人水平。听觉是出生后首先发育的感觉，胎儿在子宫内已熟悉自己母亲的声音；嗅觉、味觉和触觉也是发育较早和较为敏感的感觉；而视觉因胎儿在子宫内获得的刺激少，相对其他感觉发育较慢。

（一）视觉与视力发育

大量研究证明，胎儿在 16 周左右即有了视觉反应能力以及相应的生理基础，当用强光照射孕妇腹部时，会发现胎儿闭眼及胎动明显增强。34 周左右的早产儿视觉功能已和新生儿相似，能感受明暗及不同颜色，视觉相当敏锐；出生几天的新生儿即能跟踪移动的物体或光点，且容易集中注视对比鲜明的轮廓部分，如白背景下的黑点，对黑点附近对比最强烈的地方注视时间则更长。

（二）听觉

研究证明，20 周左右的胎儿即开始建立听觉系统，可以听到透过母体的频率为 1 000Hz 以下的外界声音，出生后随着新生儿耳中羊水的清除，声音更易传递和被感知。新生儿出生后前几天听觉敏感度有很大的提高，听觉阈限高于 20dB，在高频区的听力要比成人好。研究还发现，新生儿有很强的音乐感知能力，喜欢音乐而讨厌噪声。

（三）嗅觉

嗅觉是一种较为原始的感觉，28 周左右的胎儿嗅觉器官已相当成熟，出生后即有了嗅觉反应，他们嗅到母乳的香味就会将头转向母亲的乳房，出生后3~4个月时就能稳定地区别不同的气味。最初新生儿对特殊刺激性气味有轻微反应，以后渐渐地变为有目的性地回避，表现为翻身或扭头等，说明其嗅觉变得更加敏锐。

（四）味觉

味觉是新生儿出生时最发达的感觉，具有保护作用，味觉感受器在胚胎3个月时开始发育，6个月时形成，因此出生时已发育得相当完善。新生儿的味觉是相当敏锐的，能辨别不同的味道，他们对甜味的反应一开始就是积极的，对咸、酸、苦的反应则是消极、厌恶的，把不同的食物放在新生儿的舌尖上，可以看到不同的反应，新生儿对苦和酸的食物会做出皱眉、闭眼等表情。

（五）触觉

新生儿出生后触觉已有反应，如母亲的乳头接触新生儿的嘴或面颊时，新生儿就会做出觅食和吸吮动作；物体触到新生儿的手掌，新生儿就会握住；抚摸新生儿的腹部、面部即可以停止哭泣等。抚触和亲密接触对新生儿的发育有良好的促进作用，还可缓解焦虑，帮助他们安静下来。

二、新生儿个性化发展的特点

（1）运动。新生儿出生后会有一些先天性反射出现，如拥抱反射、踏步反射、握持反射、觅食反射等。随着月龄的增加，这些反射逐渐减弱或消失。新生儿喜欢听母亲的声音，出生2周左右的新生儿能感觉到谈话的节奏，当母亲和其他家庭成员与新生儿“热情谈话”时，会出现相当奇妙的情景，即新生儿的四肢会随着母亲和其他成员的声音有节奏地运动，有时还会皱眉等。新生儿大动作发展有以下特征：俯卧抬头（颈后肌肉发育领先于颈前肌肉）、转头、四肢活动不规则。

（2）认知。新生儿出生后有视觉感应功能，当新生儿觉醒时，会仔细扫视人的脸庞。新生儿的听觉也已相当好，头能转向有声音的地方，喜欢听尖而高的女声。另外，新生儿对母乳的味道有特殊的敏感性，习惯了在母亲的气味中长大，并找到协调的感觉。

（3）语言。新生儿的哭声是和成人进行交流的主要方式，新生儿用哭声来表达其饥饿、冷暖、疾病等不适。对于不同的需求，其声音的高低、长短是完全不同的，因此具有语言的意义。年轻的父母经过2~3周细心体会，就能理解新生儿哭声的含义，正常新生儿的哭声响亮婉转，使人听了感觉悦耳。传统观念认为，新生儿哭闹不用抱，以免以后经常要人抱，从而养成一种不良的习惯。其实这是一种错误的观念，新生儿用哭声发出信息，表达自己的需求，并期待满足，若不给予回应，新生儿就不再愿意发出信息，这样不利于其智力发展。因此，在新生儿哭时，可将其抱起或竖靠在肩上，不仅可以停止其哭闹，还有可能使其睁开眼睛，用眼神和人交流。

（4）生活与社交。新生儿具有一定的生活规律，睡眠状态占一天时间的75%～90%，为18～20小时，觉醒时间为2～4小时。新生儿一出生就做好了参与社会的准备，会仔细观察旁人，通过哭泣反映身体的痛苦，以微笑反映舒适愉快，以皱眉、摇头反映不开心，用闪烁的眼光吸引母亲的爱抚。

三、游戏活动内容及开展

（1）身体运动游戏。身体运动一般分为有关全身大肌肉动作发展的粗大动作运动和小肌肉或小肌肉群发展的精细动作运动。粗大动作运动包括新生儿早期的头竖直、靠坐、翻身，以及日后的爬行、走路、跑步、攀爬、追逐等活动；精细动作运动主要指凭借手以及手指等部位进行的活动。身体运动游戏，既可以一个游戏的方式发生，也能够以其他游戏的方式发生，如父母为新生儿进行按摩，一起做被动婴儿操等。

（2）玩物游戏。新生儿通过看和听以及嘴巴来探索玩具，随着月龄的增长，新生儿会更多地用手去摆弄玩具，通过触摸、触压，以及对轮廓摸索、功能测试等方式，可以获得玩具的材质、硬度、温度、形状、功能等信息。而在实际过程中，新生儿对于玩具的玩法具有自己独到的创意，父母在玩物游戏过程中应当尊重新生儿的自主性和创造性。例如，父母提供积木玩具，让新生儿通过摆弄积木进行塔尖游戏，有的新生儿拿到积木可能会进行对敲游戏，有的新生儿可能会进行投掷游戏，有的新生儿可能会啃咬积木，还有的新生儿可能会在积木堆里搅和就是为了听听响声。

（3）语言游戏。语言游戏比起身体运动游戏和玩物游戏来说更具有随意性，只要在新生儿觉醒的状态下都可以进行。最初的语言游戏就是父母与新生儿的咿呀对话，面对新生儿，父母可以将其当成会说话的孩子一般与其聊天。例如：我是妈妈，你喜欢这个玩具吗？（给新生儿展示玩具）今天的天气很好，想下楼散步吗？爸爸在为你换尿布，你舒服吗？新生儿的听觉发展得非常好，父母与新生儿进行的语言交流不是多余的，新生儿会通过不同的表情与父母交流互动。另外，新生儿喜欢有押韵的文章，喜欢节奏感强、有韵律的音乐，也喜欢各种绕口令、谜语、古诗等。

（4）社会性游戏。新生儿的交往行为通常是单向社会行为，包括触摸、微笑等。新生儿的这些单向社会行为不可忽视，因为当新生儿发出微笑却无人回应，以后其可能就不再发出微笑了。

（5）亲子游戏。新生儿最初的玩伴通常是他们的父母，一个温柔的亲吻和拥抱就可以让新生儿感受到父母无限的爱意；一个神奇的睡前故事就能让新生儿酣然入睡。母亲可以多和新生儿“谈话”、玩耍，哺喂时可让新生儿的小手触碰母亲的乳房或扶扶奶瓶。生活中，可以把不同的小玩具放入新生儿的小手中，握住新生儿的手边摇边让他（她）看，开展抚触按摩，加强新生儿的感受能力。

（本节作者：叶雪雯、张婉玲）

第五章　新生儿免疫接种

第一节　乙肝疫苗

一、乙肝疫苗的作用

乙肝疫苗是针对由乙肝病毒引起的、以肝脏为主要病变并累及多器官损害的一种传染病的疫苗。疫苗接种后，可在人体内产生保护性抗体，乙肝病毒一旦出现，抗体会立即起作用将其清除，防止感染，从而使人体具有预防乙肝的免疫力，以达到预防乙肝感染的目的。

新生儿出生后 24 小时内在右侧上臂三角肌上接种第一剂乙肝疫苗；出生后 1 个月接种第二剂；出生后 6 个月接种第三剂。发热、严重感染及具有其他严重疾病的新生儿，应暂缓接种乙肝疫苗。早产儿和低体重儿暂时也不宜接种乙肝疫苗。虽然乙肝疫苗对这部分新生儿并无害处，但因其自身的体质状况易发生偶合事件，因此应推迟接种时间。

二、乙肝疫苗注射后的不良反应

注射完毕后应在现场观察至少 30 分钟，看是否有不良反应。

（1）发热。接种后可能出现一过性发热反应，大多数为轻度发热，一般持续 1 ~2 天后可自行缓解，无须处理，多喂温水，注意保暖；对于中度发热反应或发热时间超过 48 小时的新生儿，可采取物理降温措施或在医务人员的指导下进行药物治疗。

（2）过敏。虽极少数新生儿会出现严重过敏反应，但接种后也应加强观察，出现严重不良反应者，应及时治疗。

另外，注射后局部应保持卫生，以免新生儿抓破皮肤引起局部感染。个别新生儿在接种疫苗后的 72 小时内，注射部位可能出现疼痛和触痛，并伴有轻、中度红肿，一般不用特殊处理，2～3天可自行缓解。极个别新生儿会出现硬节，1～2个月可自行吸收。

（本节作者：王慧媛、叶敏欢）

第二节　卡介苗

一、卡介苗的作用

卡介苗是采用牛型结核杆菌菌株制成的减毒活疫苗，新生儿接种后可获得一定的对抗结核病的免疫力，用于预防结核病。接种疫苗后，其所起的免疫作用，可减少人体内结核菌的数量，从而降低新生儿原发结核病、血行播散型结核病和结核性脑膜炎的发生率。

新生儿出生后，将于24小时内注射卡介苗，早产儿或体重不足的新生儿需体重达标后才可接种。

二、卡介苗注射后的不良反应

注射完毕后应在现场观察至少30分钟，看是否有不良反应。

（1）发热。新生儿接种后可能出现一过性发热反应，大多数为轻度发热，一般1～2天后可自行缓解，无须处理。对于有中度发热反应或发热时间超过48小时的新生儿，可采取物理降温措施或通过药物对症处理。

（2）腋下淋巴结肿大。少数新生儿接种卡介苗后会引起同侧腋下淋巴结肿大，若直径不超过1cm，属正常反应，无须处理；若直径超过1cm，且发生软化，应及时到医院检查。

另外，接种部位在接种后的2～3周会出现红肿硬块，逐渐形成小脓包，可自行吸收或穿破，2～3个月逐渐愈合，一般会留下一个永久性略凹陷的圆形疤痕。此为正常反应。

（本节作者：王慧媛、叶敏欢）

第六章　新生儿常见疾病照护

第一节　新生儿呼吸道感染照护

一、新生儿呼吸道感染的原因

呼吸道感染是新生儿最多见的疾病之一，多发于秋冬寒冷季节。新生儿由于各个器官功能发育尚不健全、免疫力低，容易成为易感染人群。引起发病的主要因素有以下三点：

一为新生儿鼻腔短小狭窄、无鼻毛、鼻黏膜柔嫩敏感，上面分布有丰富的毛细血管，与成人相比更容易发生充血和鼻黏膜水肿。如遇到寒冷空气或含菌量较多的气流，就可能直接刺激鼻咽部，使鼻咽部血管黏膜充血肿胀，从而引起感染。护理不当、保暖不足、遇冷为新生儿上呼吸道感染常见的原因。

二为新生儿气管和支气管相对较窄，纤毛运动功能差，咳嗽反射也差，难以有效清除吸入体内的尘埃和异物颗粒。因此，当新生儿不小心呛入羊水、胎粪、奶汁或其他液体，则容易导致吸入性肺炎。

三为出生前母体宫内有感染、出生后受外界呼吸道传播，从而导致新生儿呼吸道感染。

二、新生儿呼吸道感染的症状

新生儿上呼吸道感染主要表现为鼻塞、流涕、打喷嚏、张口呼吸。一旦出现鼻塞后，表现为烦躁、频繁哭闹；吃奶时由于鼻子、口腔同时堵住，导致吃奶差，严重者无法吸吮，甚至拒奶，可发生青紫或呼吸困难。

新生儿下呼吸道感染症状不典型。月龄较大的新生儿起病往往都伴有发热、咳嗽等，严重者则有气急、嗜睡等表现。而大部分新生儿不发热，即使发热也是低热，有时反而全身发冷，体温不升，甚至没有咳嗽。还可能出现呼吸频率快，每分钟达60次以上（正常范围为40~60次/分）；口周青紫、口吐白沫、反应低下等表现。

三、新生儿呼吸道感染的照护方法

（1）保暖。新生儿出生时，从宫内环境到自然环境经历了较大的温差，需要一个适应的过程，因此，新生儿出生后及时做好保暖措施非常重要，尤其要注意头部的保暖。

（2）抬高床头。新生儿鼻塞时，抬高床头可减轻鼻黏膜充血，减轻鼻塞，增加通气和舒适感。

（3）保持空气清新流畅。定时开窗换气，室内温度应保持在26℃左右，湿度在60%左右。注意不要把新生儿放在风口吹。

（4）选择母乳喂养。母乳喂养有利于增强新生儿的抵抗力、免疫力。且母乳相对于奶粉，水分含量更高，有利于缓解新生儿呼吸道干燥的不适感。

（5）添加温开水。在患儿两餐之间适量喂服温开水，不但可以清洁口腔，还可以促进血液循环，增加尿量，以促进代谢物的排出。

（6）减少外出。尽量减少去人群密集的地方，以免交叉感染。

（7）协助排痰。新生儿支气管纤毛运动功能差，咳嗽反射也差，难以有效清除肺内痰液，因此，当患儿有肺部痰液时，可通过叩背帮助其排痰。

四、新生儿叩背排痰的方法及注意事项

（一）叩背排痰的方法

（1）评估。

评估新生儿病情、痰液聚集部位；评估新生儿进食时间，叩背应在喂奶后1小时，且无哭闹、呕吐、疲乏的时候进行。

（2）体位。

①俯卧位。患儿俯趴在操作者双腿上，操作者一手托住患儿头、腹部（见图6-1）。

②头低臀高位。患儿俯趴在床上，头偏一侧，腹部垫一个小软枕，使身体呈头低臀高位（见图6-2）。

图6－1　俯卧位

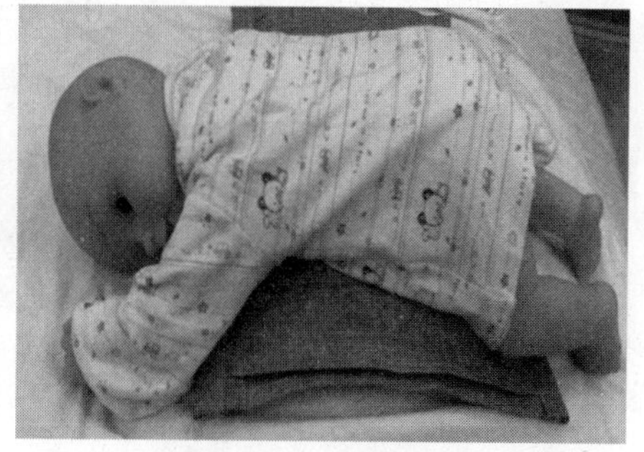

图6－2　头低臀高位

（3）叩背手势。

操作者一手五指并拢，手掌弯曲成空心掌（见图6－3），利用腕力快速有节奏地叩击背部（肺部）。

（4）叩背顺序（见图6－4）。

由下至上、由外向内拍背，操作时应两侧肺部都拍到。由于体位的关系，新生儿的背部和肺下部更容易产生液体积聚，应着重拍这些部位。如果已经患有肺炎，还应着重拍病变的那一侧。

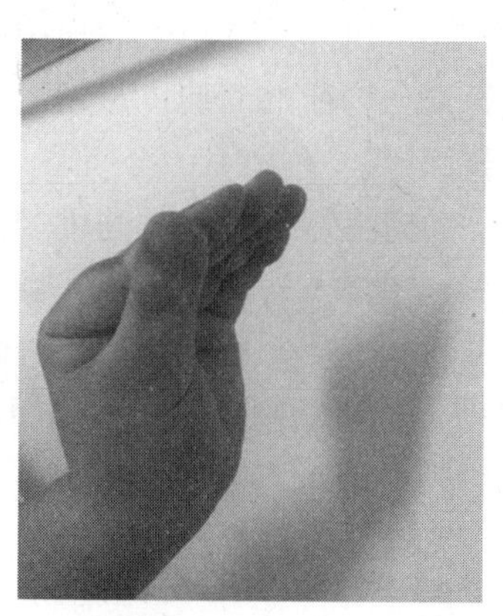

图6－3　空心掌

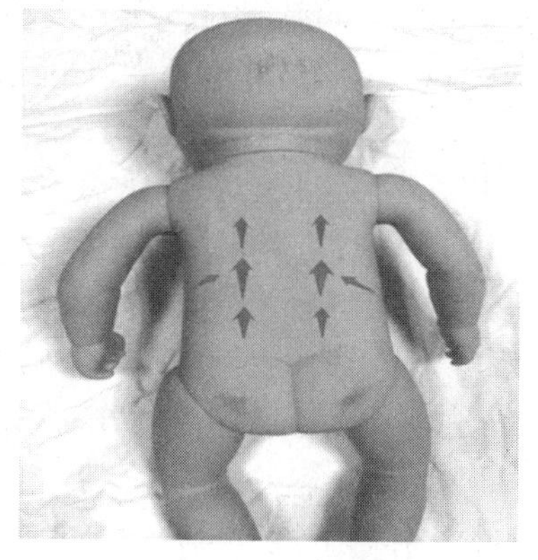

图6－4　叩背顺序

（5）拍背幅度。

以手掌根部离背部3～5cm，手指尖部离背部5～10cm为宜（新生儿舒适，无哭闹）。

（6）时间频率。

持续3～5分钟，频率2下/秒，一天3～5次。

（二）叩背排痰的注意事项

（1）叩背过程中注意拍打力度（新生儿舒适，无哭闹），边拍边观察新生儿的面色和呼吸，如鼻、口腔有分泌物排出，应及时清理。

（2）叩背时避开新生儿的胸骨、心脏及腹部脏器等部位。

（3）操作时让新生儿穿一件薄衣服，保护其背部，避免直接叩击引起皮肤发红，同时应避免衣服过厚而影响叩击效果。

另外，由于新生儿呼吸道感染症状往往不典型，因此需要照顾者仔细观察新生儿的病情变化，如突然反应低下、吸吮无力、呼吸急促，应及时就诊。

（本节作者：郑穗瑾、欧阳莉茜）

第二节　新生儿黄疸照护

一、新生儿黄疸的原因

新生儿黄疸是指新生儿时期，由于胆红素代谢异常，引起血中胆红素水平升高，而出现以皮肤、黏膜及巩膜黄染为特征的病症，是新生儿中最常见的临床问题。

新生儿黄疸有生理性和病理性之分。生理性黄疸是指单纯因胆红素代谢特点引起的暂时性黄疸，在出生后 2～3 天出现，4～6 天达到高峰，7～10 天消退，早产儿持续时间较长，除有轻微食欲不振外，无其他临床症状，一般不用特殊处理。若出生后 24 小时即出现黄疸，每天血清胆红素升高超过 5mg/dL 或每小时超过 0.5mg/dL；持续时间长，足月儿 >2 周、早产儿 >4 周仍不退，甚至继续加深加重，或消退后重复出现，或出生后一周至数周内才开始出现黄疸，均为病理性黄疸。

新生儿由于摄取、结合、排泄胆红素的能力明显不及成人，且胆红素产生多而排泄少，所以很容易出现黄疸。尤其新生儿在缺氧、胎粪排出延迟、喂养延迟、呕吐、脱水、酸中毒、头颅血肿等情况下还会加重黄疸。

二、新生儿黄疸退黄的方法

（一）光照疗法及注意事项

光照疗法是降低血清未结合胆红素简单而有效的方法（见图 6－5）。

未结合胆红素经光照后能快速通过胆汁和尿液排泄，无须通过肝脏代谢。

目前国内最常用波长为 425 ~ 475nm 的蓝光照射。现市面上有较多家用蓝光仪出售，可免去住院的麻烦，也可在寒冷天气代替日光疗法，照护者可根据说明书操作，但必须注意以下事项：

（1）注意室内的温度及湿度变化，同时照蓝光期间应密切观察新生儿的体温变化。

（2）照光期间，新生儿必须佩戴眼罩，防止损伤视网膜。

（3）照光期间尽量将新生儿的身体裸露，必须用尿布遮住生殖器，防止损伤生殖器功能。

（4）新生儿照光前应进行皮肤清洁，忌在皮肤上涂粉剂和油剂。

（5）新生儿照光时照护者应随时观察新生儿眼罩及尿布遮盖物有无脱落，注意皮肤有无破损。

（6）新生儿体温 >37.8℃或 <35℃，应暂停光疗。

（7）新生儿在光疗过程中出现烦躁、嗜睡、高热、皮疹、呕吐、拒奶、腹泻及脱水等症状，则应立即停止。

（8）注意新生儿背部皮肤的光疗，及时更换体位，在家属的监督下更换俯卧位。

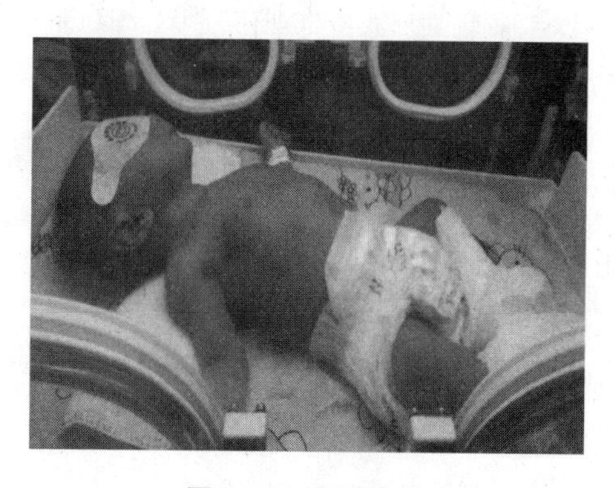

图 6－5　光照疗法

（二）日光照射法及注意事项

太阳光里任何波长都有。日光照射法则是利用太阳光里的蓝波退黄（见图 6－6）。因此，适当的日光照射也能起一定的退黄作用，但需掌握正确的方法。新生儿皮肤幼嫩，容易受到紫外线的伤害，晒太阳的时间应安排在上午 9 ~ 11 点或者下午 4 ~ 5 点。因为此时光线柔和，而其他时间段紫外线较强。晒太阳时，避免阳光直射眼睛，也应尽量将新生儿的皮肤裸露，仅晒脸部效果甚微；同时注意周围温度的变化，以免晒伤或者着凉。日光照射时间可以从几分钟增加至十几分钟、半小时等，但每次连续照射时间不可超过半小时。

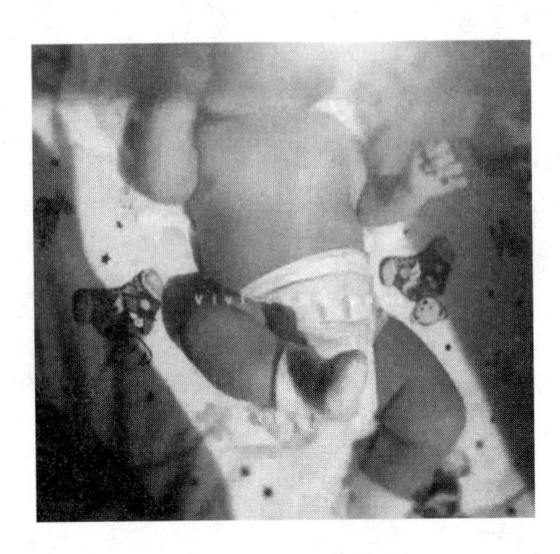

图 6－6　日光照射法

三、新生儿黄疸退黄药物的使用及注意事项

目前，国内治疗黄疸的药物有两种，一种是液状的茵栀黄口服液，另一种是退黄颗粒。这两种药物里都含一种叫茵陈或者栀子的中药成分，具有清热利胆的作用，能更好地帮助新生儿将体内的胆红素排出。但是这些成分也会增加新生儿腹泻的次数，也就是说，在通过增加大便次数来增加对胆红素排泄的同时，也可能会因为腹泻次数增加而带来其他临床问题。因此在服用退黄药的过程中，如果新生儿出现频繁排便，甚至出现水样便，应立即就医，在医生的指导下调整药物使用。

（本节作者：郑穗瑾、欧阳莉茜）

第三节　新生儿泪腺堵塞、结膜炎的识别与照护

一、新生儿泪腺堵塞的症状与原因

新生儿如有泪腺堵塞，可表现为眼泪多、眼分泌物多，尤其是醒来

时，眼睛分泌物会多到眼睛睁不开，挤压内眼角会有脓性分泌物流出等(见图6-7)。常见于单眼，少见于双眼，一般无全身不适。其发病原因多是新生儿出生时鼻泪管没有自动破裂，剖宫产儿常见，顺产儿出生时受产道压力等作用，可以自动破裂，泪道也就贯通了。但也有少数顺产儿由于新生儿鼻泪管底端的膜状物较厚，也会出现泪腺不通。另外，若出生时受到宫内感染，泪道受炎症刺激，或由于鼻泪管部先天性畸形等因素，也会造成泪腺堵塞。

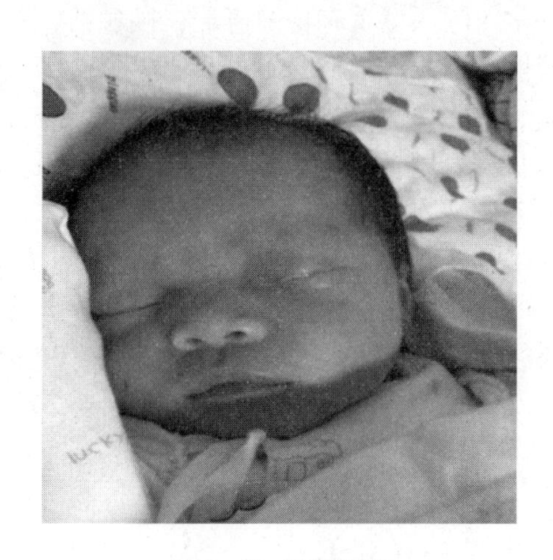

图6-7　泪腺堵塞

二、新生儿结膜炎的症状与原因

新生儿若患结膜炎，眼睛也会产生较多的分泌物，与泪腺堵塞不同的是，结膜炎还伴有眼睑肿胀，睑结膜发红、水肿等现象，一般多发生在出生后的5~14天，眼睛分泌物初为白色，但可能很快转为脓性，因此出现黄白色带脓性的分泌物。开始可能是单眼发病，随着病情的发展，会累及对侧眼睛，如未及时护理治疗，炎症可侵犯角膜，甚至会产生眼部后遗症，如视力受影响。

新生儿结膜炎的发生主要是由于外界的病原体侵入而造成的，最常见的病原体为沙眼衣原体，其他病原体如肺炎双球菌、流感嗜血杆菌、淋球菌以及单纯疱疹病毒等均可引起新生儿结膜炎。具体有以下原因：

一是新生儿免疫力低下，对病菌的抵抗力太弱，容易受外部感染。

二是泪腺堵塞容易引起结膜炎，由于眼泪引流不畅，不易将侵入的病菌冲洗掉，而使病菌在眼部繁殖进而发生结膜炎。

三是新生儿出生时，头部要经过产道，眼部很容易因这些部位有病菌污染而被感染。如母体阴道患有病原菌，新生儿患结膜炎的概率会大大增加。

三、新生儿泪腺堵塞照护

新生儿泪腺堵塞如照护得当，一般能自愈，照护主要从预防感染与配合按摩两方面进行。应注意以下五点：

一是保持新生儿周围环境及衣物的清洁，接触新生儿前应先洗手。

二是注意常清理新生儿的眼睛分泌物，用生理盐水轻轻擦拭。

三是按摩眼睛，帮助新生儿排出眼睛分泌物。用食指指腹按摩泪腺（按在新生儿的鼻根及眼睛内眼角中间的部位），可见脓液从眼角流出来，用干洁毛巾擦净。

四是新生儿的浴盆、脸盆等用物要经常消毒，有专用的毛巾、手帕、卫生纸。

五是如果眼部红肿明显，脓性分泌物过多及巩膜充血，一定要及时去医院诊治，不得延误。

四、新生儿结膜炎照护

新生儿结膜炎照护应注意以下三点：

一是保持新生儿周围环境及衣物的清洁，接触新生儿时应注意手部卫生。

二是常清理新生儿的眼睛分泌物，使用消毒棉签或棉球从内眼角向外眼角擦拭，不可用手直接接触新生儿的眼部。

三是在医护人员的指导下给予抗生素局部用药。

五、新生儿眼部护理

（一）新生儿泪腺按摩方法

（1）体位。新生儿平卧，操作者用手掌固定其头部（见图6-8）。

（2）清洁眼睛分泌物。取一消毒棉球在温开水中浸湿（见图6-9），轻轻擦拭新生儿眼周分泌物（见图6-10）。将用过的棉球放置于清洁碗中。

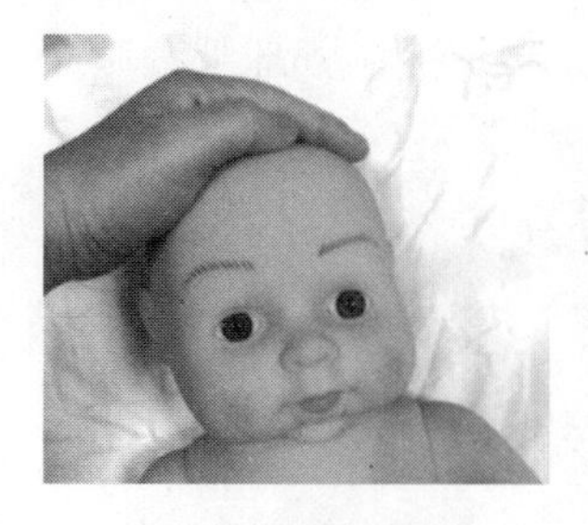

图6－8　固定头部

图6－9　温开水浸湿棉球

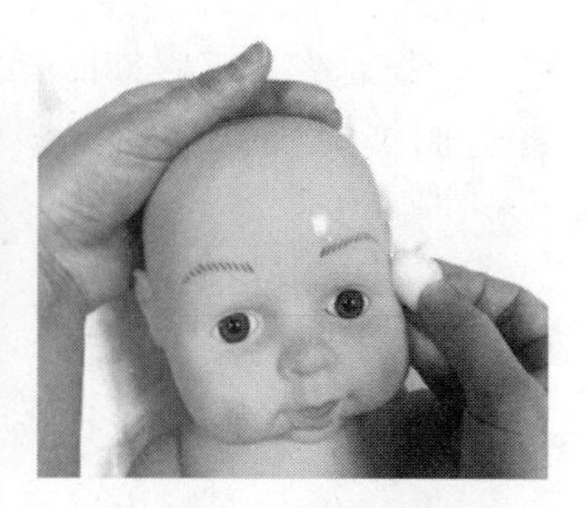

图6－10　擦拭眼周分泌物

（3）按压泪囊。用指腹从鼻根向内眼角方向轻推，轻压泪囊（见图6－11），排除泪囊里的分泌物，会有黄色眼泪或分泌物排出，并用干棉球清理干净。

（4）疏通鼻泪管。用指腹轻轻点按泪囊几下，再从泪囊朝鼻翼方向轻推（见图6－12），方向由外上向内下，通过施加压力来冲破胚胎性残膜。每天按摩5～7次，每次按压6～8下，直到症状好转。

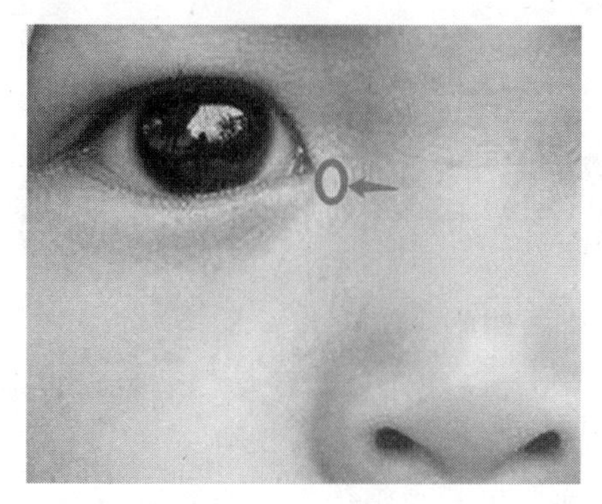

图6－11　按压泪囊

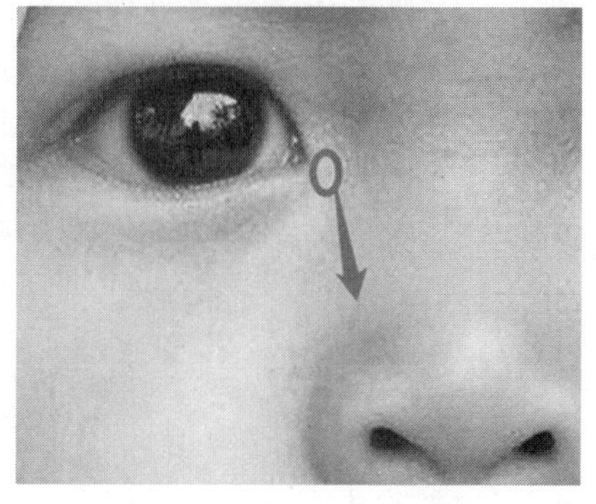

图6－12　疏通鼻泪管

（5）用干棉球从内眼角向外眼角擦拭眼周余液。

应注意棉球不宜过湿，以不滴水为宜；一个棉球只能擦拭一次。

（二）新生儿眼部分泌物清洁方法

（1）体位。新生儿取仰卧位，操作者用一手轻轻固定其头部。

（2）清洁眼部分泌物。取一消毒棉球在温开水中浸湿，轻轻擦拭眼周分泌物。

（3）湿敷眼部。再取一个消毒棉球在温开水中浸湿，在新生儿眼部湿敷片刻，以软化分泌物（见图6－13）。

（4）擦拭眼部分泌物。待眼部分泌物软化后，再取一湿棉球从内眼角往外眼角轻轻擦拭，直到擦净为止（见图 6－14）。

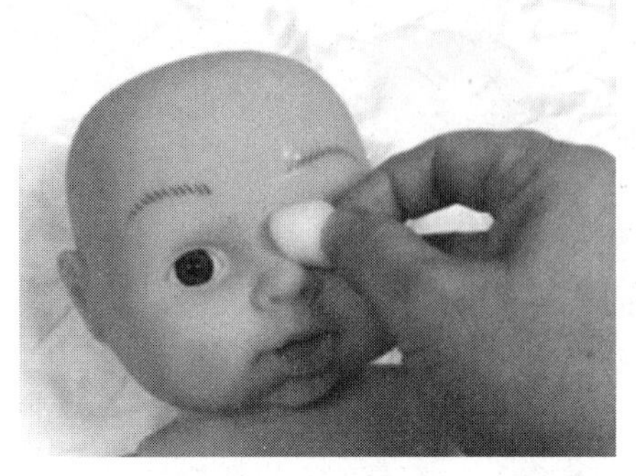

图 6－13　湿敷眼部

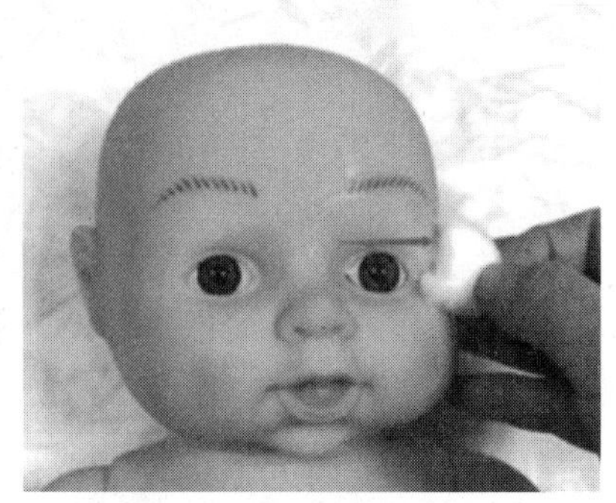

图 6－14　擦拭眼部分泌物

（5）取一干洁棉球从内眼角向外眼角擦拭眼周余液。

（三）新生儿眼部滴药方法

1. 操作步骤

（1）将新生儿仰卧，先清洁眼部分泌物。

（2）下拉下眼睑。操作者用手指轻轻下拉新生儿的下眼睑（见图 6－15）。

（3）滴入眼药水。操作者另一手持眼药瓶，将药水滴入新生儿眼睑与眼皮的空隙中，瓶口离眼要保持 2～5cm，以免瓶口接触眼睫毛造成污染（见图 6－16）。

（4）按住内眼角。滴后用食指按住新生儿内眼角（泪囊），以免药液流入鼻腔（见图 6－17）。若双眼均需滴药，应先滴病变轻的一侧，再滴较重侧，中间最好间隔 3～5 分钟。

（5）擦干余液。用小毛巾从内眼角向外眼角擦拭眼周余液（见图 6－18）。

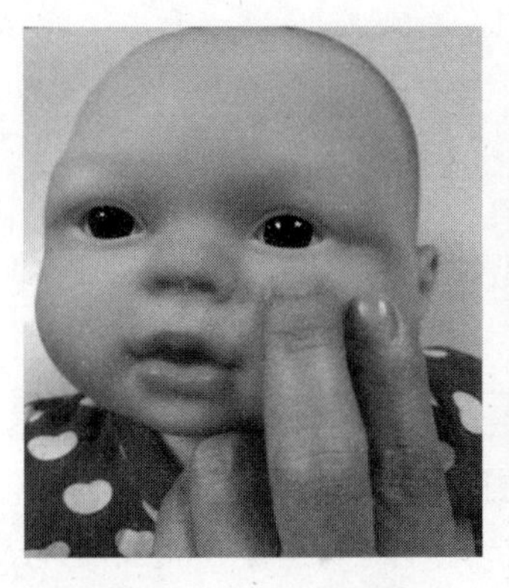

图 6－15　下拉下眼睑

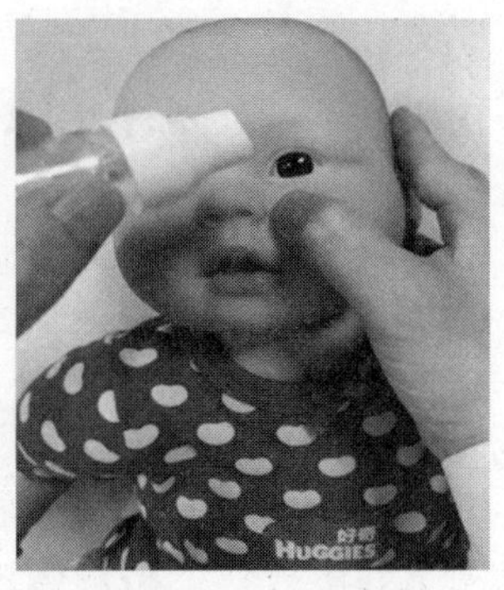

图 6－16　滴入眼药水

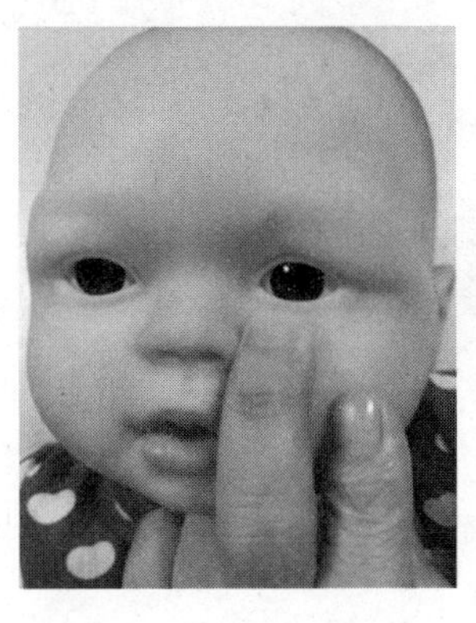

图 6－17　按住内眼角

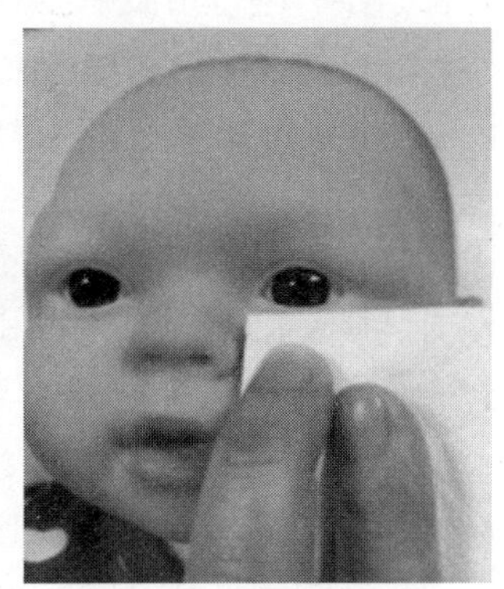

图 6－18　擦干余液

2. 注意事项

（1）严格遵循医嘱，用药前需检查药物性质及有效期。

（2）如操作中新生儿不停活动头部和肢体，则需另一人协助固定其头部和肢体。

（3）尽量不要滴在眼球上，以免使新生儿反射性眨眼，造成药液外流。

（4）新生儿用药不可过量，如果没有滴进去，最多补滴一次。

（5）可选择新生儿疲倦或者睡熟时操作，以减少用药时的抵触。

（6）如同时滴用多种药物，每种药物的使用应间隔 5 分钟以上。先滴刺激性弱的，再滴刺激性强的。

（本节作者：郑穗瑾、王彩红）

第四节　新生儿鹅口疮的识别与照护

一、新生儿鹅口疮的原因

鹅口疮是由白色念珠菌感染所致的口腔黏膜炎症，又称口腔念珠菌病，是新生儿期的常见病。白色念珠菌在健康人皮肤表面、肠道、阴道寄生，正常情况下并不致病，当机体抵抗力低下或免疫受抑制时则可致病，如广泛使用抗生素、糖皮质激素及免疫抑制剂，另外，若有先天性或获得性免疫缺陷、长期腹泻等也可致病。新生儿常因分娩时接触产道念珠菌或乳具消毒不严、乳母奶头不洁或喂奶者手指污染而感染。

2 岁以下的新生儿是鹅口疮的主要发病人群，新生儿发病后口腔黏膜会出现乳白色、微高起的斑膜（见图 6 – 19），无痛；与奶迹残留相似，不同的是，奶迹可轻易擦拭，而鹅口疮的斑膜不易擦拭，擦拭后下方可见不出血的红色创面。病灶可出现在舌、颊、腭或唇内黏膜上，新生儿发病后进食时会感到痛苦，进而拒绝进食或哭闹，部分新生儿可伴有轻度发热。该病若未得到及时有效的治疗，会发生大范围黏膜损害，甚至扩散至扁桃体、咽部、食管及支气管，从而诱发念珠菌性食管炎或肺念珠菌病，部分新生儿还会发生皮肤念珠菌病。

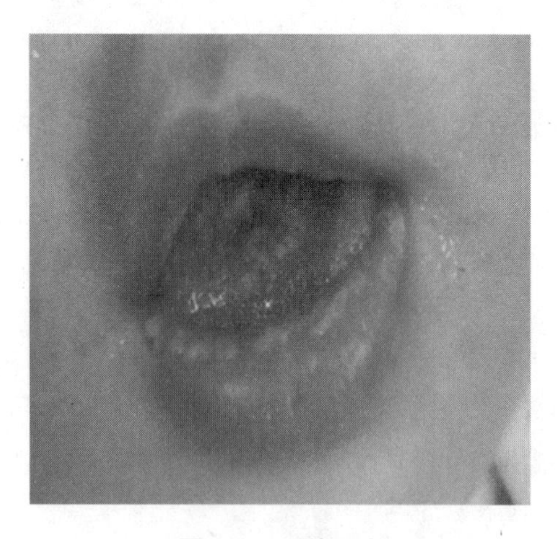

图 6 – 19　鹅口疮

二、新生儿鹅口疮照护

新生儿鹅口疮照护应注意以下几点：

（1）密切观察新生儿口腔黏膜上皮性状。注意是否出现溃疡、白色斑点、吞咽困难、体温升高等情况，一旦出现乳凝块样物并向下蔓延，应立即就医以便及时给予相应处理。

（2）用2%的碳酸氢钠溶液洗口。用2%的碳酸氢钠溶液清洗口腔，一天3次，以形成口腔碱性环境，不利于霉菌生长。

（3）避免滥用抗生素。治疗期间家属应严格遵医嘱用药，避免滥用抗生素，同时注意调整饮食结构，保证正常营养元素的摄取。

（4）提倡母乳喂养。母乳不但能提高新生儿的免疫力，母乳中乳铁蛋白还能抑制口腔中白色念珠菌的生长。

（5）照护者保持手部卫生。接触新生儿前注意手部卫生，泡奶前要洗手。母亲喂奶前应洗手和乳头，母亲内衣也应勤洗勤换。

（6）注意口腔卫生。奶瓶等食具用前应严格消毒，以杀灭食具上所带真菌，新生儿每次吃奶后要喂温开水以清洁口腔。

（本节作者：郑穗瑾、王彩红）

第五节　新生儿脐炎的识别与照护

一、新生儿脐炎的原因

脐炎是因断脐时或出生后处理不当，脐端被细菌入侵、繁殖所引起的急性炎症，可由任何化脓菌引起，但最常见的是金黄色葡萄球菌，其次为大肠埃希菌、铜绿假单胞菌、溶血性链球菌等。由于人们普遍对脐部的消毒、护理比较重视，脐炎在城市中已较少见，但在边远山区和农村仍不少。

脐炎的主要感染途径有以下五个：

（1）出生后结扎脐带时被污染或在脐带脱落前后被粪、尿污染。

（2）羊膜早破，出生前脐带被污染。

（3）分娩过程中脐带被产道内细菌污染。

（4）被脐尿管瘘或卵黄管瘘流出物污染。

（5）继发于脐茸或脐窦的感染。

二、新生儿脐炎的临床表现

脐带根部发红，或脱落后伤口不愈合，脐窝湿润，这是脐炎最早的表现。随后脐周皮肤发生红肿，脐窝有脓性分泌物，带臭味，脐周皮肤红肿扩散，或形成局部脓肿。病情危重者可形成败血症。可伴有发热、吃奶差、精神不好、烦躁不安等症状。慢性脐炎时局部形成脐部肉芽肿，即一樱红色肿物，常流黏性分泌物，经久不愈。

（1）正常脐端。脐窝及脐周皮肤无红肿、无臭味。中间黄色部分为胚胎时期结缔组织华通氏胶的残端，在胎儿时期起保护脐血管的作用，应与脓液区别（见图6－20）。

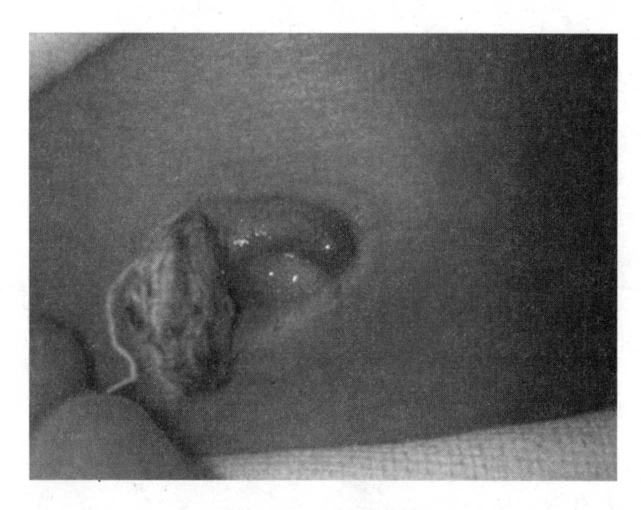

图6－20　正常脐端

（2）轻度脐炎。仅有脐周发红，周围皮肤无肿胀，脐窝无脓液（见图6－21）。

（3）中度脐炎。脐周皮肤发红伴有肿胀，可见脓液且有臭味（见图6－22）。

（4）重度脐炎。感染向周围皮肤及深部组织持续扩散，累及筋膜，形成局部脓肿（见图6－23）。

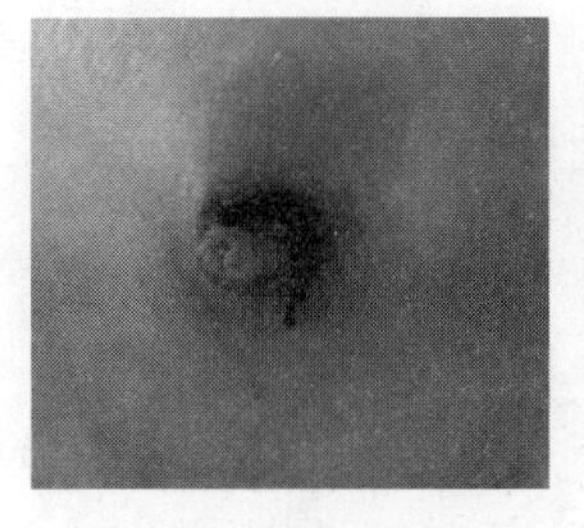
图6－21　轻度脐炎

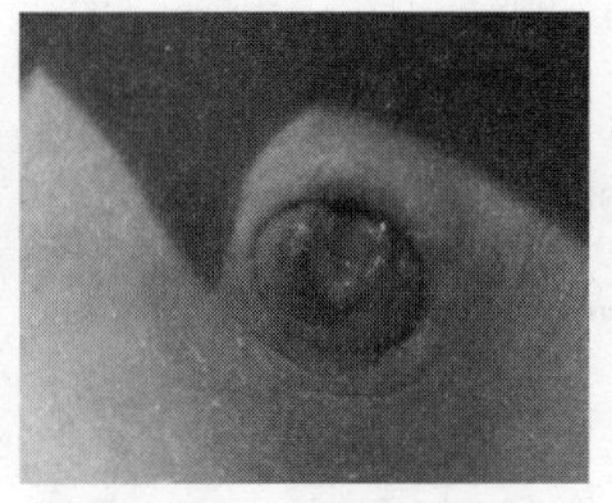
图6－22　中度脐炎

图6－23　重度脐炎

三、新生儿脐炎照护

新生儿脐炎照护应注意以下几点：

（1）如发现新生儿脐炎应及时就诊，在医生的指导下用药。

（2）轻度脐炎可以使用0.5%的碘附或75%的酒精消毒肚脐，每天2～3次，使用到完全好为止。注意消毒次数不可过多，以免创口一直处于湿润状态而影响愈合。同时避免使用紫药水、红药水，因其染色会影响对病灶的观察。

（3）如新生儿有发热、精神状态欠佳，且治疗中出现脐部有脓液等表现，应立即到医院治疗。

（4）如周围有肿胀，可根据医嘱在清洁脐部后，局部使用40%的氧化锌油或氯霉素氧化锌油、脐带粉、莫匹罗星软膏、红霉素眼膏等中的一种。每天1次。

（5）为减少患处红肿或促进化脓，可根据医嘱分别使用喜疗妥、鱼石脂软膏、如意金黄散（中药）等外涂或外敷，适用于脐炎合并腹壁感染者。注意外敷药物时间勿过长，一般不超过6小时。

（一）准备工作

（1）评估。脐窝及周围皮肤红肿、渗液、分泌物等情况。

（2）用物准备。0.5%的碘附、3%的过氧化氢、0.9%的生理盐水、消毒棉签、干洁垃圾桶。

（二）具体操作

（1）用手指将新生儿的脐部微微撑开。

（2）用消毒棉签蘸取3%的过氧化氢从脐窝向四周螺旋式擦拭脐部（见图6－24），过氧化氢起消毒及清理分泌物的作用，棉签用完扔进干洁垃圾桶。

（3）用消毒棉签蘸取0.9%的生理盐水螺旋式清洗脐部，将脐部分泌物、渗血、细菌全部清理干净（见图6－25）。

（4）用消毒棉签蘸取0.5%的碘附从脐窝中心（脐根部）向外转圈擦拭，消毒脐部（见图6－26）。

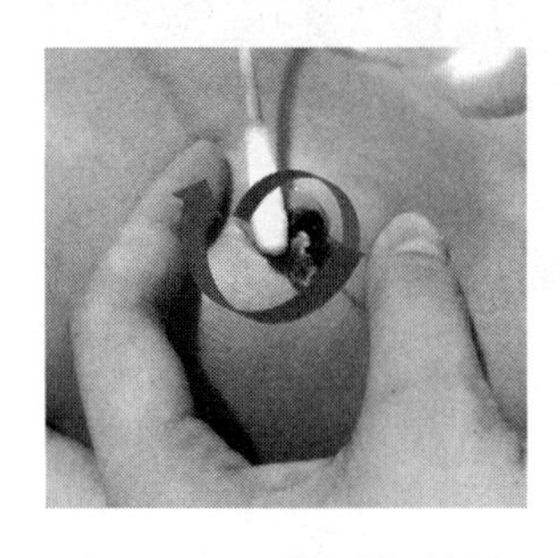

图6－24　过氧化氢擦拭脐部

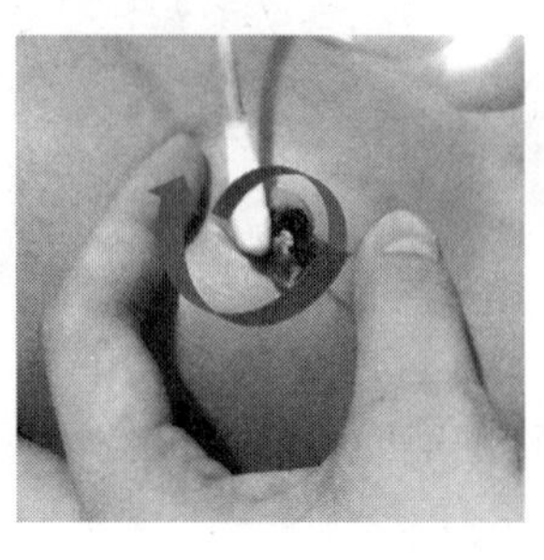

图6－25　生理盐水清洗脐部

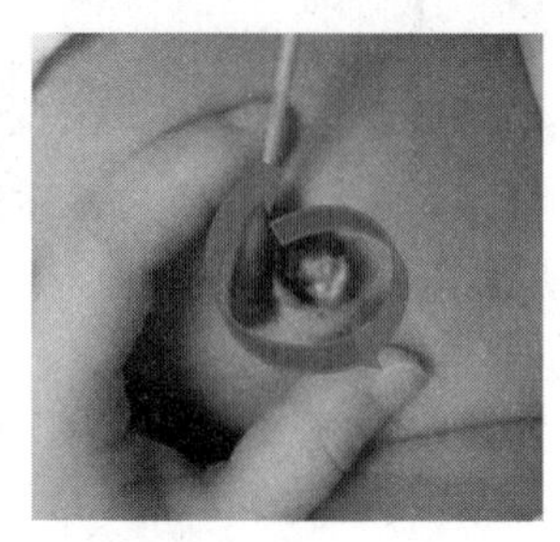

图6－26　碘附消毒脐部

（本节作者：周福心）

第六节　新生儿红臀的识别与照护

一、新生儿红臀的原因

新生儿红臀又称新生儿尿布皮炎，是指新生儿尿布覆盖位置如臀部、肛周以及会阴部等皮肤出现发红、表皮破损、散在丘疹或疱疹，是新生儿最常见的一种皮肤损伤（见图6－27）。多因新生儿大、小便后未能及时清洗而对皮肤造成刺激所诱发的症状。若护理不当，将致使局部皮肤损害，愈合缓慢，进而继发全身或局部感染，对新生儿的健康成长造成严重的威胁。

新生儿皮肤细嫩、角质层薄弱，表皮防御功能差，如臀部皮肤长期处于潮湿、不洁的状态，使用的尿布质地较差，均可导致其臀部受到刺激而出现红肿、皮疹等症状。同时，因新生儿排泄频繁，需要反复清洗，容易破坏皮肤自身的保护膜，从而刺激臀部皮肤，导致红臀的发生。

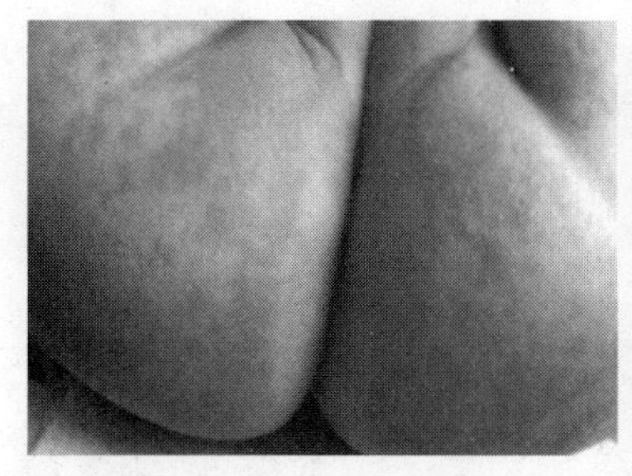
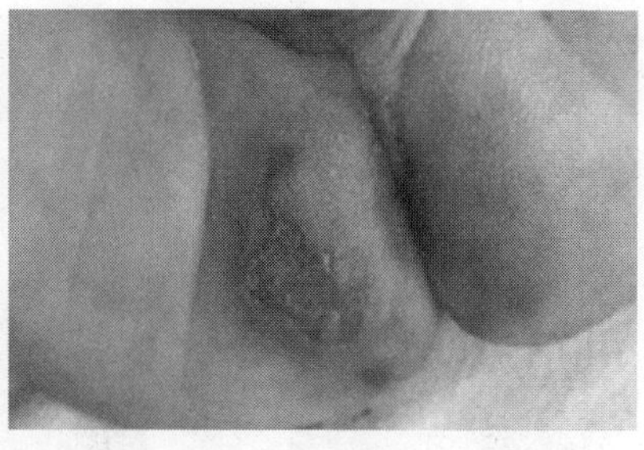

图6－27 红臀

二、新生儿红臀照护

对于红臀的照护，主要从减少外物刺激和保护臀部皮肤两方面入手。

（1）选择质地柔软的棉质面料。尿布的吸水性要好，避免使用深色面料的尿布，以免加重红臀症状。

（2）新生儿每次大便之后要及时用温清水和软毛巾清洗臀部。清洗时动作要轻柔，严禁用力擦拭臀部。男婴阴囊下垂的位置容易隐藏残留大便，因此要注意此处的清洁。如果大便干燥不易擦拭，可以使用植物油擦拭。

（3）母乳不仅能为新生儿提供首次被动免疫，还能加强新生儿的身体免疫力。母乳吸收好，产生的排泄物对臀部刺激小，能有效降低新生儿红臀的发病风险。但在喂养过程中要合理安排母亲的饮食，严禁辛辣油腻食物，提升母乳质量。

（4）室内定时通风，保持空气新鲜，室温控制在26℃～28℃，湿度控制在60%左右，避免室内出现潮湿、闷热等情况。

（5）清洗完臀部后，待臀部晾干后再包尿布或纸尿裤。

（6）新生儿沐浴时要检查其全身皮肤状态，一旦发现臀部有红疹，要立即进行处理。

（7）在有成人监护的情况下，可适当使新生儿处于俯卧位，暴露臀部。定时翻身，避免长期压迫同一部位。

（8）形成皮肤保护膜。可用护臀膏、维生素 AD 滴剂、茶油等可涂抹在新生儿臀部，对治疗红臀有较好的疗效。其原理为：均匀涂抹在新生儿臀部可形成一层保护膜，将新生儿臀部与排泄物隔离，从而减少污物刺激，达到保护破损皮肤、促进愈合的目的。

（一）准备工作

（1）评估。新生儿臀部皮肤清洁情况及红臀范围。

（2）用物准备。棉柔巾或软毛巾、医用消毒棉签、植物油（茶油、橄榄油等）或维生素 AD 滴剂、0.1% 的碘附、红霉素软膏或莫匹罗星软膏（见图6－28）。

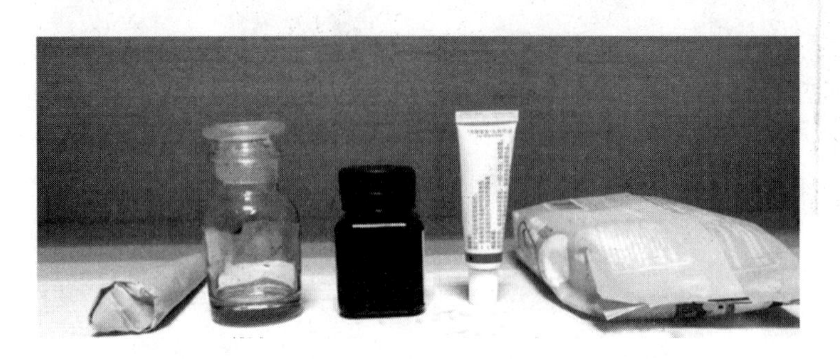

图 6－28　新生儿臀部护理的用物准备

（3）环境准备。关闭门窗，室温控制在 26℃～28℃，湿度控制在 60% 左右。

（4）操作者准备。着装规范、洗手。

（5）新生儿准备。新生儿无吐奶、哭闹、疲倦等不适。

（二）具体操作

（1）用棉柔巾或软毛巾蘸取植物油或维生素 AD 滴剂，轻轻清洁新生儿的臀部（见图 6－29）。

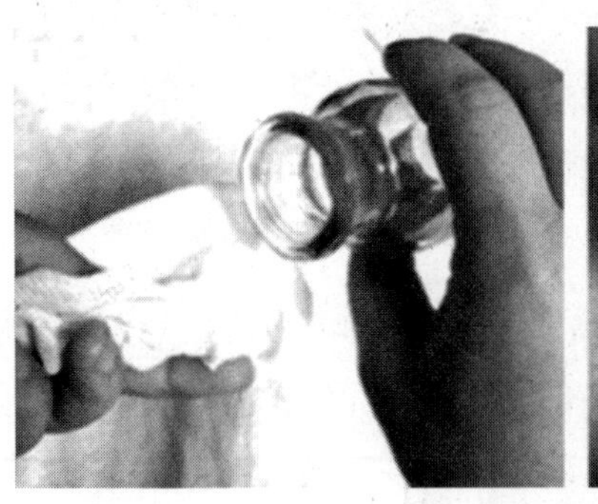
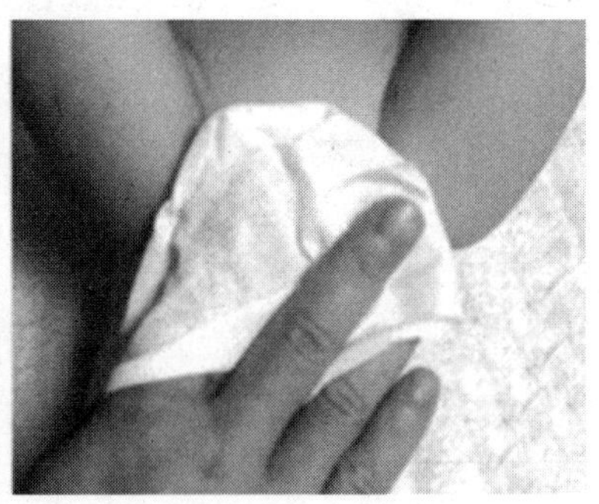

图 6－29　使用植物油清洁新生儿臀部

（2）另取棉柔巾或软毛巾将新生儿臀部擦拭干净（见图 6－30）。

（3）用植物油浸湿棉柔巾或软毛巾，贴敷在发红脱皮的部位（见图 6－31）。

（4）至植物油完全吸收、干爽，取下棉柔巾或软毛巾。

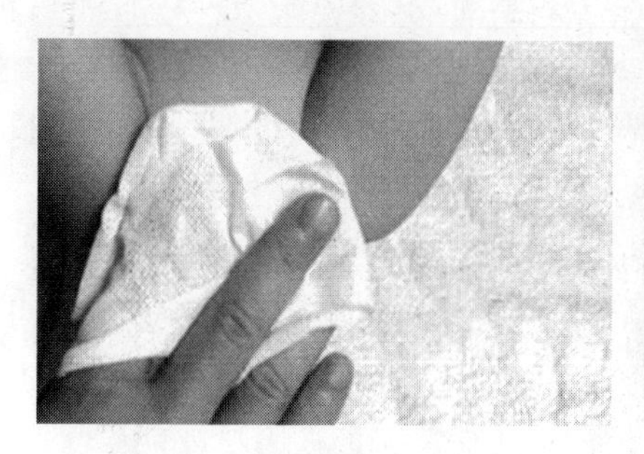

图6－30　擦拭新生儿臀部

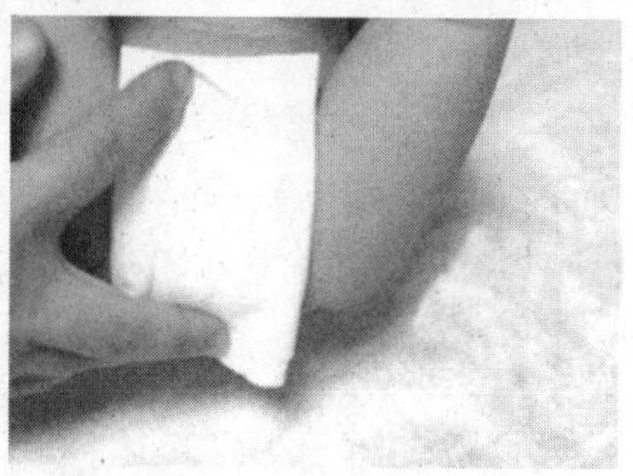

图6－31　植物油贴敷

（本节作者：周福心）

第七节　新生儿肠胀气及肠绞痛的识别与照护

一、新生儿肠胀气及肠绞痛原因

新生儿的肠道和神经发育不够成熟，胃肠功能紊乱，肠内气体经常不能顺利排出，从而形成了肠胀气和肠绞痛的基础。

哺喂方式不当或者新生儿哭闹的时候很容易吸进空气，导致肚子里气体比较多，加上新生儿的胃肠道活动协调能力较差，使气体不能顺利排出而形成胀气。

二、新生儿肠胀气及肠绞痛的识别

（一）新生儿肠胀气的识别

（1）肠鸣音活跃，肚子经常咕咕叫；肛门排气多，常有少量大便随着排气蹦出。

（2）大便带泡沫，大便次数过多或过少。

（3）经常憋气，憋得满脸通红；憋气时腿脚乱蹬。

（4）吐奶、溢奶频繁。

（5）睡眠浅，哭闹多。

（二）新生儿肠绞痛的识别

新生儿肠绞痛是一种行为综合征，表现为新生儿出现难以安抚的烦躁或哭闹行为，每天持续3小时以上，每周持续3天以上，并持续3周以上。新生儿肠绞痛通常于2周龄发作，6~7周龄为发作高峰，3~4月龄自行消失。主要有以下表现：

（1）无缘无故地哭闹、尖叫或者激动，比正常情况下持续的时间长得多，而且采取任何安抚措施都难以见效。

（2）部分新生儿发作时还会有头部摇晃、全身拱直、呼吸略显急促的现象；同时腹部往往会有些鼓胀、两手握拳、两腿伸直或弯曲，四肢冰凉。

（3）哭闹、烦躁时间长，难以安慰，往往哭得筋疲力尽才能停止。

（4）排便或排气后，疼痛会稍有改善。

（5）此种病症在任何时间都可能发生，不过最常发生在黄昏或傍晚，每天几乎都发生在某一固定的时段。

（6）新生儿肠绞痛的特点为间歇性哭闹，这种情形与肠套叠类似。但肠绞痛的新生儿无呕吐，也不会解出带血丝的黏液便。

三、新生儿肠胀气照护

新生儿肠胀气照护应注意以下几点：

（1）拍嗝。喂奶后将新生儿竖抱起，头靠在操作者肩膀上（见图6-32）或者用手托住新生儿头部，让新生儿端坐在操作者腿部（见图6-33），用手轻轻地、有节奏地拍打新生儿的背部，待其打嗝后或者拍打15~20分钟后停止。此操作可帮助新生儿排出胃内多余气体，减轻腹胀。

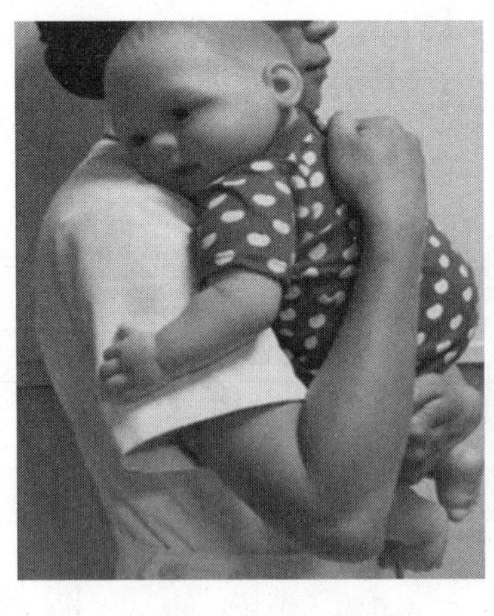

图6-32 竖抱

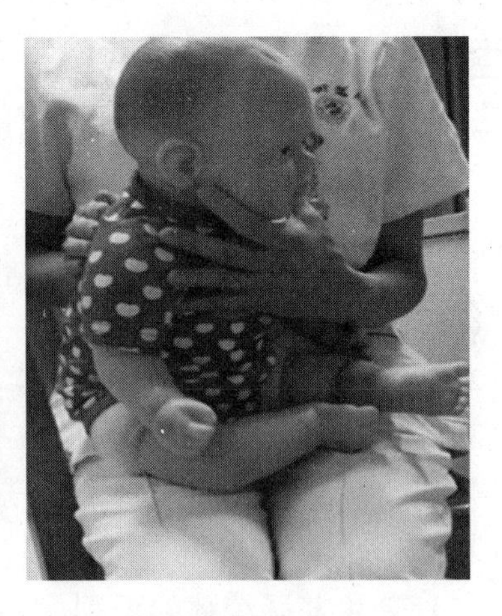

图6-33 端坐

（2）正确使用奶瓶。哺喂时注意奶水要堵住奶嘴，以免新生儿吸入过多的空气。

（3）减少哭闹，及时安抚。新生儿哭闹时会吸入更多空气，加重胀气，因而要及时安抚。

（4）适时喂养。勿使新生儿过度饥饿，吃奶过急会使更多空气进入其肠道。

（5）按摩腹部。适度按摩能促进新生儿肠道蠕动和排气，缓解肠胀气。

四、新生儿肠绞痛照护

对于肠绞痛的新生儿，过去一般使用镇静剂、镇痛剂或解痉药，但由于副作用大，现已基本不用。目前比较认可的治疗方法是情感上的安抚及镇静，具体有以下几种方法：

（1）贴身包裹法。将新生儿贴身包裹在柔软舒适的襁褓中，要让髋膝等关节可以弯曲活动。此种方法是模拟宫内环境，使其获得安全感。

（2）卧位法。睡觉时仰卧是一种非常安全的睡眠姿势，但不利于安慰烦躁不安、哭闹不止的新生儿。可将新生儿在成人监护下取俯卧位，或者稍稍垫高上半身，头部及身体取侧卧位。

（3）拟声法。在新生儿耳边发出嘘声，或打开收音机、吸尘器或吹风机等，这些声音可让部分新生儿暂时安静下来。此方法也是模拟宫内环境，即母亲大动脉血管的声音。

（4）轻摇法。将新生儿抱于怀中轻轻摇晃，或者使用摇椅，同时可放音乐或者唱歌谣。注意摇晃幅度不要太大，以免给新生儿造成头部和颈部的伤害。

（5）安抚法。可以吸母亲的奶头或奶嘴以达到安抚的目的。

五、新生儿排气操与腹部按摩操

（一）新生儿排气操具体操作

（1）脐周画圈。将手掌放置于新生儿腹部，以肚脐为中心，顺时针轻揉（见图 6－34）。

（2）双手交替按摩腹部。双掌分别放置于新生儿腹部，交替由上而下按摩（见图 6－35）。

（3）双手同时按摩腹部。用双掌的大鱼际，在新生儿的两侧腹部，同时由上而下按摩（见图 6－36）。

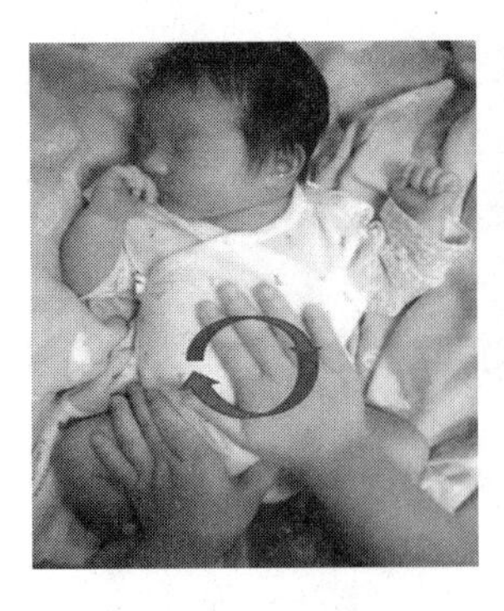

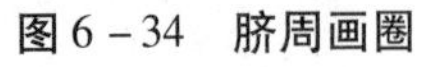

图6－34　脐周画圈

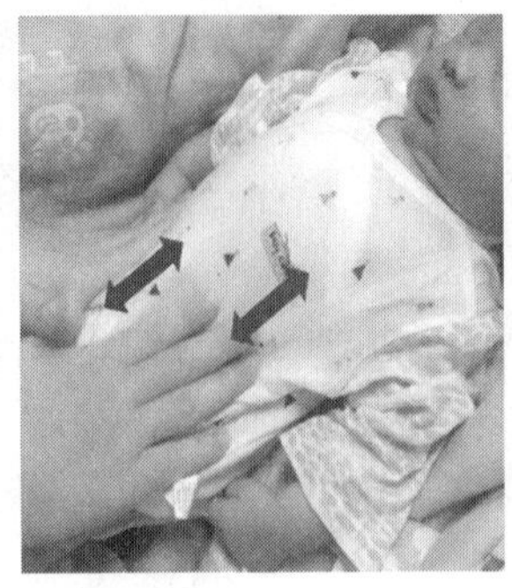

图6－35　双手交替按摩腹部

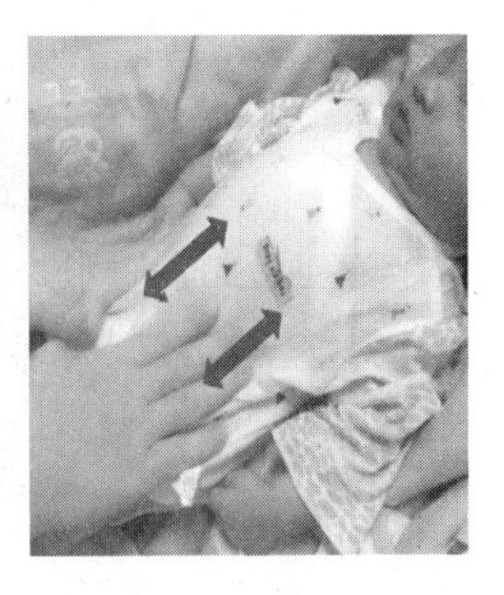

图6－36　双手同时按摩腹部

（4）双腿踩单车。一手拉伸新生儿一侧小腿，另一手握住新生儿另一侧小腿，使膝盖往腹部方向按压，力度以新生儿能承受为宜。交替屈膝，动作如踩单车（见图6－37）。

（5）两腿屈膝。同时握住新生儿双侧小腿一起做屈膝运动（见图6－38）。

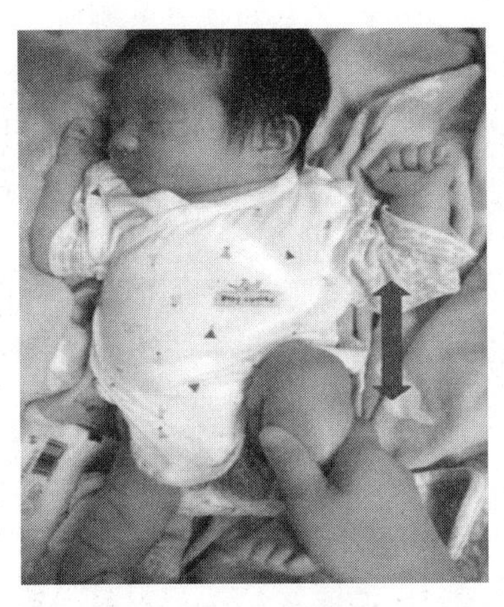

图6－37　双腿踩单车

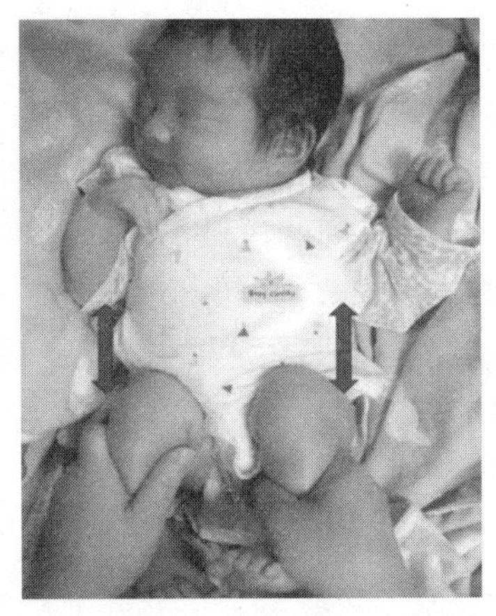

图6－38　两腿屈膝

（6）手碰膝盖。一手握住新生儿小手，另一手握住新生儿对侧小腿，让其右手碰左膝，左手碰右膝（见图6－39、图6－40）。

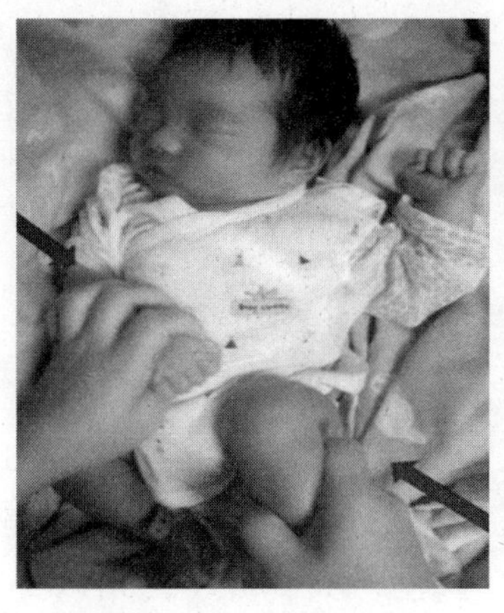
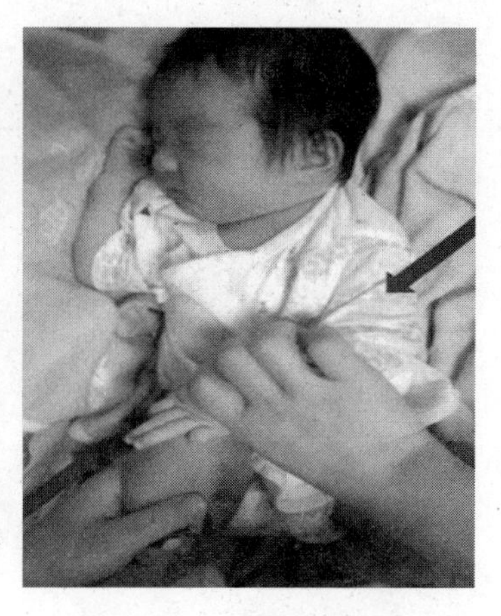

图 6－39　右手碰左膝　　图 6－40　左手碰右膝

（7）每个动作重复 8 个回合。

（二）新生儿腹部按摩操具体操作

（1）按摩腹侧。将新生儿取仰卧位，裸露腹部。操作者将一手手掌放置于新生儿的一侧肋骨下缘，慢慢往下滑至其腿部。对侧同法。力道慢、柔、缓（见图 6－41）。

（2）脐中心推开。操作者双拇指放置于新生儿的肚脐两侧，向两边平行推开（见图 6－42）。

（3）腹部画圈。以肚脐为中心，顺时针画圈（见图 6－43）。

（4）倒“L”按摩。从右腹上方平行滑下至左腹下方，画出一个倒“L”（见图 6－44）。

（5）倒“U”按摩。从右下腹向上滑至左下腹，画出一个倒“U”（见图 6－45）。

（6）每个动作重复 5～8 次。

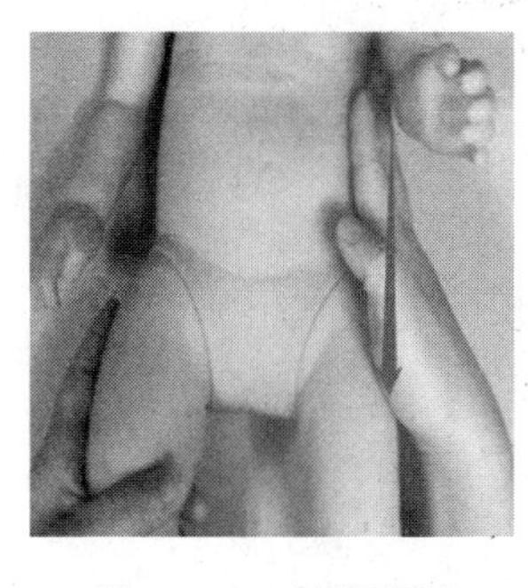
图 6－41　按摩腹侧

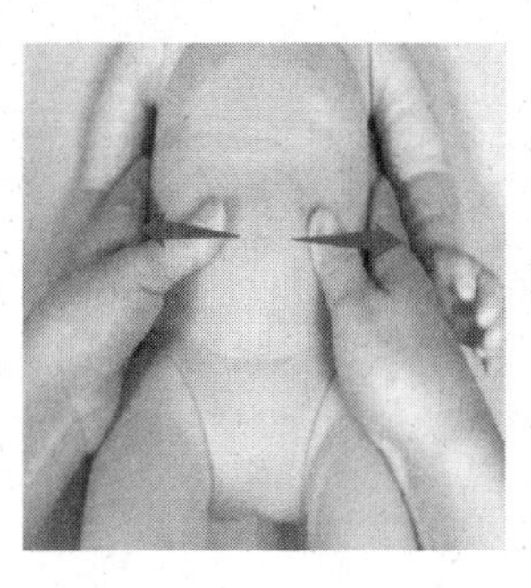
图 6－42　脐中心推开

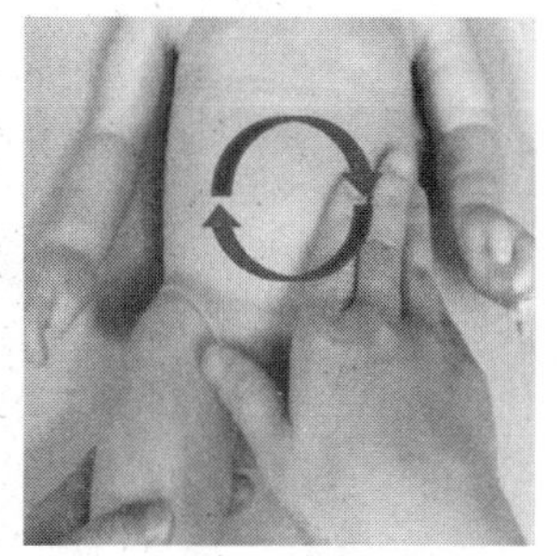
图 6－43　腹部画圈

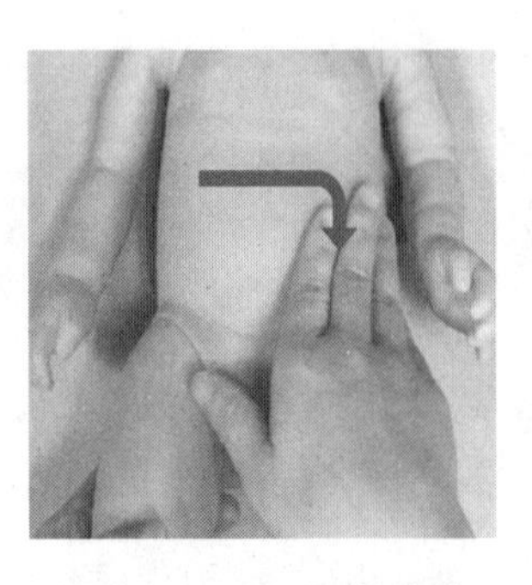

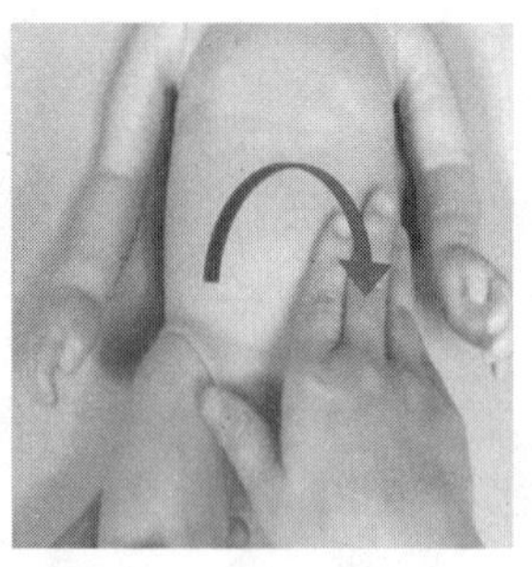

图 6-44　倒“L”按摩　　图 6-45　倒“U”按摩

（本节作者：周福心）

第七章　新生儿异常情况的识别与应对

第一节　新生儿呼吸道异物的识别与应对

一、了解新生儿呼吸道及其相关特征

呼吸道以环状软骨为界限分为上呼吸道、下呼吸道。上呼吸道包括口、鼻、咽、喉；下呼吸道分为气管、支气管、毛细支气管、呼吸性细支气管、肺泡管及肺泡。

（一）呼吸道特征

新生儿的鼻根宽而短，鼻腔空间相对较小，后鼻道狭窄，黏膜柔嫩，没有鼻毛，细菌及异物容易通过鼻腔到达咽喉，所以容易受感染。

一旦感染后鼻腔容易被生成的分泌物（鼻涕、鼻屎、黏痰等）堵塞而导致呼吸困难和吸吮困难。

由于鼻窦黏膜与鼻腔黏膜相延续，所以急性鼻炎可以累及鼻窦，其中以上颌窦和筛窦最容易感染。

新生儿咽鼓管宽、直、短，呈水平位置，所以鼻咽炎时容易导致中耳炎。

新生儿喉部呈漏斗状，相对较窄，软骨柔软，黏膜柔软，富有血管和淋巴组织，如果发生感染，容易充血、水肿，引起喉头狭窄，压迫呼吸道，进而出现声音嘶哑与吸气性呼吸困难等症状，通常会伴有呼吸浅促，见吸气性三凹征及呻吟呼吸。

新生儿气管和支气管的管腔相对狭窄，容易发生异物卡顿。

新生儿喉软骨柔软，缺乏弹力组织，支撑作用小，不容易咳出或排出气道异物。

新生儿气管黏膜血管丰富，黏液腺分泌不足，气道较干燥，纤毛运动差，清除能力弱，不容易自主排出黏痰。

新生儿右侧支气管较粗，走向垂直，是主支气管的直接延伸，因此异物易进入右侧支气管。

新生儿肺泡数量较少，肺的纤维发育差，血管丰富，间质发育旺盛，使肺的含血量丰富而含气量相对较少，故易发生肺部感染，引起间质性炎症、肺不张或肺气肿等。

（二）胸廓和纵隔特征

新生儿胸廓上下径相对较长，呈圆桶状，肋骨水平位，膈肌位置较高，胸壁柔软，很难抗拒由于胸腔内负压增加所造成的胸廓塌陷，因而肺的扩张受限，容易因为胃胀气或腹胀导致膈肌上抬，减少肺部活动。

当新生儿肺部呼吸机能减弱时，呼吸时胸廓运动幅度小，肺不能充分扩张、呼气和换气，容易出现缺氧和二氧化碳潴留，皮肤、口唇或指甲青紫等现象。

当出现肺部呼吸减弱或肺部扩展不良时，容易发生吸气性三凹征，可看见锁骨上、胸骨下、肋间皮肤稍凹陷，同时伴随发生喘息式呼吸或呻吟呼吸。

（三）胃肠道特征

新生儿食管为10～11cm，与气道相伴，通过会厌软骨和食管下括约肌控制食物进入食道，当食管下括约肌松弛时，食物容易反流至气管内而造成误吸。

新生儿的胃呈水平位，贲门和胃底部肌张力低，幽门括约肌发育较好，故易发生幽门痉挛而出现呕吐。

结合新生儿呼吸道、胸廓及胃肠道特征，我们可以得出，当新生儿发生较大异物（如药物、食物、颗粒样物品、固体等）误吸入鼻道或口腔时，因为鼻腔没有阻挡细菌和异物的鼻毛，上呼吸道柔软，喉会厌部狭窄，所以容易卡在喉部造成窒息；当较小异物（如奶液、水、细菌、黏痰）通过咽喉达到气管，因为气道纤毛缺乏，肺泡数量少，所以无法通过呼吸带出异物。由于气道柔软，缺乏弹力，膈肌上抬，胸腔活动空间少，无法自行咳出异物，同时因为胃胀、吃得太多、哭闹、食管下括约肌松弛等原因，导致食道里的食物反流至气道内造成窒息。

二、新生儿呼吸道异物的识别与应对

新生儿的一般食物来源是母乳或配方奶，而由于新生儿呼吸道和消化道独特的生理特征，容易构成新生儿胃食管反流及呛奶窒息，多数新生儿吃奶时如果奶汁流得过急，会自行调整呼吸和吞咽，吐出奶头，暂停吃奶，有时会伴随轻微呛咳，若呛奶严重，奶汁可直接吸入新生儿肺部而造成吸入性肺炎，甚至奶汁堵塞气道，发生呼吸困难和缺氧，严重时会危及生命。

若新生儿进食时，突然痛苦尖叫后无法再发出声音，呼吸困难，强力咳嗽或无法咳嗽；或突然出现痛苦表情，全身抽搐，呼吸不规则或屏住呼吸，面色、口唇青紫，失去知觉，即可以判断呼吸道异物梗阻。

当新生儿在吃奶过程中呼吸道被呛入奶汁，或者吃奶后不久出现胃食管反流且反流奶汁误入气道时，必须采取以下措施：

（1）如果在平躺时发生呕吐，应迅速将新生儿侧卧或俯卧在监护人的手臂上，并拍其后背，防止吐出物因重力向后流入咽喉及气管，从而加重呼吸道梗阻。

（2）及时有效地清理口腔。如果新生儿吐奶及溢奶较多，监护人需要迅速用手帕或毛巾卷在手指上，深入新生儿的口腔甚至咽喉处，刺激咽喉会厌可促使新生儿恶心呕吐，从而达到快速清理呼吸道的效果，以免阻碍呼吸。此时，先清理口腔再清理鼻腔。

（3）初步清理口腔后，仍未见呼吸动作，监护人可用左手虎口位置托住新生儿的下颌骨处。注意不要压迫气道，让新生儿取头低脚高位趴在监护人左手前臂上，右手使用空心状快速对新生儿进行拍背，从下往上，到达肩部后从外往里进行拍背。用力拍打背部直至新生儿有反应如啼哭、用力呼吸、痛苦表情消失，如果还没有啼哭，口鼻腔仍见奶液，可重复上述动作直到其啼哭。如果感觉没有奶液从口鼻腔排出，且仍未见婴儿呼吸运动，可以刺激新生儿背部、脚板底部使其感知痛觉而哭叫，一旦会哭表示新生儿能呼吸，氧气能够被吸入肺部，减轻缺氧现象，待新生儿啼哭后继续观察其精神反应及四肢活动等。

（4）如发生固体或硬物误吸进气管内，可采用“海姆立克急救法”，监护人跪下或取坐位，使新生儿骑于监护人的两条大腿上，面朝上，监护人以两手的中指或食指放在新生儿胸廓下和肚脐上的腹部，快速向上重击压迫，重复直至异物排出，动作要轻柔，避免因力道太强导致新生儿的内脏破裂损伤。

（5）在采取上述家庭救护的同时，应该拨打120呼救，或及时送医院抢救。

三、预防新生儿呼吸道异物的方法

（一）做好新生儿的体位管理

1. 头高脚低取左侧位

将新生儿上半身抬高20°～45°，身体偏向左侧，研究发现左侧卧位能明显减少胃食管反流的发生，特别在餐后的早期（喂奶后30～60分钟）。

2. 侧卧倾斜位

于喂奶60分钟后，采取头高脚低30°，使新生儿侧卧，头面向一侧，双臂自然屈曲置于身体两侧，轻度屈膝。新生儿侧卧位能促进胃排空，降低反流频率，减少反流物的吸入。此外，新生儿双上臂上举的时候，会引起膈肌抬高，胃内压随之增加，导致反流的发生，所以需要将新生儿的两臂置于身体两侧。

3. 双角度体位

新生儿头高位枕于母亲左臂上，面向母亲，使新生儿的身体长轴与水平面的角度及新生儿左前斜位的角度均为45°～60°，在喂奶后保持此体位30～60分钟。

（二）观察新生儿的反流误吸

新生儿呕吐症状不明显，常为“寂静型胃食管反流”，容易导致呼吸暂停，中枢神经系统受损、窒息。因此监护人应对新生儿加强巡视，密切观察新生儿的皮肤颜色、意识、呕吐、溢奶及呼吸情况，发生意外时应及时呼叫120进行急救处理。

（三）注意事项

（1）新生儿宜少量多餐，避免过饱，新生儿胃的排空时间为：水1～1.5小时，母乳2～3小时，牛乳3～4小时。足月新生儿的胃容量为30～60mL。注意喂养时间，如新生儿出现睡眠周期短，易醒，口部不自主觅食等情况，则需进行喂养，如安睡好、呼吸平稳，则可延迟喂养。

（2）避免放置如颗粒药物、黄豆、花生米、糖等小物品在新生儿的床或其容易接触到的地方，以防新生儿捉持放入口腔中。

（3）保持新生儿安静，减少哭闹，因为新生儿贲门较宽且括约肌不够发达，在哭闹或吸气时，胃部贲门呈开放状态，容易导致溢奶或呕吐。

（4）每次喂奶后为新生儿拍嗝。注意拍嗝后不要马上将其放入床中平睡，因为新生儿排气打嗝后胃部仍在运作，马上改变体位易致溢奶或呕吐，同时要注意拍嗝时间不要过长，否则新生儿容易疲惫。

（本节作者：周福心）

第二节　非正常新生儿的识别与照护

一、早产儿的识别与照护

（一）早产儿的相关知识

早产儿是指胎龄满28周至不满37周的胎儿，第37周的早产儿成熟度已接近足月儿，故又称为过渡足月儿。出生时体重<2 500g的婴儿统称为低出生体重儿，出生时体重在1 000～1 499g的早产儿称为极低出生体重儿，出生时体重<1 000g者则称为超低出生体重儿。早产儿因胎龄、体重不一，故生活能力亦不同。极低出生体重儿和超低出生体重儿尤要特别护理。出生体重<2 000g的新生儿应进入高危新生儿室，不宜母婴同室。

（二）早产儿的生理特征

早产儿皮肤薄嫩（见图7－1），保暖功能欠缺。组织含水量多，容易损伤，容易有凹陷性压痕，肤色偏红，皮下脂肪少，指甲短软，同时躯干部的胎毛越长，头部毛发则越少且短。头较大，囟门宽，耳壳平软，与颅骨相贴。

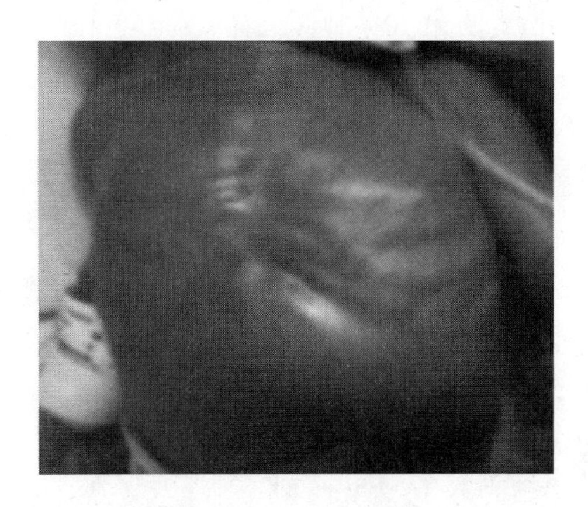

图7－1　早产儿皮肤

早产儿胸廓软，乳晕呈点状，乳腺小或不能摸到（见图7－2）。而正常足月儿胸廓较硬，乳晕清晰，乳腺可摸到0.4～0.7cm的结节（见图7－3）。

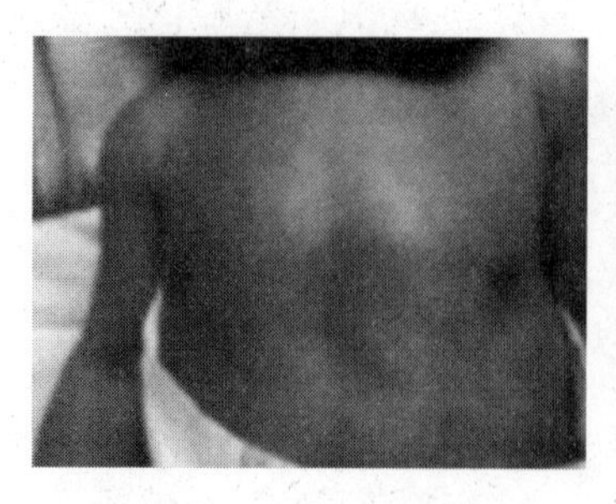

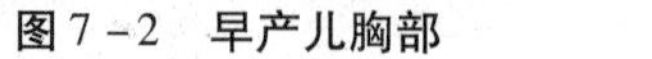

图7－2　早产儿胸部　　图7－3　足月儿胸部

早产儿阴囊发育差。早产男婴的睾丸常在外腹股沟中，在发育过程中渐降至阴囊内（见图7－4）。早产女婴则小阴唇分开（见图7－5）。

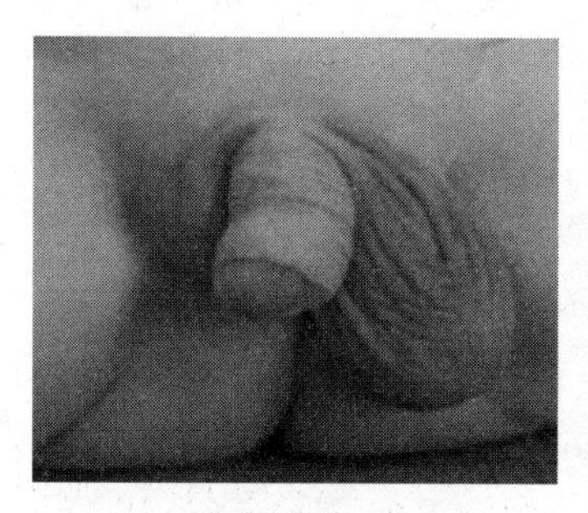

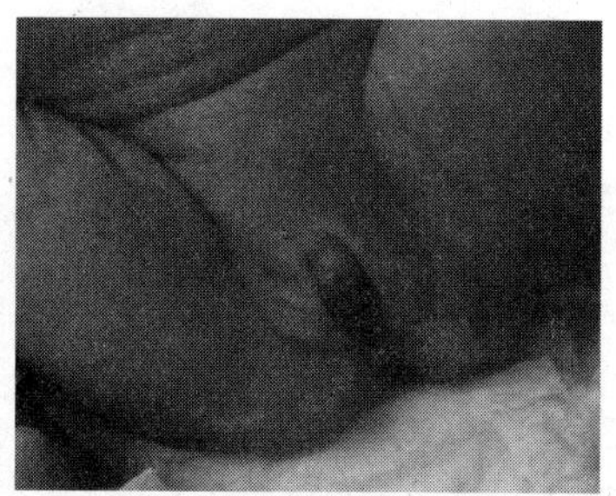

图7－4　早产男婴睾丸未降　　图7－5　早产女婴小阴唇分开

早产儿足底皱痕少（见图7－6），足月儿足底皱痕多（见图7－7）。

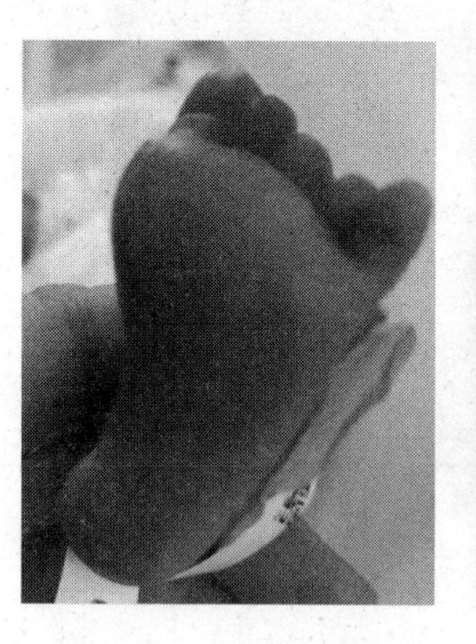

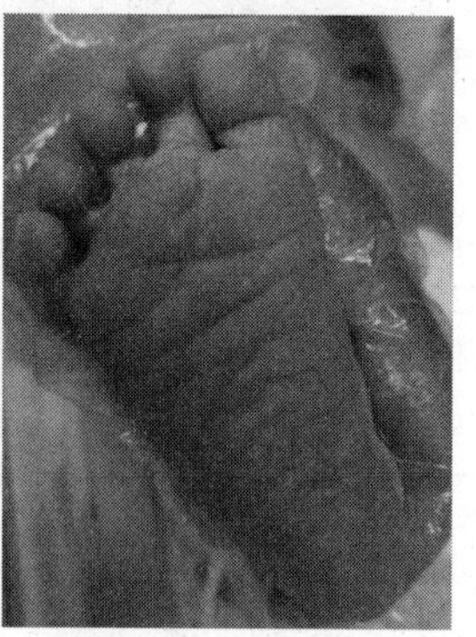

图7－6　早产儿足底　　图7－7　足月儿足底

（三）早产儿照护

1. 早产儿出生前的准备

（1）新生儿出生前要做好家庭环境的清洁工作，将所有物品擦拭消毒。

（2）母亲保持心情舒畅，避免精神刺激，如有胎膜早破、阴道出血、宫缩明显等症状，应立即就医或平躺等候医生的指导及帮助。

（3）如有早产迹象或高危因素，应定时检查，避免发生胎儿窘迫症状。

（4）准备好柔软舒适的衣物，清洗晾晒备用，衣物材质以纯棉为主，大小适宜，易于新生儿穿脱，避免因衣物过大过多导致保暖不当。

2. 母婴分离的照护方法

（1）母亲办理住院手续后，应听从医护人员的安排。

（2）坚持母乳喂养，早产儿母乳与足月儿母乳（从初乳到生后第四周的母乳）相比，早产儿的母乳含有更多的蛋白质、脂肪酸、能量、矿物质、微量元素及 IgA，往往可使早产儿在较短时间内恢复出生时的体重，所有生长发育参数均有提高，具有用早产配方奶喂养的相同生长速度。

（3）对于因为身体原因暂时不能进行母乳喂养者，要做好乳房的护理，保持泌乳通畅，避免乳腺炎的发生。母亲乳房刺激频率及乳房排空程度直接关系到泌乳量，所以要定时按摩挤压乳房，遵循喂养频率，每 1.5 ~2 小时挤一次奶。

（4）对于因为疾病原因暂时不能进食的新生儿，母亲要正确储奶并做好时间记录，遵循“333”原则，即 3 小时室温保存，3 天放 2℃ ~8℃的冰箱冷藏保存，3 个月则用冰箱冷冻保存。

（5）对于泌乳一周以上，每天泌乳量少于 350mL 的母亲，应注意密切关注自身营养及精神状况，保证能量摄入充分，争取达到750 ~800mL/天或者 30mL/小时的泌乳量。

3. 母婴同室的照护方法

（1）预防感染。这是护理中极为重要的一环。须做好婴儿室的日常清洁消毒工作。地板、工作台、床架等均要每天擦拭，定期大扫除和消毒，每天定时通风，保持室内空气流通，新生儿与母亲用物要常清洁消毒，衣物每天更换，选择柔软舒适的衣物，方便穿脱。

（2）做好新生儿日常保暖工作，应穿舒适纯棉的衣物，且避免穿衣过多过厚，避免捆绑四肢及腹部，如有出汗或烦躁不安，注意更换衣物，避免受凉。每4 ~6 小时测一次体温，体温应保持恒定（皮肤温度为 36℃ ~

37℃，肛温为36.5℃~37.5℃）。如有发热情况，应及时就诊。

（3）大人为新生儿沐浴时动作要轻柔，室温为26℃~28℃，水温为38℃~40℃，先放冷水再放热水，避免水温过高。尽量选择盆浴，水流不可直接对着新生儿冲洗，皮肤清洁剂不可直接用于新生儿的皮肤，沐浴时间控制在5~10分钟，减少新生儿在空气中裸露的时间，沐浴结束即刻用柔软的毛巾轻轻擦拭新生儿全身并为其穿衣服，不可大力摩擦皮肤。如在冬季或温度较低时，需提前烘暖衣物及毛巾，避免寒冷刺激新生儿。

（4）隔天在固定时间为新生儿称一次体重，宜在哺乳前进行。称体重时可使用婴儿秤，如无婴儿秤则可母亲怀抱新生儿称量体重，减去母亲体重及新生儿衣物重量，称量公式：新生儿体重=总体重-母亲体重-新生儿衣物重量。早产儿生理性体重减轻一般在生后第5~6天开始逐渐恢复。早产儿恢复出生体重后每天应增加10~30g。监护人应关注新生儿体重增长情况并做好记录。

（5）早产儿机体调节功能差，吸吮—吞咽—呼吸不协调，表现为吸吮活动无节律，下颌和舌活动异常，奶液在吞咽至食道阶段时仍有呼吸，使奶液易进入气道致呛咳或吸入肺部，至34~36周胎龄时，吸吮—吞咽—呼吸逐渐协调，胎龄37周则完全成熟。对于胎龄大于34周、临床症状稳定的早产儿可直接哺乳。对于吸吮、吞咽和呼吸功能尚欠协调的、胎龄小于34周的早产儿可尝试经口喂养。

（6）喂养奶方选择。喂养以母乳为最优，对能进食的早产儿应尽量给予母乳哺喂，不能哺喂者可由母亲挤出乳汁经鼻饲或口饲哺喂。对于胎龄小于34周、出生体重小于2 000g的早产儿，30天后的早产母乳对于正在生长发育的早产儿来说，蛋白质等物质的含量则相对不足，此时可加用母乳强化剂，其中主要含有以牛乳清蛋白为主的蛋白质，葡聚糖为主的碳水化合物以及钙、磷等矿物质，可持续用到追赶胎龄至38~40周或者体重、身长数值位于同性别同龄儿的第25%~50%曲线范围内。

（7）哺喂母乳时密切观察新生儿面色，如有面色发紫、呼吸停止等情况则应立即停止哺喂，奶瓶哺喂时选用新生儿型号的圆形奶嘴，避免选用“十”字或“一”字开口奶嘴，防止新生儿进食过快过急。发生呛咳时应马上停止哺喂，使新生儿面部朝下，拍背刺激呛入气管的奶液利用气流排出气道，避免发生吸入性肺炎或窒息，如快速处理后新生儿仍有呼吸急促、无哭声或哭声低弱、面色发紫等情况，应立即就诊处理。

（8）由于早产儿体内各种维生素及铁的含量少，生长又快，容易导致这些元素的缺乏，因而完全用母乳或人乳喂养的早产儿应另外补充维生素、矿物质及铁剂。用早产配方奶喂养的早产儿，应根据配方奶的成分来决定维生素与铁剂的添加与否。

(9) 注意新生儿皮肤黄染情况，如发现皮肤黄染应及时就诊跟踪，黄染程度较轻者可以在家晒太阳，程度较重者应就诊进行光疗干预。

(10) 出院的早产儿需进行早产儿随访，定时跟踪其生长情况。早产儿体格生长发育的评价应根据矫正后的胎龄，即以胎龄 40 周（预产期）为起点计算生理年龄，矫正胎龄后再参照正常新生儿的生长指标进行评估。如胎龄 32 周的早产儿实际年龄为 3 月龄，以胎龄 40 周计算，该早产儿矫正后的生理年龄为 1 月龄。如发生以下情况应立即就诊：体温超过 38℃，呼吸困难或难以唤醒，呕吐物或排泄物带血，皮肤或眼睛发黄，抽搐，面色发紫等。

二、巨大儿的识别与照护

（一）巨大儿的相关知识

(1) 出生体重 >4 000g 的新生儿称巨大儿或高出生体重儿。

(2) 大于胎龄儿为出生体重大于同胎龄平均体重的第 90 百分位的新生儿，或相当于同孕龄正常胎儿平均体重的 2 个标准差以上。

(3) 巨大儿常见与遗传有关，通常其父母体格较高大；孕期母亲可能食量较大，摄入蛋白质较高，新生儿出生体重与孕母营养的关系甚为密切。还有一些病理因素，如母亲为糖尿病患者，胎儿患 Rh 溶血病等，这些疾病导致胰岛素水平增高，个别大血管错位，而胰岛素的增加可促进胎儿生长，促使葡萄糖转变为糖原，阻止脂肪分解及促进蛋白质合成。糖尿病母亲所生的巨大儿可出现以下临床表现及并发症：

一是发生窒息和颅内出血。因胎儿过大，易发生难产和产伤，是导致胎儿窒息和颅内出血的主要原因。

二是发生低血糖。发生率为 58% ~75%，因胰岛素量增加所致。多为暂时性。

三是呼吸困难。主要为肺透明膜病。

（二）巨大儿的生理特征

巨大儿通常体重较大，体型丰满，体质含量高，内脏增大，面部呈多血貌，类似接受皮质激素治疗的满月脸（见图 7 - 8）。这些新生儿在生后最初 3 天可能出现四肢抖动、震颤、过度兴奋等情况，也有些出现肌张力减低、嗜睡、吸吮无力等症状。

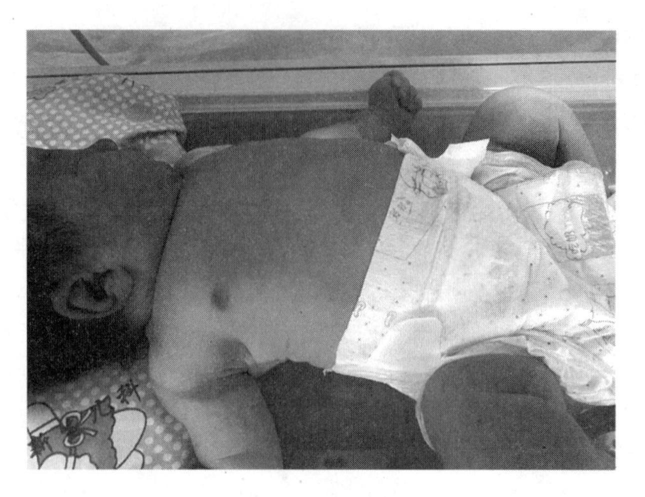

图 7-8　巨大儿

（三）巨大儿照护

1. 巨大儿出生前的准备

（1）巨大儿出生前要做好家庭环境的清洁工作，所有物品均应擦拭消毒。

（2）母亲孕期出现糖尿病必须及时治疗，严格控制血糖，如得到较好的控制，可明显减轻对胎儿的影响。

（3）母亲要保持心情舒畅，避免精神受到刺激，如有胎动减少、胎膜早破、宫缩明显等症状，应立即就医或平躺等候医生的指导及帮助。

（4）保证母亲的营养摄入，减少高糖高热量摄入，保持运动，定时监测血糖，如有异常应及时就诊。

（5）准备好柔软舒适的衣物，清洗晾晒备用，衣物材质选择纯棉为主，易于新生儿穿脱，大小适宜，避免太紧导致压迫肢体。

2. 母婴同室的照护方法

（1）预防感染。这是护理中极为重要的一环，要做好婴儿室的日常清洁消毒工作。地板、工作台、床架等均要每天擦拭，定期大扫除和消毒，每天定时通风，保持室内空气流通，母婴用物要常清洁消毒，衣物每天更换，选择柔软舒适的衣物，方便穿脱。

（2）预防低血糖的发生。配合医护人员于出生后 1 小时监测新生儿的血糖，随后头两天每 6～8 小时监测一次血糖，通常生后 1～3 小时血糖浓度达最低值，4～6 小时开始恢复到正常水平。

（3）观察新生儿精神状况，如出现四肢抖动、震颤、过度兴奋、肌张力减低、嗜睡、吸吮无力等症状应及时就诊，如发生抽搐、四肢抖动，不可用力压迫新生儿的肢体，不可因抽搐捆绑肢体，不可塞物品进新生儿的口中，应即刻将新生儿送去医院。如新生儿出现拒奶、牙关紧闭等症状，表示其处于抽搐状态，不可强行喂养，以免呛咳。如出现唤之不醒、四肢松软、吸吮无力或不会吸吮等症状则表示新生儿精神萎靡，可能存在低血糖。同时观察新生儿大、小便情况，如胃纳差，小便量少，则容易出现低血糖。

（4）出生后早期进行喂养。喂养以母乳为最优，没有母乳者应及时添加乳制品，避免新生儿出现低血糖。如出现血糖偏低，可增加喂养次数及喂奶量，如血糖持续处于偏低水平，需住院进行干预治疗。

（5）做好婴儿日常保暖工作。穿戴舒适纯棉衣物，避免穿衣过多过厚，避免捆绑四肢及腹部，如有出汗或烦躁不安，注意更换衣物避免受凉。观察新生儿出汗情况，如果反复出汗，应考虑为低血糖症状。

另外，巨大儿易发生臂丛神经损伤及骨折，护理时需动作轻柔，对于顺产儿注意有无锁骨骨折或头颅血肿的情况，检测双上肢动作是否对称，如发现一侧肢体活动减慢或者肌张力低下不能上举，应先排除骨折发生，勿牵拉肢体。

（本节作者：周福心）

第三节　新生儿常见异常情况的识别与应对

一、新生儿呼吸困难

（一）新生儿呼吸困难的知识

新生儿出生建立正常呼吸后，由于各种原因引起的呼吸急促或缓慢、节律不整、吸气时间与呼气时间的比例失调及表现出三凹征和鼻扇等现象，都被认为是呼吸困难。正常新生儿的呼吸方式为腹式呼吸，表现为腹部均匀起伏，频率为40～60次/分钟，如果呼吸频率持续超过60～70次/分钟，即存在呼吸加快，常常是呼吸困难的早期症状，然后出现三凹征、鼻扇，表明病情已有进展。如果进一步加重至频率大于100次/分钟，同时出现面色青紫，呻吟样呼吸，甚至呼吸暂停，即说明病情进一步恶化；如果呼吸频率持续小于30次/分钟，即呼吸减慢，也表示新生儿有可能存在严重的呼吸衰竭。

引起新生儿呼吸困难的主要疾病有喉部疾患、呼吸窘迫综合征、湿肺、肺炎、吸入综合征、肺出血、膈疝、气胸及食管闭锁和气管瘘等，也有部分先天性心脏病的新生儿表现出呼吸困难。

根据呼吸困难的程度，可分为轻度、中度、重度。轻度呼吸困难常表现为呼吸频率加快或节律不整，新生儿可安静入睡；活动时可见呼吸频率加快，面色有轻度发绀。中度呼吸困难不仅会出现呼吸频率加快，也常出现节律不整和“三凹”现象，即呼吸时两侧锁骨上窝、胸骨上下部、肋弓下部向下凹陷。重度呼吸困难则上述症状表现均较严重，出现张口、抬肩、点头、烦躁不安等现象，常伴面色发绀、呼吸频率过快或过缓，呼吸深浅不一等症状，吸氧也难以改善。出现以上情况时应立即就医。与此同时，应让新生儿保持坐着的姿势，有利于减轻呼吸困难的状况。

如果是吸入异物，应鼓励新生儿使劲把异物咳出。异物吸入呼吸道，而新生儿又未咳出，一定要马上送医院；保持室内湿度，使呼吸道不至于太干燥。按时服药，治疗引起呼吸困难的疾病。当呼吸困难使新生儿无法正常入睡、正常进食时，一定要去医院检查。

（二）识别新生儿呼吸困难的方法

新生儿鼻塞，会影响呼吸，导致吃奶、睡觉时出现哭闹不安的情况。

新生儿鼻子不通气，首先要确定其鼻子里是否有异物，其次要判断是否因着凉而引起鼻塞。如果鼻腔里有异物，可以趁其睡着时用带保护头的小镊子轻轻将异物从鼻腔中夹出，一定要用带橡胶保护头的那种小镊子，成人用的金属镊子很容易划伤新生儿的鼻腔。

如果是分泌物过多引起鼻塞，可用棉签蘸温水慢慢清理新生儿的鼻腔；如果分泌物比较黏稠，可以用湿润的棉布或者纱巾，将其一个角顺时针卷成长条，轻轻放入新生儿的鼻孔，再逆时针转动布条往外拉，就能把分泌物带出来。

如果新生儿有结块的鼻屎，最简单的方法是让其哭一会儿，等泪液把鼻屎泡软，这时再用镊子、湿布等工具把鼻屎清理出来，还可以用布条刺激新生儿的鼻腔，打一个喷嚏，鼻屎就出来了。

当新生儿吃奶时或吐奶后，奶汁误入了气道，即为呛奶。呛奶严重者奶汁可直接吸入肺部造成吸入性肺炎，甚至奶汁堵塞了气道，发生呼吸困难和缺氧，也就是呛奶窒息，严重时会危及生命。

如果呛奶后新生儿呼吸很顺畅，可刺激其身体让其再使劲大声哭泣，观察新生儿哭泣时的吸气及吐气动作，看有无任何异常。如果哭声变微弱、吸气困难、严重凹胸、脸色青紫，即刻送医院。如果新生儿哭声洪亮、脸色红润，则表示一时并无大碍，可再观察一阵子。如新生儿出现呛奶窒息，家长必须争分夺秒进行处理。

新生儿肺炎少数有咳嗽，体温可不升高，呼吸频率加快和呼吸困难为主要表现，出现上述情况的新生儿，应及时就医，以免延误治疗。

新生儿肺炎早期症状主要有：口周发紫、口吐泡沫、呼吸快、容易呛奶、精神萎靡、烦躁不安、哆嗦、腹泻等。重度肺炎的主要症状有：呼吸急促、有三凹征、呼吸时呻吟、面色苍白或青灰、呼吸不规则甚至出现呼吸暂停等。

二、新生儿腹泻

新生儿腹泻是新生儿期最常见的肠胃道疾病之一，是由多种病原、多种因素引起，以大便次数增多和大便性状改变为特点的一种消化道综合征。新生儿的消化功能不成熟，而生长发育又快，所需热量和营养物质多，一旦喂养或护理不当，就容易发生腹泻。

1. 类型

（1）感染性腹泻。

①细菌性：大肠埃希菌是引起新生儿腹泻最常见的细菌。

②病毒性：以轮状病毒最常见，常继发乳糖酶缺乏症。

③真菌性：多发生在长期使用抗生素后，以白色念珠菌为主。

④寄生虫：如滴虫、梨形鞭毛虫都会引起新生儿腹泻。

（2）非感染性腹泻。

①喂养不当或肠道外感染。

②吸收不良：碳水化合物不耐受（乳糖不耐受症等）、蛋白吸收障碍或不耐受（牛乳蛋白过敏等）。

③其他：先天性失氯性腹泻、先天性失钠性腹泻等。

（3）抗生素相关性腹泻。

指由于长期使用抗生素导致肠道菌群失调而继发的腹泻。

2. 症状表现

一般的消化道症状，一天腹泻次数多在10次以内，偶有呕吐、食欲不佳，全身情况尚好，可有轻度脱水和酸中毒。重症可急性发病，也可由轻症病例发展而成，大便一天10次以上，呕吐频繁，短时间内可出现明显脱水、酸中毒及电解质紊乱。重症可出现全身症状，如高热或体温不升、精神萎靡、腹胀、尿少、四肢发凉、皮肤花斑等。新生儿酸中毒症状不典型，常表现为面色苍白或发灰、口周发绀及呼吸深、快等。

3. 治疗原则

预防脱水，纠正脱水，继续饮食，维持肠道黏膜屏障功能。治疗包括饮食及营养维持、液体疗法、抗感染治疗、肠道黏膜保护剂的应用、微生态疗法、替代乳品、电解质替代疗法。

4. 保健与管理

（1）提倡母乳喂养。

母乳最符合新生儿的营养需要和消化吸收，而且母乳中含有大量可以增强新生儿免疫力的成分。

（2）增强体质。

天气温暖的时候可以多带新生儿到户外活动，提高新生儿对自然环境的适应能力。

（3）减少不良刺激。

要避免新生儿在日常生活中过于劳累、被惊吓或精神过于紧张。

另外，要注意夏季的卫生及护理。

5. 预防

预防细菌性或病毒性腹泻主要是要注意严格消毒喂养新生儿用的奶瓶、奶嘴、奶锅等物。一般奶瓶和奶嘴用水煮 30 分钟即可杀死所有细菌。

（1）防止交叉感染。

因为感染性腹泻容易流行，新生儿或家长一旦出现腹泻必须隔离治疗，粪便要消毒处理。避免长期大量使用广谱抗生素。

（2）调整饮食，继续进食。

母乳喂养的新生儿应继续母乳喂养，若新生儿不是母乳喂养，可以在医生的建议下转用腹泻专用奶粉（无乳糖奶粉）。

（3）注意观察并记录病情。

应注意观察并记录新生儿的大便次数、性状、颜色及量的变化，为医生制订治疗计划提供依据；还要注意观察病情，如果新生儿在家治疗护理期间病情不见好转，出现水样便次数频繁、口渴明显、双眼凹陷、尿量明显减少等脱水表现及高热等症状，应带新生儿到医院做进一步治疗。

另外，还需注意以下几个方面：保持口腔、皮肤清洁卫生；防止臀部尿布皮炎、感染及压疮；腹部保暖可缓解肠道痉挛，达到减轻疼痛的目的；新生儿睡觉时应盖好腹部，防止受凉；轮状病毒疫苗的应用被证实安全有效。

三、新生儿便秘

（一）新生儿便秘知识

便秘是新生儿较常见的症状，是粪便（包括胎粪）在肠道内停留时间过久，以致干结，大便次数减少，排便困难。

1. 原因

（1）新生儿饮食不合理。

如果新生儿的食物中含蛋白质较多，碳水化合物较少，食物在肠道内的发酵过程就会变得缓慢，造成大便干燥。

（2）母亲的不良饮食。

母亲所吃的食物在很大程度上影响着新生儿，如果母亲经常吃辛辣的食物，就会引起新生儿便秘。

（3）排便习惯。

没有养成定时排便的习惯。如果排便时新生儿在玩耍，就会抑制自己的便意。久而久之，新生儿的肠道就会失去对粪便刺激的敏感性，使大便在肠内停留过久，变得又干又硬。

（4）疾病影响。

如先天性肛门闭锁或肛门狭窄、先天性肠闭锁、胎粪性肠梗阻或胎粪排泄延迟、先天性巨结肠等。

（5）精神因素的影响。

如果新生儿受到突然的精神刺激（如惊吓、生活环境改变等），也会出现暂时便秘。

（6）喂养不足。

新生儿的消化道肌层发育尚不完全，如果新生儿吃奶太少，或呕吐较多，可引起暂时性的无大便，同时还可能伴有吐奶。

2. 预防

（1）改变饮食结构。

母亲应注意饮食习惯，清淡饮食，不宜过量食用高蛋白的食物，如鸡蛋、牛肉、虾、蟹等，应尽可能多吃青菜和水果，忌食辛辣食物。

（2）补充水分。

人工喂养下，应注意给新生儿补充水分，防止其体内燥热，从而防止便秘。

（3）适量运动。

保证新生儿每天有一定的活动量，以促进肠蠕动。

（二）识别新生儿便秘的方法

可从以下特征判断新生儿是否便秘：

（1）超过72小时未排便。

（2）大便难于排出，排便时哭闹。

（3）大便量少、干硬，颜色发暗。

（4）新生儿腹部胀满、疼痛。

（5）新生儿食欲减退。

（6）新生儿体重减轻。

另外，攒肚与便秘的区别如表7－1所示。

表7－1　攒肚与便秘

	攒肚	便秘
发生阶段	添加辅食前（多见于纯母乳喂养）	添加辅食后
大便性状	基本正常，软便、稀烂便	干结，呈小硬球状
新生儿表现	饮食、睡眠基本正常	饮食、睡眠受影响，频繁哭闹，长期可影响进食量和体重增长

（三）新生儿便秘护理

（1）按摩腹部。操作者按摩前洗净双手，涂抹少许润肤油于掌心，注意用掌心按摩，四指并拢，以新生儿的脐为中心，由内向外顺时针方向轻柔按摩腹部，每天上午、下午各1次，每次按摩5～10分钟，同时用手指指腹轻揉左侧腹部8～10次。按摩时间选择在两顿奶之间或喂奶后1小时，操作者注意抬高新生儿头肩部30°～40°，以防其胃反流。

（2）遵医嘱用药。将开塞露（见图7－9）封口剪开，先挤出少许药液润滑管口，以免刺伤新生儿肛门，接着让新生儿侧卧，将开塞露管口插入其肛门，轻轻挤压塑料囊，使药液注入肛门内，拔出开塞露空壳，在新生儿肛门处垫一张干净的纸巾，以免液体溢出。

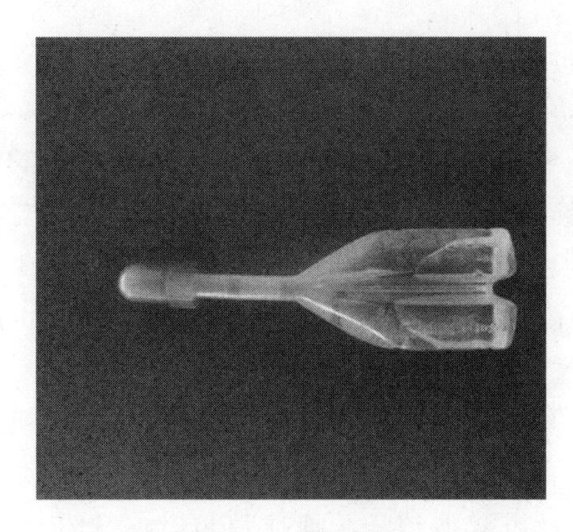

图7-9　开塞露

四、新生儿发热

（一）新生儿发热知识

通常情况下，新生儿正常肛温为36.5℃～37℃。肛温虽比腋温准确，但因测量困难常以腋温为主。若腋温超过37℃，且一天里体温波动超过1℃，就可认为是发热。有时一些外在因素也可能引起新生儿体温上升，比如刚洗完澡，刚喝完奶，周围环境太热等，所以，在新生儿体温升高的时候，首先要看是否因为上述偶然因素导致的体温上升。

1. 类型

（1）环境温度过高所致的发热。

保暖过度、包裹过多或在夏季室内温度过高（高于30℃）时，即可引起新生儿体温上升。由于新生儿体温调节功能还未发育健全，不能维持产热和散热平衡，因此身体温度会随着外界温度的变化而变化。这种发热一般只需调整环境温度，不需要治疗。

（2）脱水热。

新生儿皮下脂肪少，皮肤面积相对较大，散热快、易脱水，尤其是在炎热的夏天出生的新生儿，由于大汗、进奶少等因素，很容易发生脱水，随之出现体温升高（38℃～40℃）。此时的新生儿一般情况较好，精神反应正常，没有其他异常反应，在喂水或补液后体温会迅速下降，且发热的时间很少超过1天。这种发热只需补充足够的液体，无须采取其他特殊处理。严重脱水的新生儿需要及时送医院治疗。

（3）感染性疾病所致的发热。

疾病性感染分为产前感染、产时感染及产后感染。其中产后感染一般发生在产后1周左右，新生儿常出现因急性感染造成的呼吸道疾病、支气管炎、败血症、脓肿、皮肤脓包等病症而发热。这种类型的发热应先找出发热原因，然后再对症治疗。当发热超过39℃时，可用物理降温（如温水擦浴等）。退热药物应在医生的指导下使用，切不可滥用。

（4）生物制剂或药物引起的发热。

如因血清、菌苗、异体蛋白或某些药物过敏而引起的发热。

2. 症状表现

（1）新生儿出现发热后，常伴有腹泻或呕吐症状，说明新生儿的消化系统受到了影响。

（2）发热的新生儿伴有流涕、喷嚏及咳嗽症状，这是因急性上呼吸道感染所引起的。如果在上述症状加重的同时又出现呼吸快而急促，则说明病情有所发展，可能是得了肺炎。

（3）新生儿发热后吃奶少、食欲不振。若改变饮食和哺喂方式后还不能缓解，应考虑新生儿的口腔是否有感染，也可能已经形成了溃疡。

（4）发热的新生儿多伴有哭闹、不安等兴奋表现，一旦转为嗜睡或烦躁，特别是高热持续不退，并伴有呕吐，往往提示着可能存在中枢神经系统感染。

3. 预防

（1）保证适当的环境温度，勿包裹过多，母亲平时应多感受新生儿的体温，注意新生儿是否发热，若怀疑新生儿发热，可用体温计测量确认。

（2）保证母乳喂养，充足的母乳是摄入水分的保证，可预防新生儿脱水热。

4. 照护

（1）多通风，注意散热，保持室内温度在24℃～26℃。

（2）让新生儿卧床休息，多睡觉，保证充足的睡眠有益于身体康复；敞开包被或脱去过多的衣服。

（3）新生儿体温在38℃以下时，一般不需要处理，但要多观察，多喂水，几个小时后体温就可以恢复正常。

（4）如体温在38℃～39℃，可将包裹新生儿的衣物抖一抖，然后给新生儿盖上较薄的衣物，使其皮肤散去过多的热。

（5）新生儿发热时应以物理降温为主，如可用冷水袋枕于新生儿头部。体温超过39℃时，可以用温水洗澡或擦浴。水温控制在36℃～38℃为宜，擦浴部位为前额、头部、颈部、四肢、腋下和腹股沟处。不建议使用酒精为新生儿擦浴。

（6）经上述处理仍持续发热的新生儿应及时到医院请医生做全面的体检。

（二）新生儿发热的具体操作

1. 识别新生儿是否发热

（1）准备工作。

①用物准备。体温计、纱块或纸巾、液状石蜡或凡士林。

②环境准备。安静、温湿度适宜。

③操作者准备。着装整洁，洗手。

（2）具体操作。

①腋下测温。

解开包被，将体温计夹在新生儿的腋窝下（见图 7－10），使其夹紧体温计；5 分钟后，读数。如果腋温超过 37.2℃，则需要加测直肠温度。

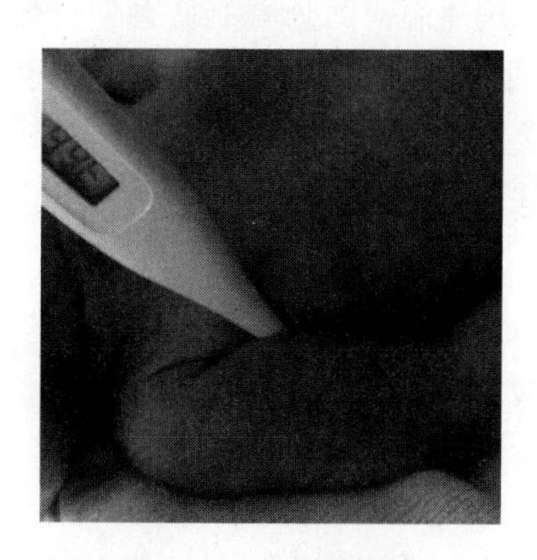

图 7－10　测量腋温

②肛门测温。

让新生儿侧卧，膝盖弯曲；用液状石蜡或凡士林润滑肛表，将体温计插入肛门内 2.5～3cm；3 分钟后，用纱块或纸巾擦净肛表及肛门，协助新生儿卧于舒适体位后读数。肛温超过 38℃即为发热。

（3）注意事项。

①水银体温计含汞，会对环境造成一定的危害。建议使用电子体温计为新生儿测量体温（见图 7－11）。

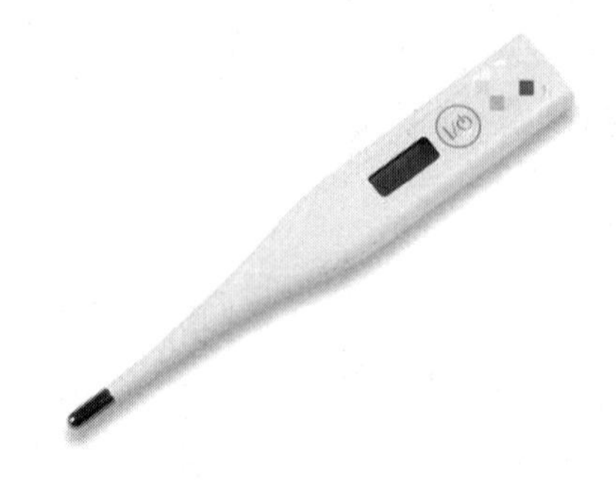

图 7 – 11　电子体温计

②不要在新生儿哭闹时测体温。

③喂奶后不宜立即测体温，因为喂奶后会使新生儿体温升高，宜喂奶后 30 分钟再测腋温，测前应先将腋窝擦干，否则汗液蒸发会影响测量的准确性。测量肛门时手法要轻柔，避免损伤肛门和直肠。

2. 新生儿高热惊厥的紧急处理

（1）准备工作。

①用物准备。毛巾、冷水一盆。

②环境准备。安静、温湿度适宜。

③操作者准备。着装整洁，洗手。

（2）具体操作。

①首先要保持冷静，迅速把新生儿抱到床上平躺，解开新生儿的衣物，采用物理降温。如用冷毛巾擦颈部、腋下、大腿根部及四肢等处，洗净毛巾后敷于额头（见图 7 – 12），这样有助于降温。

②用手指掐新生儿的中穴，并将其头偏向一侧（见图 7 – 13），以免痰液吸入气管引起窒息。

③送最近的医院进行治疗。

图 7－12　额头敷冷毛巾

图 7－13　头偏向一侧

（3）注意事项。

①新生儿惊厥时，不能喂水、进食，以免误入气管发生窒息。

②新生儿体温下降后应去除降温措施。

③每隔 2 小时喂新生儿 5～10mL 白开水，一般 24 小时内就可退热。

④一般情况下，新生儿高热惊厥 3～5 分钟即能缓解，因此当新生儿抽搐时不要着急将其抱往医院，应在发作缓解时迅速将新生儿送往医院查明原因，防止再发作。

五、新生儿听力异常

（一）新生儿听力异常知识

听觉系统的基本功能是感受声音和辨别声音，我们通常把感受声音的能力叫作听力。实际上，早在孕期，新生儿听觉的发育就已经开始。出生后，声音可引起新生儿惊吓反射，表现为眨眼或啼哭；若啼哭时听到声音也能表现为啼哭停止，有时表现为呼吸暂停。

新生儿一出生就能听到声音，虽然他们不会做出主动的反应，但能在声音的刺激下产生下意识的反射活动，如避开新生儿的视线且在其耳旁敲击物品产生声音，他们会眨眼、抖动身体等，4 个月之后，新生儿就有了主动寻找声源的能力，受到强的声音刺激后会用眼神或转动头去寻找声源。1～2 岁时能听懂一些简单的话，可按照语言命令做出一些简单的动作。如果在某个年龄段发现孩子的反应不相符，就应该检查其听力是否异常。

正常听力是保证新生儿身心健康的前提。一个听力正常的孩子通过外界声音的刺激和父母的教育，很快就能学会唱歌和说话，并能学到知识。

相反，如果孩子没有听力，那不仅仅是生理上的影响，还会给孩子的心灵造成巨大的创伤，因此早期发现孩子听力异常并采取适当的措施是保证其身心健康的重要前提。及早发现孩子的听力异常并进行早期干预，可防止未来更严重的听力损害和语言功能受损。

正常的听力是孩子语言学习的前提，听力最关键期为0～3岁，胎儿后期听觉已较为敏感，这就是早期教育中胎教的理论基础。但是月龄较小的新生儿需要较强的声音刺激才能引起反应。3～4个月时头可以转向声源，6个月时能够辨别父母的声音，8个月时能够辨别声音的来源，由于孩子听力的发展与其智能以及社交能力有密切的关系，故应尽早发现其听力异常并及时干预。

（二）识别新生儿听力异常的方法

听力器官以其结构复杂而著称，一旦出现问题，可能连判断病变部位都非常困难，加之孩子的表达能力有限，更不易被发现，从而易导致错失治疗时机。孩子出现言语发育迟滞等现象不要一味等待，若出现吐字不清、交流障碍等情况均应考虑听力障碍的可能性。

听觉的产生和传导过程首先是由声源引发空气振动，产生声波，靠耳郭收集。然后，声波传入耳道内，撞击鼓膜引发鼓膜振动。最后，鼓膜的振动引发由听小骨组成的听骨链的振动，传入内耳，诱发神经电生理活动在中枢产生听觉。

大部分新生儿出生24小时后能对听刺激有反应，对说话的声音很敏感。一周后，听力发育渐趋成熟，会密切注意人的声音，特别是父母的声音，对音乐有特殊的兴趣，也会对噪声比较敏感。有听力异常的新生儿，即使在其旁边说话，也不会把头转向声源。

生后早期（1～2月龄）是新生儿大脑接受语言及听觉刺激最好且可塑性最强的时期。这一时期如果出现听力问题，会影响新生儿的语言、智力及心理等方面。因此早期监测非常重要。对于这个月龄的新生儿，一般听到超过60dB的关门声、音乐声等，其双臂会突然向内屈曲；如果睡觉时突然遇到较大声响，会觉醒、睁开眼睛，这是医学界所谓的觉醒反射。如果发现大声说话、咳嗽，关门声很响时，新生儿没有眨眼、闭眼或全身惊动以表现害怕，或者其在睡眠中根本不为响声所惊醒时，应及时送医院做进一步检查。

新生儿3个月时在活动中听到声音，常常表现为停止活动然后出现定向反应，慢慢将头转向声源方向。4个月时能区分不同音色，能区分大人说话的声音，听到悦耳的声音会微笑，不喜欢听过响的声音和噪声。如果听到过响的声音，新生儿的头就会转到相反的方向，甚至通过哭来抗议这种干扰。

新生儿5～6个月时对各种新奇的声音都很好奇，会定位声源，听到声音时，能“咿咿呀呀”地回应，对音量的变化有反应。若音响在一侧耳旁的下方，其头会先转向声响的一侧，再低头朝下。若声音在一侧耳旁的上方，其头会先转向声音的一侧，再向上看。如果发现该月龄的新生儿不会寻找声源，提示可能存在听力问题，需进一步检查。6月龄是新生儿进行听力保健的重要时间之一，因此应多加注意，若发现问题，查明是否存在先天性或永久性听力丧失，以便及早实施干预、治疗。

7～8月龄的新生儿会听自己发出的声音和别人发出的声音，逐渐能将声音和声音的内容联系起来，如叫名字有反应，能区别熟人与生人的声音。8月龄时大致能辨别出友好和愤怒的说话声。父母可以录制各种声音如汽车喇叭声、流水声、敲门声、动物叫声等，在播放声音的同时让其观看实物或相应的画面，帮助认识其不同物品发出的不同声音。如果发现8月龄的新生儿听到节奏鲜明的乐曲而身体不会随节拍运动，应及时判断其是否存在听力问题。

到了10～12月龄，声音定位能力已发育得很好，基本接近或达到了成人的水平。具备了辨别声音方向的能力，头会直接转向声源方向。在该月龄段孩子的背后拍手，若没有回头等反应，应及时到医院检查听力。

六、新生儿啼哭的观察

（一）新生儿啼哭知识

正常新生儿出生后立即出现啼哭现象，这是呼吸运动建立的正常生理反应，在此之后，由于新生儿尚未有语言表达能力，啼哭是作为其反映生理需求的主要表达方式之一，同时也是对疼痛刺激、疾病状态等的特殊反应。

新生儿啼哭是表达感觉和要求的一种方式，饥饿时要吃，尿布湿了要换，过热或过冷要更衣，无事时可能要发音，这都是正常的，属于生理现象，这种哭闹音调一般不是很高。但另一种情况是对不舒适和疼痛的表达，如身上被虫咬后感到痒，发生皮肤褶烂，肠绞痛、头痛、耳痛（中耳炎）时的疼痛感，都会引发哭闹，属于病理现象。我们应注意辨别新生儿的哭声，是响亮的、有力的，还是尖声的、高调的，并学会判别生理或病理现象。

（二）生理性啼哭

1. 饥饿性啼哭

饥饿性啼哭为新生儿哭闹的最常见的原因。一般发生在上一顿奶之后的2～3小时，哭声响亮，有节律性，哭时面色红润，伴有觅食、吸吮和吞咽动作，新生儿会迅速转向手指一侧并张开嘴作吸吮状，啼哭时间相对较长，给予喂养后哭闹可停止。

2. 不适性啼哭

不适性啼哭为另一种较常见的生理性啼哭原因。比如新生儿在大、小便浸湿尿布之后、衣服太厚过热或太薄过凉、长时间未更换体位引起肢体不适、蚊虫叮咬引起瘙痒等都有可能发生不适性啼哭，一般表现为突然啼哭、哭声急躁，后间断低声哭泣，给予喂养、安抚不能缓解，此时注意观察并纠正以上因素，哭声即可停止。

3. 自然性啼哭

自然性啼哭新生儿无明显异常体征，多在刚睡醒或者清醒无人陪伴时发生，给予抱玩、哄逗等抚慰后可停止哭声，有时将其放下后会再次啼哭，考虑为新生儿的一种正常生理情绪需求。

4. 疼痛性啼哭

在进行新生儿护理的时候，如更换尿布、更换衣物、洗澡擦身时，若手法粗暴、牵拉等刺激引起疼痛时，新生儿常出现啼哭，这时给予环抱、哄逗等抚慰后可停止哭声。

5. 注意事项

（1）新生儿哭声烦躁、手臂乱挥舞，有时会抓耳挠腮、左右摇头，是困了的表现。此时不要再逗新生儿，应哄其入睡。另外，新生儿有时会不哭不闹而睁大眼睛，但眼睛会盯住某处不动，停止了手脚活动，此时也不要逗新生儿，过2～3分钟后新生儿就会闭上眼睛睡着。

（2）在护理新生儿时，注意随时观察其是否存在不适性哭闹的情况，及时解除引起新生儿不适的因素。一般新生儿只要吃饱喝足，身体没有不舒服的话，大多数是因为情绪上没有得到满足。当新生儿哭闹时，如果将其抱起竖靠在肩上，不仅可以使其停止哭闹，而且会使其睁开眼睛，如果父母在后面引逗新生儿，他（她）会注视着父母，并用眼神和父母交流。一般情况下，通过与新生儿面对面说话，或把手放在新生儿腹部，或按握新生儿的手臂，大部分在哭的新生儿可以通过这种安慰停止哭闹。注意不要抱得太久，新生儿满足后，可以轻轻地将其放回小床，并在旁边守候一会儿，待新生儿安静下来后再离开。

（3）注意维持合适的室温，新生儿室温应保持在22℃～24℃，穿着舒适的衣物，用棉布制作的衣服、被褥和尿布应有柔软、浅色、吸水性强的特点。避免使用合成制品或羊毛织物，以防过敏。即使在冬季，新生儿也不宜穿得过多、过厚，包裹不宜过紧，更不宜将其捆绑，应保证新生儿活动自由及双下肢屈曲（此状态利于髋关节发育）。保持室内安静，防止喧哗吵闹。

（4）在护理新生儿时，动作应轻柔，避免拖、拉、推、擦等，以免引起新生儿不适而导致其啼哭。

（5）对于新生儿啼哭要及时找出原因，针对情况来解决问题。切勿每当其啼哭就以为是肚子饿了，用喂奶的办法来解决。这样极易造成新生儿消化不良。久之，会造成大便硬结或腹泻不止，最终导致胃肠功能紊乱，引起腹部不适，更会哭闹不止。

（三）病理性啼哭

1. 皮肤疾病引起的啼哭

多为持续性哭闹，一般哭声响亮有力，伴有烦躁，有时可见新生儿出现踢被、磨蹭等表现，但全身情况良好。一般常见的皮肤疾病有颈部、腋窝和腹股沟皮肤褶皱处糜烂、面部湿疹、肛周湿疹以及尿布皮炎、皮肤疖肿、皮肤擦伤等。

2. 呼吸道疾病引起的啼哭

如感冒时鼻腔堵塞导致新生儿只能用口呼吸，会因不习惯而出现不安。当哺乳时需要闭口更无法吸气，新生儿则会因只能放弃奶头而大声啼哭。该类情况一般哭声有力，全身情况良好。如出现哭声嘶哑，哭时伴有喉喘鸣音，或者哭声微弱、精神反应差，或者呼吸急促、面色发紫等应及时就医。

3. 中耳炎或外耳道疖肿引起的啼哭

哭声往往突然而起，且久久不止，伴有摇头。旁人若触碰新生儿的耳朵，哭闹会更厉害。

4. 皮下坏疽引起的啼哭

哭声持续并阵发性加重，抱起新生儿时哭闹得更厉害。坏疽多发生在背下部和臀部，局部皮肤的表面容易被忽略，多为感染。

5. 化脓性脑膜炎引起的啼哭

哭声尖锐刺耳，同时有发热、厌奶、呕吐、烦躁不安、惊厥、嗜睡等情况发生。

6. 佝偻病和手足抽搐症引起的啼哭

啼哭多在夜间发生，且新生儿睡眠不好，容易受惊甚至出现抽搐。

7. 肠痉挛引起的啼哭

哭叫声不规则且一阵一阵，每次持续数分钟至数十分钟。在哭闹的同时新生儿会伸手蹬脚、不停翻滚，造成出汗不止、面色苍白，且不让旁人摸其腹部，疼痛停止后，啼哭也停止。

七、新生儿鼻塞

（一）新生儿鼻塞知识

鼻腔发生机械性阻塞或因鼻腔、鼻咽部病变阻碍了鼻部流通，称为鼻塞。鼻塞可表现为单侧性或双侧性，间歇性或持续性，交替性或阵发性，部分性或完全性，突发性或渐进性等。

新生儿鼻塞时，首先要区分引起鼻塞的原因是分泌物阻塞还是鼻黏膜水肿，鼻塞不一定是感冒了。新生儿鼻腔狭窄，在有分泌物阻塞或鼻黏膜水肿时特别容易发生鼻塞。如果房间的温度太低，新生儿鼻塞的症状会更明显。对于大多数新生儿来说，鼻塞是由生理结构引起的，属正常现象。有时新生儿还流出少量的鼻涕，干燥后成了鼻屎，颜色呈淡黄色，这也是正常现象。

新生儿的鼻根扁而宽，鼻腔相对较短，后鼻道狭窄，黏膜柔嫩，血管丰富，无鼻毛，因此易受感染；同时由于鼻黏膜与鼻腔黏膜相连，感染后鼻腔易堵塞而致呼吸困难和吸吮困难，可能出现张口呼吸和拒乳等情况。新生儿长期张口呼吸，呼吸道阻力减少，会影响其胸廓的发育和面骨的发育。新生儿鼻塞除可引起呼吸困难、窒息外，还可因吸吮困难导致营养不良而影响正常发育。

如果新生儿出现鼻塞及鼻涕很多、颜色澄清，或干结后鼻屎堵住鼻孔，只能不停地用嘴呼吸，这时需要考虑是否伤风感冒了，应及时去医院就诊。

如果新生儿流出的鼻涕有臭味、带血丝，鼻子肿胀，有可能是鼻子内有异物，应及时送去医院就诊。

新生儿鼻塞时间长，用过一些办法无效，应及时就医，排除新生儿腺样体肥大。

若是慢性鼻炎，新生儿会出现鼻塞和鼻涕增多的情况，鼻涕多为黏液性，有时伴有少量脓液。

新生儿过敏性鼻炎常为清水样鼻涕，伴有打喷嚏，并有鼻咽部痒感。由于鼻涕流入咽喉，故有咽喉不适、多痰、咳嗽等症状。

（二）新生儿鼻塞的处理方法

鼻内给药治疗鼻部疾病或症状时，药物可直接接触鼻黏膜，充分发挥药效，且操作简单易学、吸收好。

若鼻塞是因分泌物阻塞而致，对于黏稠的分泌物，可使用浸满橄榄油的棉签涂抹新生儿鼻黏膜，以清理分泌物，同时刺激其打喷嚏，排出分泌物。注意动作一定要轻柔，避免太深入新生儿的鼻腔而造成疼痛或受伤。若分泌物非常干，可先滴入少许生理盐水，待分泌物软化后，再用上述方法清理。

若是感冒等原因引起的鼻塞，吸入一定水分可有利于鼻腔内分泌物的排出，以有效缓解不适症状。可吸入水蒸气，比如打一盆热水让新生儿吸它散出的蒸汽，注意防止烫伤，或者在浴室内制蒸汽。除此方式外，还可以通过医用雾化吸入器将生理盐水制造成雾化气体，也可用温热毛巾敷鼻，同样易于排出鼻腔内分泌物。

若用以上办法后鼻塞解除效果不佳，可以用不含麻黄素的喷鼻药来缓解，以利于呼吸通畅。麻黄素多用或常用可能会引起萎缩性鼻炎，成为不易治疗的慢性疾病，故应在医生的指导下严格使用滴鼻液，切勿乱用或滥用。

（三）新生儿鼻塞的具体操作

（1）准备工作。

①用物准备。生理盐水适量、纸巾、棉签、鼻腔用药。

②环境准备。安静、光线充足、空气新鲜。

③操作者准备。洗手、戴口罩。

（2）具体操作。

①首先清洁鼻腔，以免生理盐水不能充分接触黏膜或被分泌物稀释而降低疗效（见图 7－14）。

②取鼻部低于口和咽喉部的姿势，以免生理盐水直接流入咽喉。

③头后伸位。使新生儿仰卧并在其肩下垫抱枕或头后仰伸出床沿，鼻孔朝上（见图 7－15），应注意预防坠床。将生理盐水滴入鼻孔内，滴后保持原位 5 分钟以上，以利于药物被充分吸收，防止药物流入口中。

④侧卧位。使新生儿卧向患侧，头下垂于床沿。

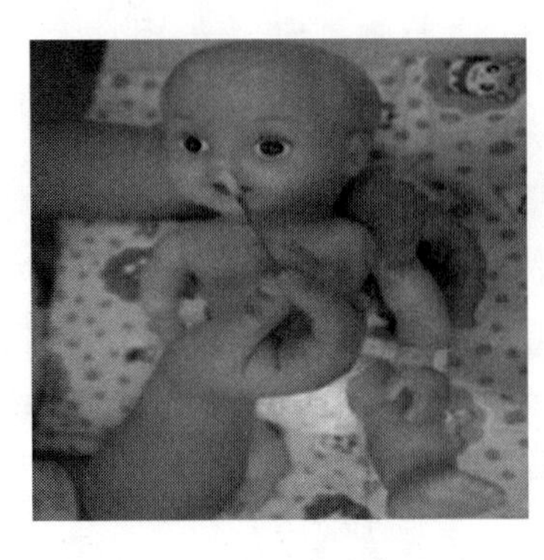

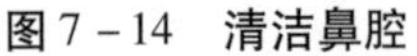
图 7－14　清洁鼻腔

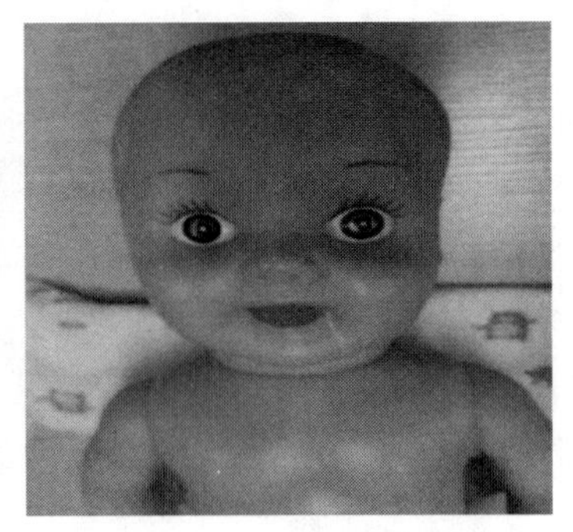

图 7－15　头后伸位

⑤半卧位。适用于因其他因素不能后仰过度者，滴一侧鼻腔时头向同侧肩倒。

⑥滴药。在鼻吸气时滴入，轻按鼻翼，协助新生儿左右摇头数次，使药液均布鼻腔。后协助新生儿张口呼吸，保持滴药姿势 3～5 分钟，以充分吸收药液。一般每次 2～4 滴，每天 3～4 次，注意动作要轻柔，避免晃动过度造成不良后果。

（3）注意事项。

①注意鼻腔滴药的方法、体位，以免药液顺鼻腔流入咽喉。

②对于因鼻塞而妨碍吸吮的新生儿，可在哺乳前 15 分钟滴鼻以保证吸吮。

③注意滴药时滴管不要与鼻孔距离太近，以免污染滴管。

④滴鼻液颜色改变或有沉淀物时应废弃。

⑤滴鼻液一人一用，避免交叉感染。

⑥由于新生儿的鼻黏膜十分娇嫩，用滴鼻液会刺激鼻黏膜，因此不可完全依靠滴鼻液来改善鼻腔症状，必要时应在医生的指导下严格使用，以免错过最佳治疗时机。

⑦滴药后 15 分钟内尽量不要擤鼻涕。

（本节作者：周福心）

第八章　新生儿的安全防范

第一节　新生儿摔伤防范与应急处理

一、引起新生儿摔伤的安全隐患及防范措施

（一）喂夜奶时滑落

新生儿半夜吃奶时，总是喜欢吃一会儿睡一会儿，母亲很容易打瞌睡，在喂奶中不知不觉睡着了，使得新生儿很容易从母亲怀中滑落。母亲应知疲劳喂奶的安全隐患和防范措施，即使是母乳喂养，家属也要在旁边协助，确保新生儿的安全。喂夜奶时预防新生儿滑落的措施有以下三个。

1. 选择侧躺的姿势喂奶

夜里喂奶时，母亲最好选择能够即喂即睡的侧躺姿势。如果侧喂是在床上进行，即使新生儿吸一会儿睡一会儿，母亲也能减少一些负担，还能插空休息，降低新生儿从怀中滑落的可能性。

2. 坐喂时保持清醒

如果母亲习惯坐着喂夜奶，那么务必保持清醒，直到喂完将新生儿放回婴儿床上，并善用辅助工具将新生儿固定好。

3. 大小不同床

一旦喂完夜奶，就将新生儿抱回婴儿床。大人孩子不要同床，更不要同被睡眠。因为大人的床垫通常比较软，一旦翻身就容易压住新生儿，导致新生儿窒息，新生儿也可能从大床上滑落摔伤。

（二）换手漏接

亲朋好友来探视，都忍不住想要抱一抱新生儿。但是，并非每个人都有抱新生儿的经验，在将新生儿转给别人抱时，一定要确定对方已经完全接住了新生儿才能放手。

1. 避免单手抱新生儿

抱的姿势很多，不管哪一种都要以能固定新生儿为重。头颈尚未固定的新生儿，要用一只手稳住其头颈部位。

2. 横抱新生儿

要以横抱的方式将新生儿转手给他人，并示意他人也要横抱。如果新生儿的头颈已固定，那么在转手时横抱、竖抱均可。

另外，无论新生儿大小和以何种抱姿，将新生儿转手给他人时，最后都要加上一句“我放手啦”，以提醒对方做好了抱新生儿的准备，这是最妥当的做法。

二、防止新生儿摔伤的安全措施

1. 出行安全

新生儿出行乘坐婴儿车，全程为其扣紧安全带，避免其挣扎而跌落，尽量走人行道及搭乘直梯。

2. 保护性教育

家长在抱孩子的同时不要手拿尖器，不要快走或奔跑，如家长摔跤，要立即用手撑地。

3. 防滑用具

在床边和沙发边地板上垫上软垫。家长不要赤脚抱新生儿或抱到湿滑的地面，地面应随时保持干洁。

三、新生儿摔伤的应急处理方法

当新生儿摔伤后“哇哇”大哭时，家长不要惊慌失措，要冷静下来，检查新生儿有无受伤以及受伤的程度。

观察新生儿头身有无伤口和活动性出血。如头部出现血肿，家长可以对伤口进行冷敷，如用毛巾将冰袋包裹好，敷在血肿处。这时切忌热敷，因为热敷会增加毛细血管的出血量，如果伤口有活动性出血，家长应马上用无菌纱块压迫止血，并及时送到医院诊治。如果只是皮外伤，可以用碘附在伤口处由内向外消毒。

检查新生儿其他部位有没有骨折或者脱臼。检查新生儿四肢的活动度，如新生儿出现肢体活动后哭闹、肢体无法活动或肢体变形等情况，则可能已发生骨折或脱臼的情况，要固定好骨折或脱臼的位置，并立即送去医院诊治，固定方法如图 8－1、图 8－2、图 8－3、图 8－4 所示。

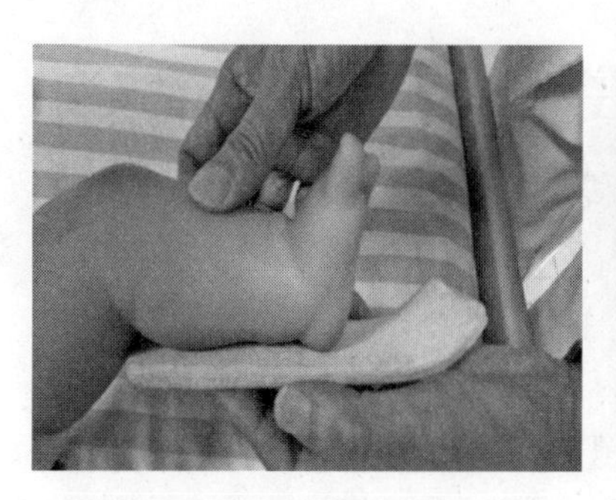

图 8－1　腿部上夹板

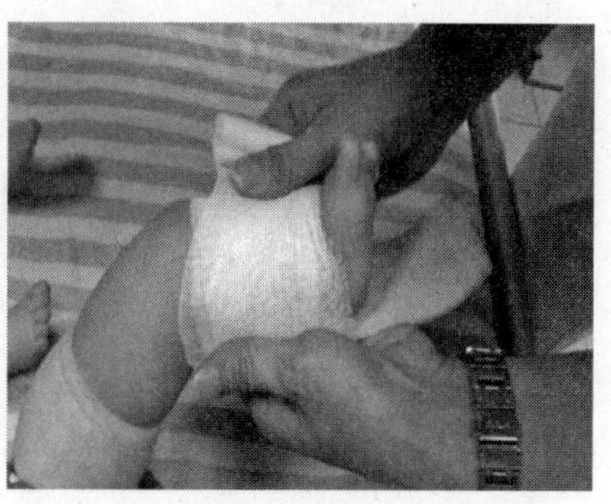

图 8－2　腿部上绷带固定夹板

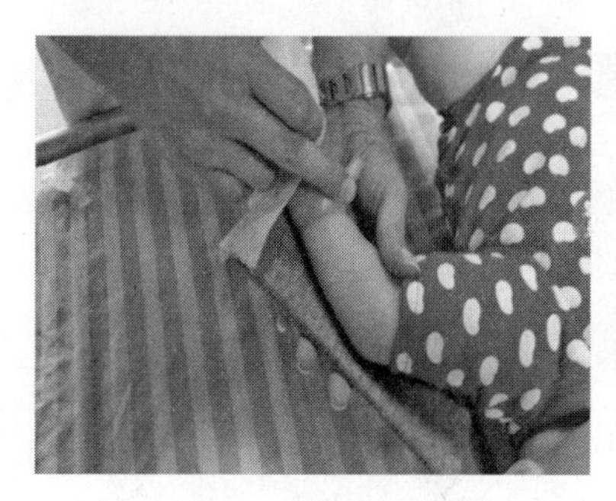

图 8－3　手部上夹板

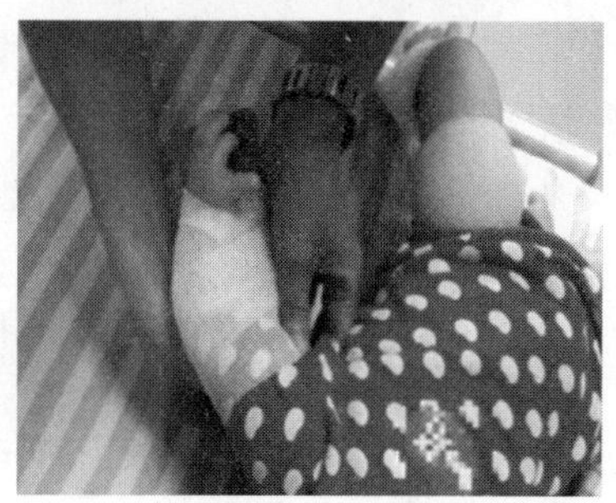

图 8－4　手部上绷带固定夹板

观察新生儿全身情况。即使轻微摔伤或者碰伤，在受伤的 24～48 小时家长也应密切观察新生儿的状态。

若新生儿出现了比最初症状更严重的症状，如伤口加重或者出血不止，应立即送医院诊治。

另外，新生儿出现下述任何一种情况，一定要及时送往医院诊治：

（1）头部受到撞击后出现意识丧失或者持续几分钟昏迷。

（2）白天变得嗜睡或者无精打采。

（3）夜间睡着时不能唤醒。

（4）频繁呕吐。

（5）哭闹难以安抚和高声尖叫。

（6）囟门隆起（提示可能有颅内压增高和颅内出血）。

（7）鼻子或耳朵流血或流黄色液体。

（本节作者：李婉仪）

第二节　新生儿衣物安全与捂闷防范和处理

一、新生儿衣物安全

（一）常见新生儿衣物安全问题

（1）衣物的领口和袖口等部位都应该柔软舒适，过硬会影响新生儿血液循环，严重的可导致局部缺血。

（2）衣物上的小配件可能会被新生儿放入嘴巴，非常容易出现呛咳、窒息等情况。

（3）如果衣物上有比较锋利的边缘或棱角，新生儿的皮肤会很容易被划伤。

（4）帽衫上的绳子很容易被夹住、缠绕，新生儿也有因此发生窒息的危险。

（5）一些衣物比较劣质，染料很容易脱落。如果新生儿含咬衣物、出汗等，那么染料就会通过嘴巴或者皮肤吸收到新生儿体内，从而引发肠胃不适、皮肤异常等问题。

（6）甲醛超标、各种芳香胺类物质超标。新生儿吸到该物质气味，可能会出现流泪、喉咙肿痛、皮肤瘙痒等问题。长期接触，还可能出现鼻咽癌、结肠癌等恶性肿瘤。

（7）一些衣物里添加有塑化剂，这种化学添加剂会影响孩子未来的生育能力。

（8）一些衣物上含有超量的重金属，如铅、铬、镍等。因为重金属进入人体后很难被排出，所以对新生儿的伤害是不可逆的。其中铅中毒就会影响孩子的智力发育，从而影响孩子的成长。

（二）选择新生儿衣物的方法

为了不让新生儿被衣物伤害，在衣物的选择上，我们应从标识、外观、缝制、材质等方面来甄选。

1. 标识是否完整

我们首先要查看衣物上的吊牌，看资料是否完整。如有没有商标和中文的厂名、厂址；具体的型号标识；详细的成分标识（各种纤维的含量一定要明确）；洗涤标识的图形符号及说明。此外，产品的合格证、产品执行标准编号、产品质量等标识都必须齐全。

2. 外观质量的把关

首先查看衣物表面是否有明显的瑕疵；其次查看接缝处有没有开裂和色差；再次查看有没有危险的装饰物，拉链是否顺畅、纽扣是否牢靠等；最后查看衣物是否有脱胶的情况。

3. 查看缝制质量

仔细观察衣物的缝制线路是否顺直，拼接的地方是否平整；衣物左右是否对称，袖子的长短是否一致，口袋的宽度和深度是否比较协调。

4. 材质是否全面

材质光靠观察是不够的，建议通过燃烧法来鉴定。在衣物缝边抽取几根线，用打火机点燃并且仔细观察。如果是全棉的，那么燃烧得会比较快，最后往往也只剩下一些白色或灰色灰烬，不结焦且无其他杂质。

特别提醒：即便是新生儿专用的衣物，上面也会有一定量的甲醛残留，我国的甲醛残留标准是：2 岁以下儿童的衣物甲醛含量应 <20mg/kg；2 岁以上儿童的衣物甲醛含量应≤75mg/kg，如果不是直接接触皮肤的衣物，甲醛含量可以≤300mg/kg。所以新衣服买回来之后，不要急着给孩子穿，而要多次漂洗，尽量去掉其上残留的甲醛，保证孩子的安全。

二、新生儿捂闷防范和处理

（一）捂闷对新生儿的影响

捂闷综合征又称捂热、闷热、捂被综合征，完全是因人为给孩子过度保暖或捂闷过久引起的，以缺氧、高热、大汗、脱水、抽搐、昏迷和呼吸循环衰竭等为主要临床表现，严重者会导致多器官损伤衰竭。

由于新生儿体温调节中枢功能尚未健全，对外界气温的适应性较差，特别是出生 150 天以内的婴儿，产热量非常大，而出汗散热又较为缓慢，产热和散热的不平衡使婴儿容易在环境影响下出现高热现象。捂闷过久，影响了机体散热，体温便会急剧上升，使婴儿处于高热状态。

高热时末梢血管会代偿性扩张，出汗增多，使机体代谢亢进，耗氧量增加，加之孩子被困在被窝里，缺乏新鲜空气，导致缺氧。

尤其是新生儿根本无力挣脱“捂热”环境，持续下去可引起体内一系列代谢紊乱和功能衰竭。

（二）新生儿捂闷防范

新生儿出生后尽可能单独睡，将摇篮或小床放置在大人床旁边，既便于照顾，又可避免同睡时挤压新生儿，或不慎使衣被盖住其头、面部。

婴儿房的适宜温度应在 22℃ ~26℃，新生儿活动量大时应及时减少衣物，以避免中暑。

不宜让新生儿口含奶头睡觉，防止因此导致口鼻被堵，或呛咳后窒息、缺氧等严重后果。

不管气候多寒冷，新生儿睡觉时，也应将其棉衣、棉裤脱去，最多穿2件内衣。盖被应松软，厚薄适度。有条件的可给新生儿穿专用的睡衣，或使用专门为新生儿设计的不会盖住头部的睡袋。

（三）新生儿捂闷处理的具体操作

（1）准备工作。

①环境准备。保证环境安静，关好门窗，调节室温为24℃～26℃。

②新生儿准备。脱衣、热敷足部（见图8－5）。

（2）具体操作。

①擦洗上肢（见图8－6）。

将浴巾垫于擦拭部位下，以浸湿的纱布垫（或小毛巾）包裹操作者手掌，自颈部侧面沿上臂外侧擦至手背，再从腋窝沿上臂内侧擦至手掌心，边擦边按摩，最后用浴巾擦干皮肤。擦洗过程中，尽量少暴露皮肤，防止着凉，同法擦另一侧，每侧擦3～5分钟。

②擦洗背、臀部（见图8－7）。

协助新生儿侧卧，露出背部，下垫浴巾。自颈下到背部擦拭，再至臀部，擦洗3～5分钟。擦拭完穿好上衣，协助新生儿取平卧位。

③擦洗下肢（见图8－8）。

脱裤露出一侧下肢，擦拭方法同上。自髋部经下肢外侧擦至足背，再从腹股沟擦至下肢内侧，最后由臀下沟擦至下肢后侧、腘窝至足跟。同法擦另一侧，每侧擦3～5分钟。

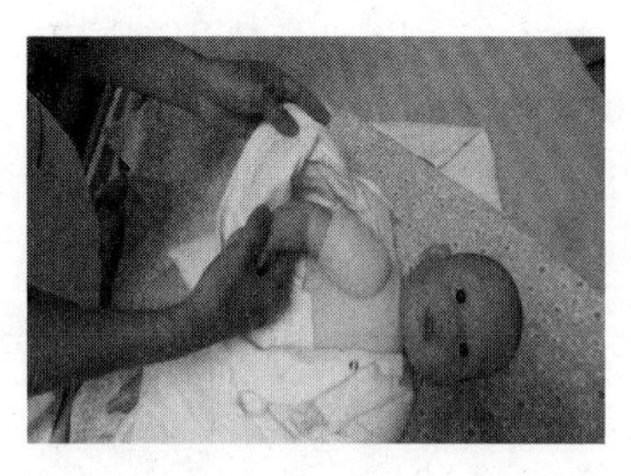

（a）脱衣

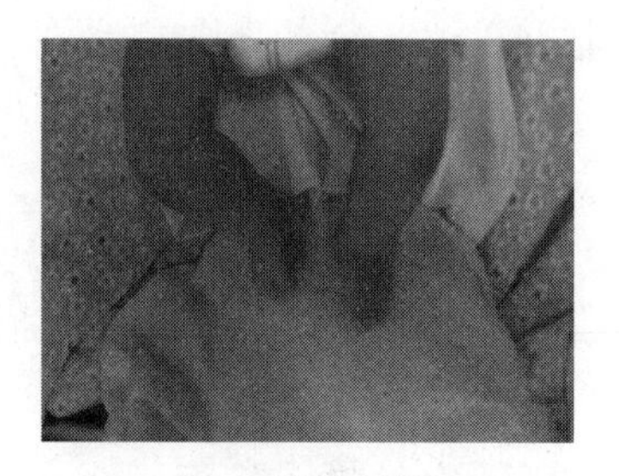

（b）热敷足部

图8－5　新生儿准备

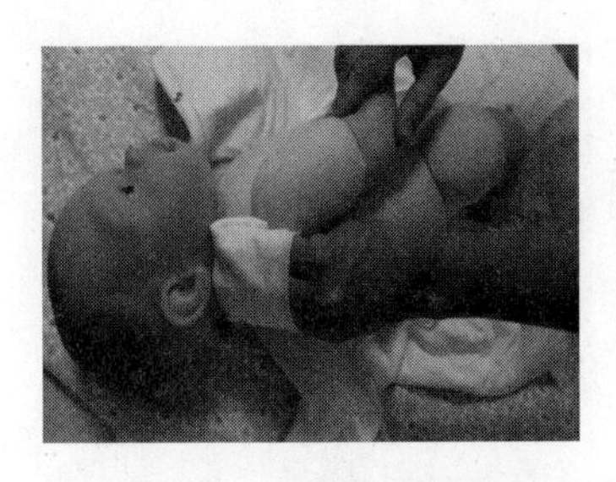

（a）擦洗颈外侧

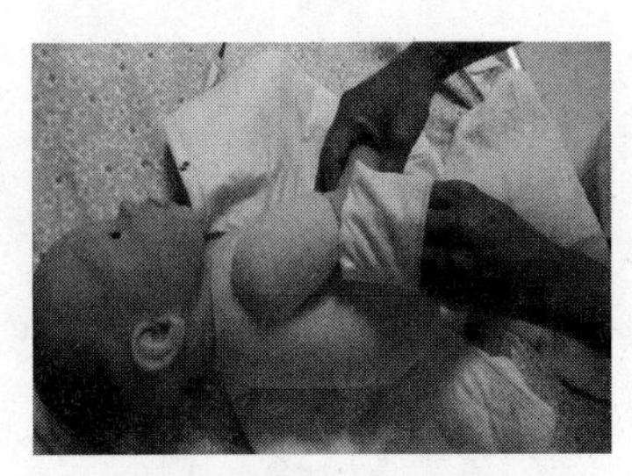

（b）擦洗手臂外侧

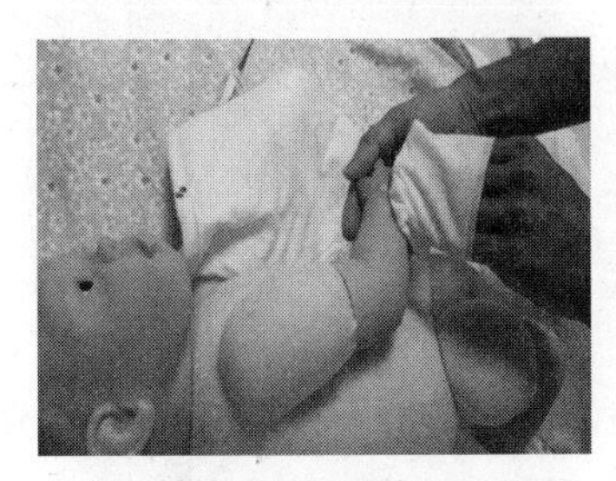

（c）擦洗手背

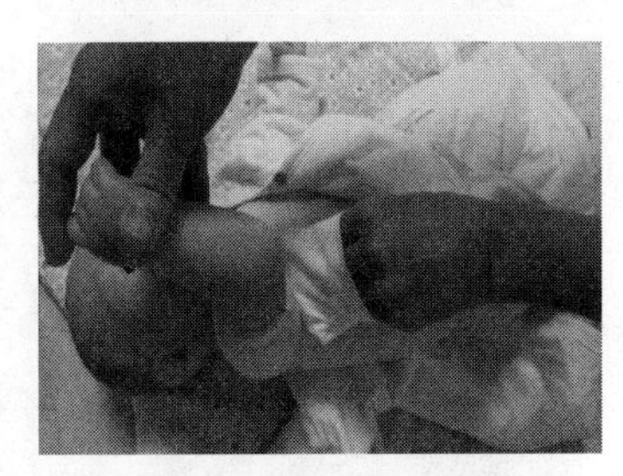

（d）擦洗腋窝

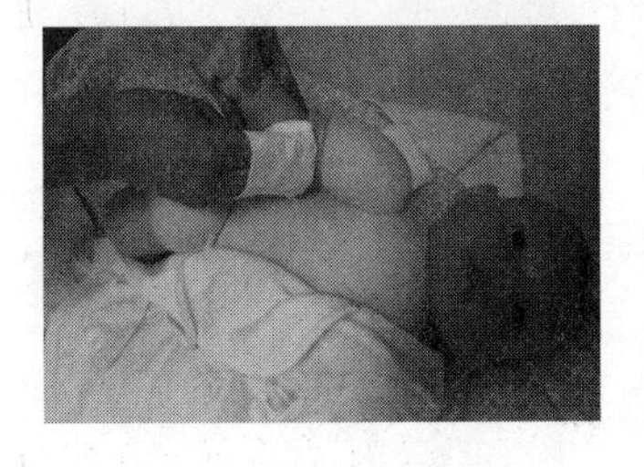

（e）擦洗手臂内侧

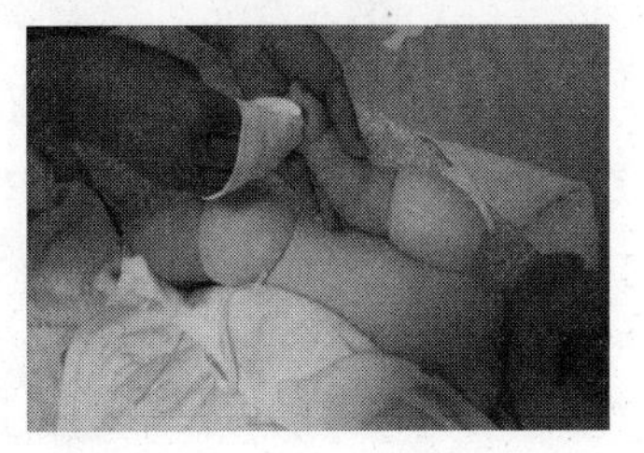

（f）擦洗手掌心

图 8－6　擦洗上肢

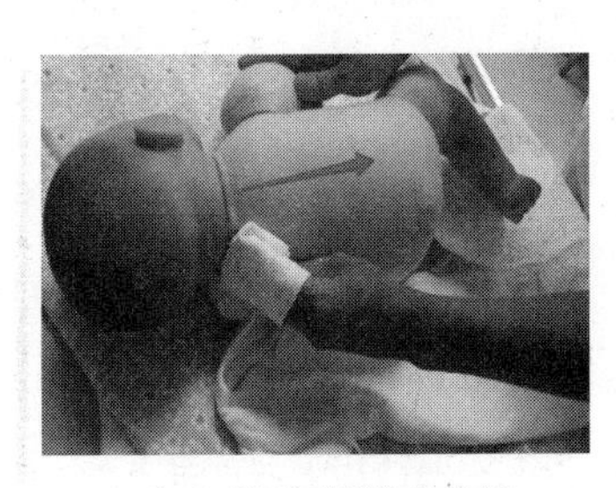

（a）擦洗颈下至背部

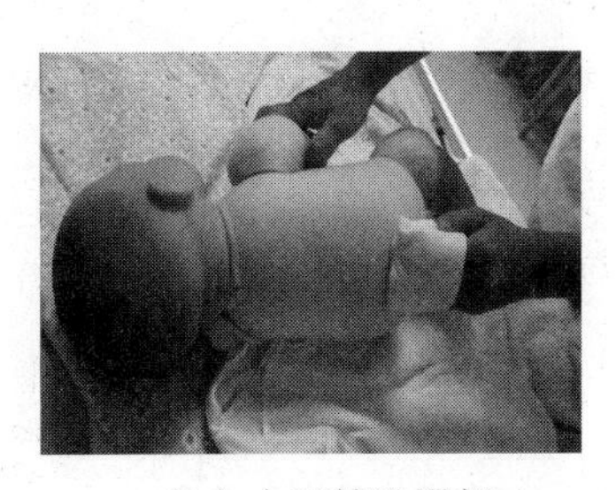

（b）向下擦洗臀部

图 8－7　擦洗背、臀部

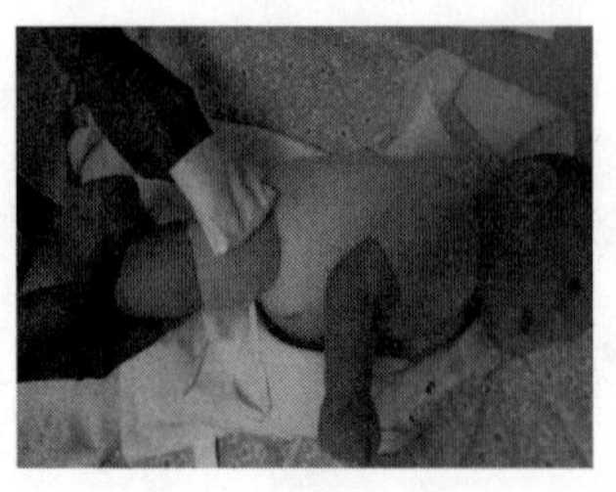
（a）擦洗髋部

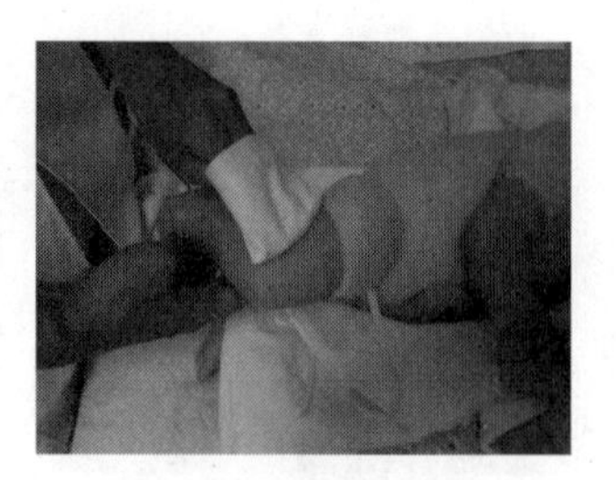
（b）擦洗大腿外侧

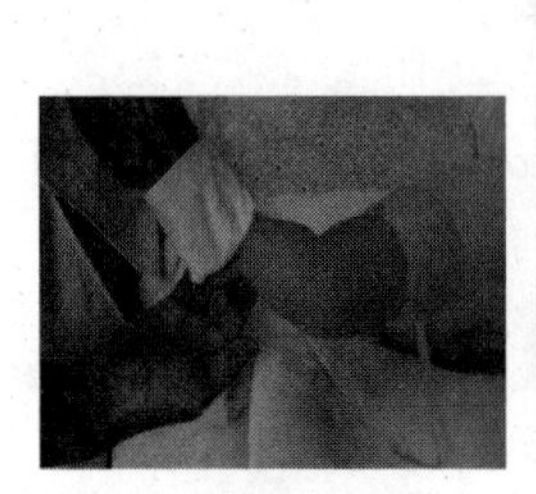
（c）擦洗足背

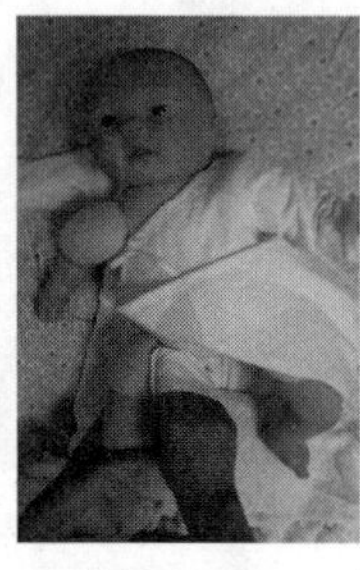
（d）擦洗腹股沟

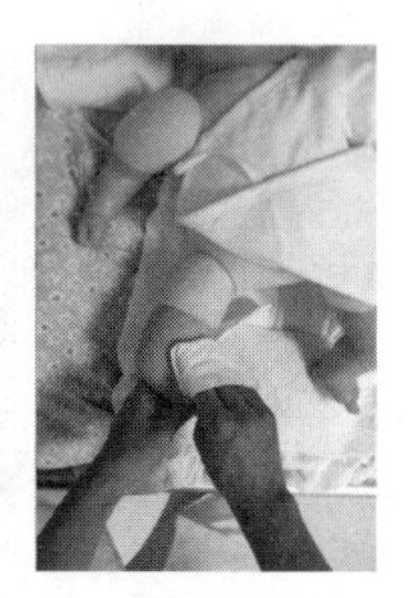
（e）擦洗大腿内侧

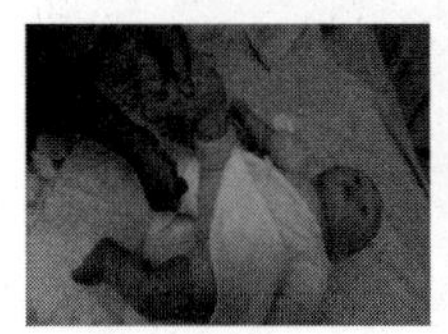
（f）擦洗臀下沟

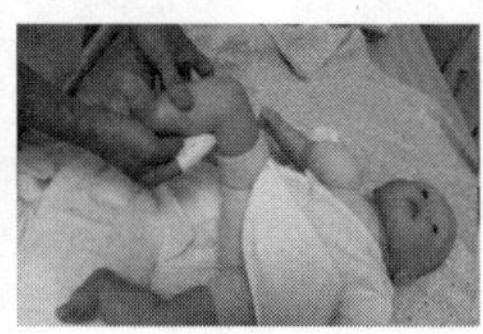
（g）擦洗下肢后侧

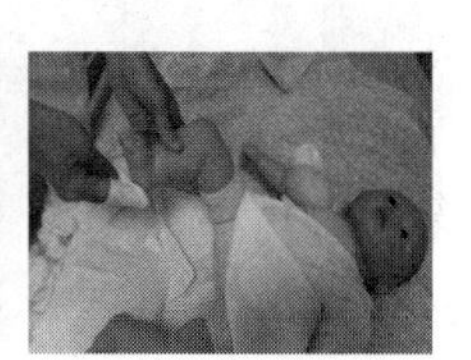
（h）擦洗足跟

图 8－8　擦洗下肢

（3）注意事项。

①在擦拭腋窝、肘窝、腹股沟、腘窝等部位时应稍用力，并延长擦拭时间，以促进局部散热。

②忌擦拭胸前区、腹部、后颈部、足心部位。因这些部位对冷刺激较敏感，可引起反射性心率减慢、肠蠕动增强等不良反应。

③注意更换或添加温水，保持水的清洁与温度。

④擦浴时间不宜过长，全过程一般不超过 20 分钟。

⑤在擦浴前，最好在新生儿头部放冰袋或湿毛巾以协助降温，足部放热水袋，以防擦浴初期表皮血管收缩引起头部充血。

（本节作者：李婉仪）

第三节　新生儿滑脱与坠床防范

一、新生儿滑脱

（一）新生儿滑脱的常见原因

1. 生理原因

（1）新生儿身体各器官未发育完全，对环境的适应能力较弱，抵抗力不足，容易出现安全隐患。

（2）照护者在身体疼痛、行动不便、残疾等情况下或者服用某些特殊药物出现血压下降、头晕、倦怠等不良反应时，怀抱新生儿更容易发生滑脱。

2. 环境原因

房间、卫生间缺少辅助设施，地面湿滑、照明过暗、物品摆放不合理等因素会增加照护者跌倒的发生率，从而加大新生儿滑脱的发生率。

3. 知识欠缺

对新生儿安全护理知识欠缺，重视不够，风险意识差，陪护不到位，以及未掌握照顾新生儿的方法等，都可能导致新生儿滑脱。

（二）新生儿滑脱的防范方法

1. 照护者安全意识

照护者应熟知新生儿的安全事项，增强安全意识，消除安全隐患，要24小时陪伴，掌握正确抱姿。

2. 新生儿衣着

选择棉质不滑手的衣物和包被。新生儿衣着要舒适，包裹得当。

3. 环境

居住房屋室内光线充足，照明良好，夜间保持地灯开启。保持地面清洁干燥，并用干拖把及时拖干积水和油脂。卫生间配置防滑地垫，创造良好的环境。

4. 成人衣着

衣服舒适适宜，裤子不要长于脚面，穿合脚的防滑鞋，切勿打赤脚、着硬底鞋，慎穿拖鞋。

5. 照护者身体状况

照护者不在疼痛、意识不清、行动不便、残疾等情况下或者服用某些特殊药物出现血压下降、头晕、倦怠等不良反应时怀抱新生儿。

6. 新生儿沐浴

给新生儿洗澡时，需用婴儿车转运，因新生儿身体在湿润时是很滑的，所以沐浴前要准备好所需物品，必要时随时携带，沐浴后及时用浴巾包裹，不要光身抱着。

7. 外出

双手怀抱新生儿走路、上下楼梯都要小心谨慎，坐车要有安全睡篮。

二、新生儿坠床

（一）新生儿坠床的常见原因

由于新生儿自身不能自主移动，其坠床的风险主要来自照护者的疏忽。一般是因未正确使用床挡或未采取相应的保护措施，导致新生儿从床上坠下（见图 8－9）。

图 8－9 坠床

1. 环境原因

新生儿的衣物或包被不合适，床及物品摆放不合理。

2. 照护者原因

安全护理知识欠缺，重视不够，风险意识差。

（二）新生儿坠床的防范方法

1. 照护者安全意识

加强照护者的安全意识，明白新生儿有坠床的可能，需要 24 小时陪伴。照护者应穿合适的衣裤，合脚的防滑鞋，切勿打赤脚、着硬底鞋，慎穿拖鞋。

2. 环境

保证环境良好，室内光线充足，照明良好，夜间保持地灯开启。保持地面清洁干燥，并用干拖把及时拖干积水和油脂。卫生间配置防滑地垫，床及物品摆放合理。

3. 使用婴儿床和床护栏

购买专门的婴儿床，保证婴儿床上无杂物。也可以在新生儿睡觉的床上增加护栏，护栏能起到预防新生儿坠床的作用。应定期检查婴儿床，知晓婴儿床及床护栏的正确使用方法，经常检查并保证床护栏功能完好。

4. 新生儿睡觉

不要和新生儿一起在沙发或椅子上睡觉或休息，没有护栏的床不能让新生儿睡在外侧。如果感到疲乏，不要抱着新生儿睡觉，应把新生儿放回婴儿床中。

5. 哺喂

哺喂结束后应将新生儿放回婴儿床。

6. 新生儿更衣

在无护栏的床上为新生儿更衣要时刻看管新生儿，不能中途离开。

（本节作者：李婉仪）

第四节　新生儿皮肤损伤防范

一、新生儿皮肤损伤的常见原因

（1）红臀主要是由于大、小便后不及时更换纸尿裤、尿布未洗净、对一次性纸尿裤过敏或长期使用塑料布致尿液不能蒸发等原因造成。新生儿臀部处于湿热状态，尿中尿素氮被大便中的细菌分解而产生氨，从而刺激皮肤。

（2）由于新生儿平常随意运动比较多，若指甲太长，易刮伤脸部、耳朵等部位。家长指甲太长，在日常照顾新生儿时也容易刮伤新生儿。

（3）新生儿皮肤的角质层很薄，剃头发时若用力不当、皮肤未绷紧、过度活动、未避开骨缝等均可造成不同程度的皮肤损伤。

（4）新生儿表皮和真皮间靠弹力纤维连接，皮肤纤维少，皮肤游动大，在摩擦和牵拉作用下易发生部分或全部剥脱，如擦浴时用力不当，容易造成皮肤擦伤。

二、新生儿皮肤损伤的防范方法

（1）重视尿布的选择，要选用细软、吸水性强的纯棉布，如果发现新生儿对一次性纸尿裤过敏应立即停止使用，不要用深颜色的布料。每次大便后用温水洗净臀部及外阴部，并轻轻擦干，有红臀的新生儿可以涂些植物油或护臀膏。

（2）家长的指甲应每周修剪。

（3）给新生儿剃发前应用水湿润头发。及时更换不锋利的剃刀，剃发时绷紧新生儿的头皮，力度适宜。

（4）家长为新生儿沐浴或擦浴时动作要轻柔，对于躁动不安的新生儿，要戴上手、足棉套，防止其抓破皮肤。

三、新生儿烫伤

（一）新生儿烫伤的常见原因

（1）新生儿皮肤薄，皮下脂肪少，沐浴时水温过高则容易发生烫伤。

（2）使用热水袋发生的烫伤。

（二）新生儿烫伤的防范方法

（1）沐浴时烫伤防范。给新生儿洗澡时，如果使用流动水，一定要控制好水温，在38℃～40℃为宜，先用手肘内侧感觉水不烫才可使用。如果使用洗澡盆，放水时应该先放凉水后放热水，一定不要抱着新生儿拿暖水壶，以免将其烫伤，新生儿应远离热水盆、热水壶，等调好水温后再抱其洗澡。

（2）使用热水袋时烫伤防范。新生儿应少使用热水袋取暖，因为新生儿皮肤娇嫩，温度掌握不好就可能造成烫伤。必须使用热水袋时，要用毛巾将热水袋包起来，水温在40℃～45℃。

（本节作者：李婉仪）

下编　婴幼儿照护

第九章　婴幼儿的膳食照护

第一节　婴幼儿的营养需求

一、婴幼儿所需营养

婴幼儿阶段的生长发育迅速，对于营养素的需求很大，但婴幼儿的消化吸收能力还不成熟。因此，婴幼儿阶段的喂养非常重要。

与成人一样，婴幼儿所需要的营养素有40多种，这些营养素分布在各类常见的食物中，但婴幼儿对于各种营养素所需要的量与成人不同。如果在一定的时间内摄入营养素的量和比例能够满足他们的需求，就能保证营养均衡。婴幼儿所需的营养素主要来源于核心食物，即母乳或母乳代用品。从4～6月龄开始，婴幼儿从单纯食用母乳或母乳代用品逐步向母乳以外的其他食物过渡；1周岁到满3周岁之前，则从以乳类为主食过渡到以谷类为主食，包括奶、蛋、鱼、禽、肉、蔬菜和水果的混合膳食。由于单一食物只能提供有限的营养素，所以进入幼儿期后，应注意多种食物的合理搭配。

婴幼儿所需营养素的主要功能和主要食物来源如表9－1所示。

表9－1　婴幼儿所需营养素的主要功能和主要食物来源表

营养素	主要功能	主要食物来源
蛋白质	构成人体组织，合成各种酶、激素和抗体，给人体提供能量等	奶、蛋、鱼、禽、肉和豆类
脂肪	保持人体能量，维持体温正常，保护脏器等	烹调用的植物油、动物油和肉类
碳水化合物	给人体提供能量等	水果和谷类、豆类

（续上表）

营养素	主要功能	主要食物来源
钙	构成骨骼和牙齿，维持肌肉、神经正常活动等	奶和奶制品、蔬菜、豆类
铁	构成血红蛋白	瘦肉、肝脏、动物血和强化铁的婴幼儿食品
碘	促进生长发育和大脑智力发育	海产品、蔬菜和强化碘的食品
维生素 A	维持正常的生长发育，保持皮肤、口腔及眼黏膜健康	乳汁、肝脏、蛋黄、橘黄色水果和蔬菜
维生素 C	预防贫血，增强抵抗力	新鲜水果、蔬菜
维生素 D	促进钙、磷代谢	肝脏、蛋黄

二、不同阶段婴幼儿的辅食添加

（一）4～5 月龄的婴幼儿

4 个月以后的婴幼儿，消化酶分泌功能日益完善，为补充乳类营养成分的不足，以及满足其生长发育的需要，可逐步添加辅食，锻炼其咀嚼能力，也为断奶做好准备。

添加辅食的原则为小量试喂，逐样尝试。即先加一种，从小量开始，逐渐加量，由稀到稠，由淡到浓，由细到粗，再由一种到多种，循序渐进。

1. 添加辅食的种类

（1）蛋黄。蛋黄含铁丰富，可以补充铁质，预防缺铁性贫血。可将煮老的少量蛋黄用米汤或牛奶调成糊状，喂奶前用小勺喂婴幼儿，1～2 周后可逐渐增加到半个。

（2）半流质淀粉食物。如米糊或烂粥，以促进消化酶的分泌，锻炼婴幼儿的咀嚼与吞咽能力。

（3）水果泥。将水果刮成泥喂服，可逐渐由一茶匙增至一汤匙。

（4）菜汤及鲜果汁。

2. 添加辅食的方法

（1）营造愉快的进食气氛。用亲切的态度和欢乐的情绪感染婴幼儿，使其乐于接受辅食。

（2）从一勺开始。每添加一种新食物都要从一勺开始，即用小勺挑少量食物，轻轻放在婴幼儿的舌中部，待其吞咽。可先在傍晚第一次喂奶后补给淀粉类食物，以后逐渐减少第一次喂奶的量而增加辅食的量，直到完全由辅食代替。6 个月后可用辅食代替1 ~2 次喂奶，注意循序渐进。

（二）6 月龄的婴幼儿

6 个月的婴幼儿晚餐逐渐以辅食为主。可先尝试容易消化吸收的鱼泥、菜泥、豆腐等。继续增加含铁丰富的食物的量和品种，蛋黄可由半个逐渐增加到 1 个，并适量补给动物血制食品。以后再继续增加土豆、红薯、山药等食物。

其中，鱼泥、菜泥、豆腐的制作方法如下：

（1）鱼泥。将新鲜鱼去内脏洗净，放入锅内蒸熟或加水煮熟，去净骨刺，加入调味品，挤压成泥即可。可调入米糊（奶糕）一同食用。

（2）菜泥。将新鲜蔬菜（如菠菜、青菜、油菜等）洗净，剁成碎蒸熟，搅拌成泥，菜泥中加调味品和少许素油，以急火快炒即成；胡萝卜、土豆、红薯等块状蔬菜宜用文火煮烂或蒸熟后挤压成泥状。

（3）豆腐。将煮熟的嫩豆腐搅碎，加入粥或蛋黄中喂食。

（三）7 ~9 月龄的婴幼儿

一天喂奶 3 ~4 次即可，晚餐完全由辅食代替。

1. 添加辅食的品种

（1）干、硬食物。开始让婴幼儿吃干、硬食物，如烂面、烤馒头片、饼干等，以促进牙齿的生长并锻炼咀嚼吞咽能力。

（2）杂粮。可让婴幼儿吃一些由小米、玉米面等杂粮做成的粥，杂粮中的某些营养素含量高，有利于婴幼儿健康成长。

（3）增加动物性食物的量和品种，还可增添肉丁或肝泥。

2. 主要辅食的制作方法

（1）蛋羹。将整蛋搅匀，加入温水小半杯、酱油 1 茶匙、盐少许，待锅内水开后上锅蒸 8 ~10 分钟即成。应在正餐中喂，不要在两餐之间喂食。

（2）肉丁或肝泥。将煮熟的瘦肉或动物肝放在干净的砧板上剁成丁，加调料和少许水，蒸成肉饼或肝糕，直接喂食或放在粥、烂面条中喂食。

（3）红枣小米粥或玉米面粥。将红枣洗净，煮烂，去皮去核，压成枣泥，放在煮好的小米粥或玉米面粥中再煮沸即成。

（四）10～12月龄的婴幼儿

10～12个月的婴幼儿，一天喂奶2～3次即可，但一天奶量不宜少于600mL。每天早晚各喂奶一次，中餐、晚餐吃饭和菜，并在早餐中逐步添加辅食，上午、下午可供给适量水果或饼干等，下午可酌情加喂一次奶。

这个阶段的婴幼儿，所吃食物的形态由稀粥过渡到稠粥、软饭，由烂面条过渡到挂面、面包、馒头，由肉丁过渡到碎肉。

（五）1～3岁的婴幼儿

婴幼儿的胃容量小，1岁半以前，以每日3餐加2次点心为宜，点心时间可安排在下午和夜间；1岁半以后，以每日3餐加1次点心为宜，点心时间安排在下午。点心不要吃得过多，距午餐时间不要太近，更不能随便给婴幼儿吃点心或零食，否则影响婴幼儿对正餐的食欲和进食量，久而久之，会造成营养失调或营养不良。

除主食外，牛奶仍为婴幼儿最基本的食物，每日要保证摄入250mL。豆浆营养价值与牛奶相近，且价格便宜，可与牛奶轮换食用。

主食不要过精，宜粗细搭配，经常给婴幼儿吃点粗粮，以免出现维生素B_1缺乏症，每餐最好多种谷类混合吃，可提高营养价值。

水果和蔬菜能给婴幼儿提供大量的维生素C和矿物质，是婴幼儿不可缺少的食物。婴幼儿每天蔬菜总用量的一半应为橙、绿色蔬菜，常见的橙、绿色蔬菜有胡萝卜、柿子椒、油菜、芹菜、菠菜、青叶小白菜等。

肉类、豆类和谷类，主要供给婴幼儿蛋白质，优质蛋白要占总蛋白的1/2左右。

婴幼儿对食物的适应力较差，因此不要给婴幼儿吃辛辣刺激、过硬过油、过甜腻的食物，少吃凉拌菜和咸菜。忌突然变换食物种类，否则易引起呕吐、消化不良、腹泻等现象。

食物要软、碎，以适应婴幼儿的消化能力；烹调上讲究色、香、味、形，以引起婴幼儿的食欲。烹调时可采用不同颜色的食物搭配，及同一种食物采用不同的烹调方法，避免食物的单一化，加强婴幼儿的食欲，如土豆丝+青椒丝+胡萝卜丝、鸡蛋+黄瓜丁、豆腐+西红柿、虾仁+黄瓜丁+胡萝卜丁等搭配方式。鱼可制成氽鱼丸、红烧鱼、清蒸鱼、炖鱼汤，鸡蛋可制成炒蛋、荷包蛋、蛋汤等。

（本节作者：叶巧章、严星、谢绮雯）

第二节　婴幼儿膳食器具的清洁和消毒

一、清洁、消毒的概念

（一）清洁

指消除物品表面或手上的一切污物。在日常生活中频繁进行，如擦洗家具、洗手等。

（二）消毒

指清除或杀灭外界环境中除细菌性芽孢以外的各种病原微生物，达到无害化的处理过程。日常生活中也有较多应用，如给玩具消毒。

二、清洁、消毒工作的重要性

婴幼儿抵抗疾病的能力弱，适应外界环境的能力较差，容易感染各种疾病。因此，保持婴幼儿膳食器具的清洁，做好消毒工作，是保护婴幼儿免受感染的有效措施，能够促进其健康成长。

三、婴幼儿膳食器具的消毒方法

（一）用煮沸消毒法消毒奶具

（1）用物准备。洗洁精、奶瓶、奶嘴、消毒锅、电磁炉、奶瓶刷（见图9－1）、奶瓶夹、计时器、消毒盛器。

（2）操作者准备。脱去外衣，洗净双手。

（3）消毒步骤。

①用洗洁精和奶瓶刷从里到外清洗奶瓶，用流动的自来水冲净，不留奶渍（见图9－2）。

②将奶嘴内侧刷洗干净，不留奶渍（见图9－3）。

③把洗净的奶瓶放入装满冷水的消毒锅中，水没过奶瓶。

④将锅放在电磁炉上，待水开后用计时器计时，至少再煮10分钟。如果中途添加其他消毒物品，要在煮沸后重新计时（见图9－4）。

⑤用奶瓶夹取出奶瓶，装置好奶嘴，放置在消毒盛器中备用（见图9－5、图9－6）。

应注意橡皮奶嘴不耐煮，可以在取出煮沸物前5分钟时放入，煮沸5分钟即可。

图9－1　奶瓶刷

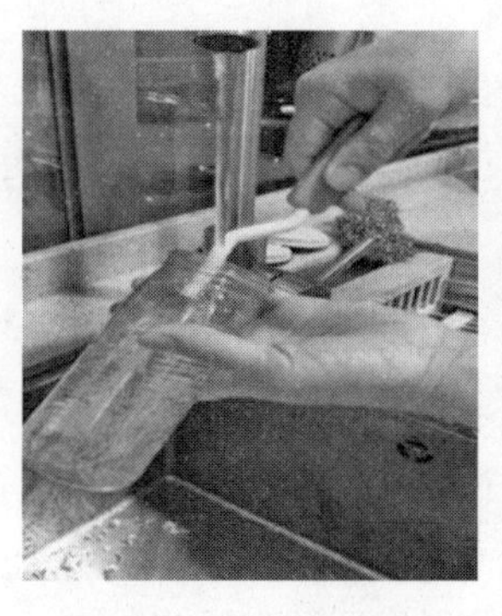

图9－2　清洗奶瓶

图9－3　清洗奶嘴

图9－4　煮沸消毒

图9－5　夹起待干

图9－6　储存奶瓶

（二）用煮沸消毒法消毒餐具

（1）用物准备。洗洁精、百洁布、碗、杯子、汤匙、消毒锅、电磁炉、长柄夹、计时器、消毒盛器。

（2）操作者准备。脱去外衣，洗净双手。

（3）消毒步骤。

①先洗碗，顺序为碗内、碗口、碗外、碗底。

②再洗杯子，顺序为杯内、杯口、杯外、杯柄、杯底。

③最后洗汤匙，顺序为匙内、匙底、匙柄。

④煮沸消毒。碗、杯子、汤匙放入消毒锅中加水浸没，加盖，将锅放在电磁炉上煮，水开后再煮10分钟，可用计时器计时。

⑤消毒后放置。用长柄钳取出碗、杯子、汤匙，置入消毒盛器中备用。

（本节作者：叶巧章、孙妙艳）

第三节　蛋黄泥的制作

一、蛋黄泥的制作要求

（1）制作蛋黄泥前必须去掉蛋白。这是因为蛋白中的蛋白质容易引起过敏反应，婴幼儿至少要1岁以后才可以食用蛋白。

（2）6个月的婴幼儿添加蛋黄应逐步加量，如果婴幼儿消化得很好，大便正常，无过敏现象，可尝试喂整个蛋黄。

（3）选择鲜蛋做原料，煮时要凉水下锅，这样不易煮坏。煮好后立刻用凉水浸泡一下，容易去壳。

（4）没煮熟的流质蛋黄不适合婴幼儿食用。最合适做蛋黄泥的蛋黄应该是干燥且呈粉末状的，颜色嫩黄。

（5）煮鸡蛋的时间大约5分钟，具体需根据火候条件和经验来决定。当蛋黄的外层出现一圈黑色时，说明鸡蛋煮老了，煮老的鸡蛋虽然没有细菌，但是把蛋黄中的铁元素煮出来了，也不适合给婴幼儿吃。

（6）以蛋黄泥作为辅食的时候，不要加糖、味精等调味料，也不能为了好看而加入葱、蒜等。吃完蛋黄后，不要马上给婴幼儿吃富含果酸的水果。

二、制作蛋黄泥的方法

（1）材料准备。鲜鸡蛋1个、蒸蛋器或电蒸锅1个。

（2）制作方法。将鸡蛋清洗干净煮熟，取出蛋黄，压碎即可。也可将蛋黄泥用牛奶、米汤、菜汤等调成糊状食用。

（本节作者：叶巧章、黎淑贞）

第四节　苹果泥的制作

苹果泥含有丰富的矿物质和多种维生素，婴幼儿常吃苹果泥，可预防佝偻病。苹果泥具有健脾胃、补气血的功效，对婴幼儿的缺铁性贫血有较好的防治作用，对脾虚、消化不良的婴幼儿也较为适宜。同时，常食苹果泥还可使皮肤细嫩红润。苹果泥具有易消化、美味可口等优点，适于4～6

月龄的婴幼儿食用。另外，苹果中的果胶有助于治疗轻度腹泻，因此苹果泥具有通便、止泻的双重功效。

一、苹果泥的制作要求

（1）原料选择。选用新鲜、熟度合适、含果胶多、肉质致密、坚韧、香味浓的苹果。

（2）原料处理。将选好的苹果用清水充分冲洗，沥净水后去皮，果皮的厚度应在1.2mm以内。用水果刀将其纵切对半，果形大者可切为四块。再挖净果心、果柄和花萼，消除残留果皮。

（3）蒸苹果。时间应为20～30分钟，时间过长会导致苹果的营养素流失。

（4）质量要求。苹果泥呈红褐色或琥珀色，色泽均匀，具有苹果泥应有的风味，无焦煳味以及其他异味。

二、制作苹果泥的方法

（1）材料准备。苹果1个、水果刀1把、碗1个、料理机1台、蒸锅1个，凉开水、纯净水适量。

（2）制作方法。

①将洗净去皮的苹果刮成泥状。

②将洗净去皮的苹果切成黄豆大小的碎丁，加入适量凉开水，上笼蒸20～30分钟，待凉后打泥即可。

③将洗净去皮的苹果放入料理机中，加入适量的纯净水启动搅拌，搅拌成泥后取出即可。

（3）注意事项。

①苹果数量根据需求而定。

②苹果泥的浓度可以通过加水的量来控制。

（本节作者：叶巧章、黎淑贞）

第五节　米糊的制作

米糊是婴幼儿早餐的主要食物之一，营养丰富，易于消化，含有较多的蛋白质，具有养阴、润燥等保健作用。米糊谷物味道浓厚，易促进食欲，可用来喂养断奶后的婴幼儿，婴幼儿也更容易接受。

米糊含有大量的烟酸，维生素 B_1、B_2和无机盐，以及碳水化合物和脂肪等营养物质，有益健康。同时能迅速为身体提供能量，可成为婴幼儿开始过渡到吃米饭和面条的第一步。米糊与各种谷物混合后，具有更高的营养价值和更多的保健功能。

一、米糊的制作要求

米糊制作方便，但也容易出现夹生的情况，婴幼儿食用后会引起胃部不适。因此，制作米糊可选用研磨机、料理机或搅拌机。

二、制作米糊的方法

（1）材料准备。大米 50g、研磨机或料理机或搅拌机 1 台、小锅 1 个、网筛 1 个、小碗 1 个、纯净水适量。

（2）制作步骤方法。

①取大米浸泡 30 ~ 60 分钟。

②放进研磨机或料理机或搅拌机，加入适量纯净水。

③将大米搅拌成细腻的米浆。

④用网筛把米浆过滤。

⑤将米浆倒进小锅里边煮边搅拌，煮至浓稠即可。

（3）注意事项。

①挑选大米。好的大米应该是颗粒饱满、质地坚硬、色泽清白的，这样制作出来的米糊更香甜。

②如果需要添加虾泥、菜泥等，应在米糊快要煮好的时候加入。

③米糊煮好后，可以按照婴幼儿月龄的需求，混入奶粉、水或调好的蛋黄泥等。

（本节作者：叶巧章、黎淑贞）

第六节　蛋黄羹的制作

蛋黄羹营养丰富，具有健脑益智、促进生长发育、宁心安神、增强免疫力等功能，其主要原料为鸡蛋黄。婴幼儿食用可增强记忆力，预防佝偻病和缺铁性贫血。坚持食用蛋黄羹，对婴幼儿的生长发育有着非常大的帮助。蛋黄羹制作简单，容易掌握，是婴幼儿最爱的辅食之一。

一、蛋黄羹的制作要求

（1）选择鲜蛋做原料，必须去掉蛋白。

（2）宜采用隔水蒸的方法，小火蒸约10分钟。

二、制作蛋黄羹的方法

（1）材料准备。鲜鸡蛋1个、小锅1个、饮用水30mL。

（2）制作方法。

①把蛋清、蛋黄分开，取蛋黄部分。

②加入30mL饮用水，将蛋黄搅拌均匀、细腻，没有小泡沫。

③在小锅里隔水蒸约10分钟。

（3）注意事项。

①想要蛋黄羹嫩滑些，可以多加5mL水。

②不要放盐或糖。

③注意要用小火蒸，控制时间，否则蛋黄容易蒸老，导致营养流失。

（本节作者：叶巧章、黎淑贞）

第七节　肉末菜粥的制作

肉末菜粥的主要材料为大米、猪肉和青菜，属于家常菜粥，适合婴幼儿食用。肉末菜粥中的大米具有很高的营养价值，是补充营养素的基础食物，可提供丰富的B族维生素，有补中益气、健脾养胃以及止烦、止渴、止泻的功效。猪肉含有丰富的优质蛋白质和人体所需的脂肪酸，并提供血红素和促进铁吸收的半胱氨酸，能改善缺铁性贫血。青菜中含有丰富的钙、铁、维生素C及胡萝卜素，是人体黏膜及上皮组织维持生长的重要营养来源，另外青菜还具有促血液循环、解毒消肿、宽肠通便等功效。

肉末菜粥含有碳水化合物、动植物蛋白质、脂肪及多种维生素，易于婴幼儿消化。且肉末菜粥制作简单，易于掌握，婴幼儿也喜食用。

制作肉末菜粥的方法如下：

（1）材料准备。猪肉20g、青菜叶20g、大米30g、小锅1个、饮用水500mL。

（2）制作方法。

①将大米淘洗干净，放小锅里加500mL饮用水。

②将青菜叶切碎，猪肉剁成肉末。

③用旺火将大米煮熟后将肉末、青菜碎放入锅内，一起煮成粥。

④肉末菜粥煮至黏稠为宜，可根据婴幼儿的情况决定是否放少许植物油及食用盐调味。

（3）注意事项。

①选择新鲜猪肉及青菜叶。

②大米浸泡30分钟后熬煮，口感更佳。

③最好使用婴幼儿专用的炖锅煮粥，时间需要1~2个小时。

④粥中不要放碱，以免降低营养价值。

（本节作者：叶巧章、陈巧媚）

第八节　鱼蓉软饭的制作

鱼的蛋白质属于优质蛋白质，且含量为猪肉的两倍，人体吸收率高，87%~98%都会被人体吸收。鱼中富含丰富的硫胺素、核黄素、烟酸、维生素D和一定量的钙、磷、铁等矿物质。鱼肉中的脂肪酸被证实有降糖、护心和防癌的作用。鱼肉中的维生素D、钙、磷等能有效地预防骨质疏松症。DHA是促进大脑发育的关键元素，也可以通过吃鱼摄取。

给月龄较小的婴幼儿添加辅食时，可以把鱼肉剁成鱼蓉，煮到软饭或粥里。鱼蓉软饭制作简单，是婴幼儿必备的辅食之一。

鱼蓉软饭的制作要求如下：

（1）选择新鲜鱼肉。

（2）宜选用鳕鱼或鲈鱼，肉滑刺少。

（3）宜用搅拌机搅拌。

（4）制作软饭前，大米应浸泡30分钟以上。

（5）可适当添加少许植物油及食用盐调味。

（本节作者：叶巧章、陈巧媚）

第十章 婴幼儿生活照护

第一节 婴幼儿生活自理能力的训练

一、婴幼儿生活自理能力训练的内容

（一）婴幼儿进食训练

1. 自己进食

婴幼儿用双手操作，尝试自己进食是一种探索行为，是在学习自立，家长应给予充分支持。家长应准备与婴幼儿年龄相适应的吃饭用具，如小勺。婴幼儿自己进食可锻炼其手眼协调能力及精细动作，同时从心理发育方面来说，可培养婴幼儿的自信心，防止偷懒和依赖他人。从添加辅食开始，要注意给婴幼儿提供自己进食的机会，并鼓励婴幼儿自己进食，注意应给予其口头鼓励和示范，而不是口头或行为上的强迫。

2. 定时进餐

安排好婴幼儿一天的生活，养成定时进餐的习惯，培养健康的生活节奏。固定时间进餐，可使婴幼儿消化液分泌形成规律，从而对婴幼儿发出饥饿的信号，使其容易产生饥饿感，同时密切观察婴幼儿进食的表现。

3. 固定进餐时间和位置

良好的膳食习惯需要从小培养。让婴幼儿在固定的时间及固定的位置进餐，专心吃饭，减少分心。进食时细嚼慢咽，不看电视，不到处乱跑，不吃零食。每餐时间一般在 20 ~ 30 分钟，父母不要强迫婴幼儿进食，不用食物作为奖惩。

4. 培养良好的进食习惯

餐前要有准备阶段，如和家长一起收拾好玩具、洗手、摆碗筷等；让婴幼儿坐在桌前等待 2 ~ 3 分钟，可以说“等爸爸来一起吃”，这种短暂等待可帮助婴幼儿提升控制自身欲求的能力，并提高对食物的期待感，最终

享受到全家共同进餐的快乐。还可教婴幼儿用餐后说“谢谢”。

5. 学习餐桌礼仪

学习餐桌礼仪，尊重食物、尊重他人，学会与人交往，能促进婴幼儿智力和心理的发展。让婴幼儿学会分享，当他（她）给家长东西吃时，家长应吃掉并且表示感谢，让婴幼儿体会到分享是一种快乐。从小教婴幼儿学会如何表达感谢，使其养成懂礼貌、会等待、知分享、守规矩的好习惯十分重要。

（二）婴幼儿睡眠训练

1. 睡眠环境

保持较安静的环境是一个好的睡眠的必要条件，尽量避免噪声，单调的声音和慢节拍的声音有助于婴幼儿入睡。理想的卧室温度一般是22℃～26℃，相对湿度为60%～70%，配合合适的光亮度。夜间一般在光线较暗的环境中较容易入睡，避免婴幼儿在明亮的环境下睡眠。

2. 睡眠着装

婴幼儿睡衣需舒适、吸汗性好。不宜穿太多和太紧的衣服睡觉，包裹太紧会引起婴幼儿不适，容易出汗且不利于血液循环和身体发育。

3. 睡眠喂养

对于6个月以内的婴幼儿，母乳是首选的喂养方式。随着婴幼儿年龄增长，母亲应逐渐将喂奶与睡眠分开，至少在婴幼儿睡前1小时喂奶，避免因频繁喂奶、排尿而干扰母婴的睡眠。婴幼儿满6个月以后，辅食逐渐代替母乳，摄入食物的成分和饮食结构都可能对其睡眠产生一定影响，家长需注意观察和调整。

4. 规律作息

3～5月龄的婴幼儿，睡眠趋于规律，宜固定就寝时间，一般在晚上9点前。白天至少要保持3个小时的清醒时间，晚上入睡前应保持4个小时的清醒时间。如果睡觉时间结束，要及时将孩子唤醒，即使是节假日也应遵守固定的睡觉和起床时间，以保持正常的睡眠节律。

5. 睡前活动

合理规律的睡前活动有助于婴幼儿的睡眠，帮助其顺利完成整个夜间的连续睡眠。建议安排3～4项睡前活动，如洗澡、按摩、喂奶、听音乐，2～3岁的婴幼儿可安排讲故事等活动。活动内容每天基本保持一致，在固定的时间做相对固定的事情。如果孩子知道下一步要做什么，会很放松，越放松就越容易入睡。

6. 入睡方式

培养婴幼儿独自入睡的能力，在婴幼儿瞌睡但未睡着时可将其单独放置小床睡眠，不宜采用摇睡、搂睡或吃奶睡等方式，允许婴幼儿抱安慰物入睡。

7. 睡眠姿势

6 月龄之前的婴幼儿宜仰卧睡眠，不宜俯卧睡眠，直至婴幼儿可以自行变换睡眠姿势。

（三）婴幼儿使用便器及专心排便训练

对婴幼儿大、小便的训练，可以说是最基本且最重要的训练了。2 岁左右的婴幼儿已具备控制排便的能力，基本能使用便器及专心排便，但还需要对其耐心训练，才能做到有约束，并按家长的指令行事。

（四）婴幼儿生活自理能力训练的注意事项

（1）家长要有耐心。

（2）适时鼓励、赞扬婴幼儿。

（3）逐渐放手，让婴幼儿自己动手。

二、婴幼儿生活自理能力训练的方法

（一）婴幼儿睡眠训练的具体操作

（1）训练前准备。

①环境准备。相对独立的空间，空气流通，光线稍暗。

②用物准备。婴儿床、睡袋或薄毯、婴幼儿安慰物。

（2）训练方法。

①入睡困难处理。大人学会辨识婴幼儿的深、浅睡眠阶段，掌握帮助婴幼儿入睡的方法。

②大人陪伴入睡。可怀抱婴幼儿，哼摇篮曲。

③婴幼儿抱着安慰物入睡。选择 2～3 个合适的安慰物，让婴幼儿抱着其入睡。

④用睡袋或薄毯包裹婴幼儿入睡。脱下婴幼儿外衣，穿上睡袋或包裹薄毯。

（二）婴幼儿使用便器及专心排便训练的具体操作

（1）训练前准备。

①环境准备。相对独立的空间。

② 用物准备。卫生纸、合适的便盆（坐式坐便器要更加安全稳固）。

（2）训练方法。

①运用婴幼儿喜欢模仿的特点，大人给婴幼儿做出示范。

②根据气候的变化和过往经验掌握婴幼儿大、小便间隔的时间，及时提醒婴幼儿如厕。

③使用合适的便盆，并将便盆放在固定位置。

④引导婴幼儿逐步学习如厕的方法。如训练婴幼儿向成人表示便意、自己脱裤子、使用卫生纸、洗手等。只要有进步，家长就应给予鼓励和表扬。

（3）注意事项。

①不要对婴幼儿反复、频繁地提出大、小便的要求。

②适度延长尿布的使用时间。

③婴幼儿便器应专人专用。

④做好便后整理工作。便器内排泄物要及时倒掉，并清洁消毒备用。

⑤2 岁以后的男孩要注意培养站立小便的习惯。

（本节作者：叶雪雯、叶婉萍）

第二节　婴幼儿日间照护

一、婴幼儿日间照护内容

根据婴幼儿各年龄阶段的特点安排好日常照护，包括生活护理，培养良好的卫生习惯，培养良好的生活习惯，为婴幼儿选择合适的服装、玩具和图书，以及安排适当的户外活动和体格锻炼等，促进婴幼儿健康成长。

（一）建立合理的生活规律

3 岁前的婴幼儿，机体内部生理节律的调节机制尚未完全形成，还不能自觉地调节自己的行为，容易兴奋且难以抑制，常常要玩到“精疲力竭”才罢休。为此，家长必须根据婴幼儿的生活特点，从小将婴幼儿的主要生活内容，在时间和顺序上予以科学合理的安排，用规律来进行被动调节，在饥、饱、醒、睡以及活动、休息、进食、排泄等方面形成节律及一定的秩序性，持之以恒，养成习惯，有利于激发婴幼儿的积极情绪，促进其生长发育。

（二）培养良好的卫生习惯

培养良好的卫生习惯包括大、小便以及饮食、盥洗等方面的卫生习惯培养，这是发展婴幼儿智力、培养良好行为及提高独立生活能力的有力措施，也是培养孩子从小热爱劳动、团结友爱等良好品德的需要。良好卫生习惯的培养应从小开始，并经过长时期的培养与教育才能养成。而坏习惯却很容易形成，一旦形成就难以纠正，为此家长必须引起重视。培养良好习惯的原则与方法如下：

1. 培养良好习惯的原则

根据婴幼儿神经、精神发育的程度，良好习惯的培养应适当提前。家长对于尝试培养的成功与否均应正确对待。尝试成功了，要给予适度表扬与鼓励，并提出新的希望和更高的要求；尝试失败了，不埋怨、不沮丧，耐心地帮助婴幼儿克服困难，再次尝试直至成功。

2. 培养良好习惯的方法

（1）结合法。通过看动画片、讲故事、学儿歌等方式进行自然渗透教育，如在教儿歌《天天午睡身体好》时，除培养婴幼儿发音、说话外，还可使婴幼儿懂得午睡的好处。

（2）示范法。婴幼儿好模仿，培养习惯时要注意直观示范，要让婴幼儿看到具体的行为标准，这样才能起到真正的示范和教导作用。

（3）反复练习法。良好习惯的养成一定是经过反复练习的。为了提高婴幼儿反复练习的兴趣，可开展一些带有竞赛性的游戏。如“看谁将玩具收得最整齐”“看谁洗手洗得最干净”等，对训练婴幼儿摆放物品、自己洗手都会有良好的效果。

（4）定位法。为了使婴幼儿养成物归原处、不随便动用他人物品的习惯，可对婴幼儿常用物品的摆放形成一定原则，并严格要求按规定的位置摆放，使婴幼儿对常用物品的位置形成固定的印象，从而养成物归原处的良好收纳习惯。

（5）督促检查法。婴幼儿的自觉性、坚持性和自制力都比较差，良好的卫生习惯不是通过一两次的教育就能形成的，因此平时对婴幼儿的督促和检查是必不可少的。这样可使婴幼儿良好的习惯得到不断强化，并逐步成为自觉行为。

（三）培养良好的生活习惯

1. 培养良好的睡眠习惯

充足的睡眠是保证婴幼儿健康成长的先决条件之一。睡眠过程中氧和能量的消耗最少，有利于婴幼儿消除疲劳，且睡眠过程中婴幼儿内分泌系统释放的生长激素比平时多 3 倍，有利于其生长发育。婴幼儿睡眠不足，不仅会导致其烦躁、易怒、食欲减退、体重减轻和生长发育缓慢；还会导致其睡眠困难，不易入睡，夜间易醒，从而造成恶性循环。婴幼儿每天需要的睡眠时间与年龄成反比，年龄愈小，所需睡眠时间愈多。但个体差异颇大，不宜做硬性规定。0～3 岁婴幼儿平均睡眠时间如表 10－1 所示。

表 10－1　0～3 岁婴幼儿平均睡眠时间一览表

年龄	睡眠时间
初生	18～20 个小时
2 个月	16～18 个小时
4 个月	14～16 个小时
9 个月	14～15 个小时
12 个月	13～14 个小时
15 个月	13 个小时
2 岁	12. 5 个小时
3 岁	12 个小时

良好的睡眠习惯是保证婴幼儿睡眠充足的前提。良好睡眠习惯的养成要尽早，婴幼儿出生后即可训练。日间除了喂奶和清洁卫生外均为婴幼儿的睡眠时间，夜间则应任其熟睡，勿因喂奶而将其唤醒。要避免形成不良的条件反射，如睡觉用摇篮或固定一个姿势或抱在手中摇晃入睡，也应避免口含奶头、咬着被子、咬着手绢入睡等不良习惯。要创造安静宜人的睡眠环境，家长应态度和蔼、动作轻柔。此外，室温适宜、空气新鲜、被褥合适也很重要。保证婴幼儿在睡前较为平静，避免过度兴奋，可让其听催眠曲，帮助其自然入睡。睡前不应阅读情节紧张的故事书，或进行剧烈的游戏活动。对睡不安稳的婴幼儿要查找原因并及时处理。

2. 培养良好的饮食习惯

为了使婴幼儿得到丰富的营养，除了注意膳食调配、烹调技术以及饮食卫生等外，良好的饮食习惯也非常重要。应培养婴幼儿按时进食的习惯，喂奶期间应按时添加辅食。4～6 月龄的婴幼儿，可用小匙喂养辅食，种类要丰富多样，避免因种类单一而造成婴幼儿偏食。2 岁左右的婴幼儿，可以逐步培养其正确使用餐具和独立进食的能力。进餐的环境要安静、舒适，要固定进餐的地点及位置；进餐前应避免过度兴奋或疲劳，不吃零食；进餐过程中要使婴幼儿心情愉快，专心进食，细嚼慢咽，不边吃边玩，不挑食，不剩饭菜；注意进餐的卫生习惯。餐后休息片刻，安排婴幼儿进行安静活动或短时间散步。对挑食和偏食的婴幼儿，要经常向他们说明各种食物的营养价值及对生长发育的好处，婴幼儿不爱吃的食物应尽量做得可口，如不愿吃蔬菜，可将蔬菜与肉混合做成包子、馄饨。对有营养而婴幼儿又不愿吃的食物，要适当强制喂食，不应一味迁就，避免造成营养不良。

3. 培养良好的清洁习惯

应养成每天洗澡的习惯，冬季也应经常给婴幼儿洗澡。每次大便后应用清水冲洗臀部。定期剪指（趾）甲，饭前便后洗手。若当日没有洗澡，睡前应洗脚，清洗臀部。2 岁开始培养婴幼儿睡前及晨起漱口刷牙，睡前勿进食，注意口腔卫生。衣服要勤换、勤洗，保持整洁。婴幼儿的盥洗用具要是专用的，毛巾要定期消毒。婴幼儿应逐渐学习自己使用流动水和肥皂洗手，知道用自己的洗漱用具，使用完毕后放在固定的位置。

4. 培养良好的大、小便习惯

2～3 月龄的婴幼儿即可培养其排尿习惯，可先减少夜间的哺喂次数，以减少夜间的排尿次数；白天在婴幼儿睡前睡后或吃奶后给其排尿，并采用一定姿势，发“嘘”声，使时间、姿势和声音联系起来，形成排尿的条件反射；9～12 月龄即可训练婴幼儿坐盆排尿，时间不要过长，每次 3 分钟左右；1 岁半训练不用尿布，开始白天不用，逐渐晚上不用，夜间按时将婴幼儿叫醒使用坐盆排尿，避免尿床。

良好的大便习惯的培养也很有讲究。平时家长要注意观察婴幼儿的表情，一般在大便前会出现面红、使劲或发呆等状态。应固定在一个时间给婴幼儿坐盆，再加上其使劲时“嗯嗯”声音的配合，可逐步摸索出婴幼儿大便的规律，养成每天按时大便的习惯，每次坐盆时间控制在 5 分钟左右。

5. 培养自我服务的习惯

生活上的自理是婴幼儿独立性发展的第一步，是保证婴幼儿日后全面发展的基础之一，因此，应重视对婴幼儿生活自理能力的培养。可从生活的一点一滴开始培养，如培养婴幼儿自己穿脱衣服、收拾玩具等。家长除了向婴幼儿提出自我服务的要求外，还应在各方面为他们创造条件，如衣服的扣子大一点，鞋子不穿系带式的，盥洗用具放在固定位置，以方便婴幼儿独立使用。

6. 培养人际交往的习惯

婴幼儿的交往能力是以他们本身的能力和情绪发展的倾向性为基础的，并以家长和环境的要求为导向发展起来。发展过程中的特点集中地表现为三个方面：一是以自我为中心，二是喜欢模仿，三是行为受情绪支配，缺乏道德认识和自控能力。为此，在培养婴幼儿人际交往习惯时，家长应做好处理人际关系的言行示范，如关心、爱护、安慰、劝导、礼貌待人等；家长一致行为的反复出现，可以引起婴幼儿的自发模仿；对于不喜欢交往、不会交往以及不敢交往的婴幼儿，家长应有意识地带领他们参与群体活动，创造条件让他们“露面”，在实践中提高他们与人交往的技能和兴趣，并在活动过程教授婴幼儿处理同伴关系的简单技能。如教导婴幼儿学习轮流和等待，使他们了解在集体生活中凡事都有先后顺序；教导婴幼儿学习交换，懂得与同伴交换才能得到同伴手中的玩具，而“抢”只能遭到同伴的反对和老师的批评；教导婴幼儿学习分享，在物质及情绪上都要学会与同伴分享。家长要及时表扬婴幼儿集体性的交往行为，指导其观察与模仿同伴的交往行为，还可以通过看图书、讲故事、观看木偶表演及组织游戏等来进行行为上的熏陶。

（四）选择合适的婴幼儿服装

婴幼儿的服装应具备用料质地优良，穿脱方便，活动不受限制，易于洗涤和式样美观大方等特点。

1. 用料

婴幼儿皮肤娇嫩，出汗较多，服装用料应具有柔软、吸汗、透气性能好和洗涤方便等特点，以浅色的纯棉布料或纯棉针织品为宜。不同季节可选择不同的用料，如春秋季选择羊毛及腈纶制品，外加涤棉的罩衣罩裤，既轻便保暖又便于换洗；夏季选择汗衫、短裤、背心，便于散热；冬季棉衣棉裤中的棉花不宜过厚，要保持松软，这样保暖性才好。另外，新生儿时期的尿布可用煮沸消毒后的浅色旧床单、旧衣服或本色的粗纱布制成，以便观察婴幼儿大、小便的颜色和洗涤是否干净等。外出及夜间可以用纸尿裤。

2. 式样

由于婴幼儿关节和骨骼发育尚不成熟，因此服装式样宜简单、宽大，便于穿脱和活动，不宜穿得过多过重。新生儿时期的穿着以斜襟式最好，无领无扣，衣缝向外，以免磨损新生儿的皮肤。冬季为了保暖可将婴幼儿包裹在包被里，但不宜包得笔直或包扎太紧，以免影响婴幼儿的自由活动及正常发育，诱发关节脱位，或引起皮肤及臀部感染。上衣的袖子应宽松，袖口勿过长，让婴幼儿的手外露，这样有利于婴幼儿手部动作的发展及智力的发育。此外，还应穿上小袜和布制或羊毛织的软鞋以保暖。婴幼儿的上衣以背面开口为好，这样穿脱较方便；裤子避免背带式，以免背带束住胸廓，影响胸廓的发育。开裆裤不卫生、不安全、不保暖，易导致婴幼儿养成随地大、小便及玩弄生殖器等不良习惯，应尽早训练穿着满裆裤，1 岁半至 2 岁即可开始。选择大衣、披风、帽子时除了美观大方外，也应考虑穿脱方便。刚学走路的婴幼儿，骨骼发育尚不成熟，脚型有胖有瘦、足背有高有低，鞋子应根据脚型及大小来选择，穿着不合适的鞋子会影响婴幼儿走路的姿势，还会造成足部关节受压不均，导致关节受损并影响足部的发育。要选择柔软透气性好的鞋面，鞋底不宜太薄太软，鞋前1/3可弯曲，鞋后2/3固定不动，后跟略高。随着婴幼儿的发育，一般以每3个月更换1次鞋子为宜。

二、婴幼儿日间照护的注意事项

遵循婴幼儿的年龄特点和生理、心理发展规律，婴幼儿日间照护应注意以下几点：

（1）初学时如遇到困难或失败，不妨降低难度，避免婴幼儿因急躁而失去兴趣。当婴幼儿有信心克服困难时，要加以鼓励。应克服由成人包办代替的做法，以避免压制婴幼儿自主活动的思想。对于婴幼儿在学习过程中“闯祸”，不要严加责怪而轻易剥夺他们自理生活的机会，应耐心指导，让婴幼儿从失败中吸取经验教训。

（2）家长通过日常生活的各个环节，对婴幼儿进行生活护理、卫生保健及教育工作，应持之以恒，勿随意变更。

（3）家长对婴幼儿要亲切和蔼、动作轻柔，教育方法要一致；个人仪表应整洁，言行要文明，成为婴幼儿的学习榜样。

（本节作者：叶雪雯、叶巧章）

第三节　婴幼儿的正确刷牙

刷牙应遵循“333”法则——每天刷3次，每次都在饭后3分钟刷，每次刷牙3分钟。这是因为饭后3分钟正是口腔齿缝中的细菌开始活动并对牙齿产生危害的时刻。如果拖到临睡前刷牙，牙齿早已遭到损害。每次刷牙3分钟，时间不多不少，最有利于保护牙齿。另外，掌握正确的刷牙方法至关重要。

一、牙刷的选择

（1）刷毛要软，刷头要小，这样才易于接触到婴幼儿的所有牙齿，包括口腔最里面的牙齿。

（2）刷面平坦，并且刷毛的顶端是呈圆体形的，这样才不会刮伤婴幼儿的牙龈。

（3）成人牙刷不适用于婴幼儿，因为刷头太大，婴幼儿用起来不舒服，刷毛也可能太硬，会磨损婴幼儿的牙齿和牙龈。

（4）选择刷柄较硬的牙刷，这样可以最大限度地锻炼婴幼儿手部肌肉的运动。

（5）竖直放置牙刷，以保持其干燥。当牙刷出现磨损如刷毛散开时，就要更换牙刷。

（6）至少每 4 个月换一次牙刷，如生病，在痊愈后一定要更换牙刷，因为旧的牙刷上可能藏有细菌。

二、婴幼儿正确刷牙的方法

（1）材料准备。牙刷、牙膏、漱口杯。

（2）操作步骤。

①先刷门牙的外侧面，把牙刷斜放在牙龈边缘的位置，以 2 ~ 3 颗牙为一组，用适中力度上下来回移动牙刷刷牙。

②刷上下牙齿的外侧时，要将横刷、竖刷结合起来，转着圈刷，即上牙画“M”形，下牙画“W”形。

③刷上下牙的内侧，重复以上动作。

④刷门牙内侧时，牙刷要直立放置，用适中的力度从牙龈刷向牙冠，下方牙齿同法。

⑤最后刷咀嚼面，把牙刷放在咀嚼面上用适中力度前后移动来刷。

三、婴幼儿刷牙的注意事项

（1）注重晚上睡前的刷牙，建议家长要观察婴幼儿刷牙的实际效果，必要时再协助其重新刷一次牙。

（2）拔牙后 24 小时内不能刷牙。

（本节作者：孙妙艳、张苏梅）

第四节　婴幼儿的大、小便照护

一、婴幼儿大、小便的基本知识

（一）正常大便的特点

婴幼儿排便的次数和性质常反映着其胃肠道的生理及病理状态，故观察婴幼儿排便状态极其重要。婴幼儿正常大便的含水量是80%，其余为黏液和食物残渣，包括一定量的中性脂肪、脂肪酸、未完全消化的蛋白质、淀粉以及以钙盐为主的矿物质。

1. 母乳喂养的婴幼儿大便的特点

未添加辅食的母乳喂养的婴幼儿大便呈黄色或金黄色，稍有酸味，但不臭，黏状，有时会呈稀薄状，微带绿色。

2. 人工喂养的婴幼儿大便的特点

由牛奶、羊奶及其他代乳品哺喂的婴幼儿的大便呈淡黄色，略干燥，质较硬，有臭味，易见酪蛋白凝块。近年来由于奶粉配方不断改善，人工喂养婴幼儿的大便稀稠度与母乳喂养婴幼儿的大便近似。

3. 混合喂养的婴幼儿大便的特点

混合喂养的婴幼儿大便的硬度较低，稍带暗褐色，臭味增加。若蔬菜、水果等辅食增多，则大便与成人的近似。初加菜泥时，会有少量绿色物质随大便排出。如果没有腹泻，则不必停止喂食菜泥，待肠胃习惯以后，排出的绿色物质就会逐渐减少。

（二）常见异常大便的识别

（1）母乳喂养及人工喂养的婴幼儿的大便，若臭味增加，考虑蛋白质过多，表示婴幼儿消化不良。

（2）大便泡沫多、有酸味，考虑碳水化合物摄入过多。

（3）大便外观为黄色，呈奶油状，考虑脂肪摄入过多。

（4）绿色大便有可能是受凉或饥饿导致的。

（5）大便呈黑色，可能是胃肠道上部出血或因服用铁剂等药物所致，要加以鉴别。

（6）大便呈果酱样则可能是肠套叠。

（7）大便中带有血丝，多由大便干燥、肛门破裂、直肠息肉等所致。

（8）若为脓血便，则考虑肠道感染或细菌性疾病。

如发现婴幼儿大便异常，需对照查找原因，及时调整饮食种类和结构。出现严重腹泻或血性大便等，应及早到医院进行检查治疗。

（三）正常小便的特点

不同年龄婴幼儿的尿量和排尿次数不同。年龄越小，按体表面积计算的尿量越大。由于婴幼儿新陈代谢特别旺盛，年龄越小，热能和水代谢越活跃，又因其膀胱小，所以排尿次数较多。

1. 尿量特点

刚出生尿量约10mL，出生后前几天，因摄入少，每天排尿仅4～5次。

随着哺乳量增多，尿量也逐渐增多。出生后1周左右，每天尿量约200mL，1～3个月为250～450mL，满2岁时为700～750mL。如果尿量少，要考虑是否由于摄入奶量或水量不足所致。

2. 排尿次数

婴幼儿的排尿次数一般是吃奶次数的3倍，1天约15次，随着月龄的增加，次数逐渐减少。1个月时约14次/天，3～6个月时约20次/天，7～12个月时约15次/天，1～2岁时约12次/天，3岁时约10次/天。

3. 尿的颜色与气味

新生儿出生后前几天的尿量都很少，呈浓黄色且因尿酸盐显得污浊。

满月后，尿量开始增多，几乎都是水分，清亮透明，无色无味。如果水分摄取得少，或天热出汗多时，会出现尿量减少、尿色发黄的现象。冬天天冷时，由于小便中草酸钙和磷酸钙的结晶含量特别多，钙盐混合随小便而排出，导致小便看上去发白，此时应多喝些水以稀释尿液，不必紧张。

（四）常见异常尿液的识别

1. 血尿

尿液呈红色，是由于尿液内含有大量血液或红细胞造成，多为血液病、肾炎、尿路结石、尿道损伤等的表现。

2. 脓尿

尿液呈污浊脓样，是由于尿液内含有大量白细胞造成，多为尿路感染的表现。

3. 乳糜尿

尿液呈乳白色，多为淋巴液溢入尿路。

二、不同阶段婴幼儿排便的特点

（一）2～5个月婴幼儿排便的特点

定时喂养可促进婴幼儿胃肠道消化吸收，有利于定时排便。2～5个月的婴幼儿一般在睡醒后或喂奶后的0.5～1小时排便。

（二）6～12个月婴幼儿排便的特点

6～12个月的婴幼儿对大便的自控意识要比对小便的自控意识形成得更早一些。因为肛门括约肌对固态的大便的控制，比尿道对液态的尿的控制要容易得多。家长若细心观察，会发现婴幼儿大、小便前的特殊动作和表情，如眼睛瞪大、定睛、脸红、用力等。

（三）1 岁以后婴幼儿排便的特点

1 岁到 1 岁半的婴幼儿逐渐有小便的意识，但大多数婴幼儿还不适应上厕所的训练。1 岁半到 2 岁时可以训练婴幼儿控制大便，很多婴幼儿要到 2 岁时才乐于接受大、小便的训练。3 岁到 3 岁半这个年龄段基本具备了大、小便自理的能力。

三、培养婴幼儿自主排大、小便的习惯

（一）控制大、小便的能力

婴幼儿控制大、小便的能力主要取决于以下三个要素：肛门和膀胱具有控制能力；对排便有自主意识；能够听懂成人的口语提示。由于每个婴幼儿的生理与心理成熟程度不同，大、小便控制能力亦具有明显差异，训练时要因人而异，不可操之过急。

（二）训练方法

使用合适的便盆，并将便盆放在固定位置。不要让婴幼儿边吃边排、边玩边排。

坐便器应安全舒适、容易清洁，款式不要太复杂，复杂的颜色、图案和音乐很容易使婴幼儿分心。常用的婴幼儿坐便器有以下三种：

一是坐式坐便器。靠背能帮助婴幼儿稳定坐下，抽取式便盒便于清洁。注意婴幼儿便后应及时清洁（见图 10－1）。

二是跨越式坐便器。便于婴幼儿把控，也避免了其随意站立走动的情况。需要注意这种坐便器要求完全脱下裤子，在冬天没有暖气的地区使用则不方便，容易着凉（见图 10－2）。

三是坐厕圈。套在成人坐厕圈上面的圈垫（见图 10－3）。

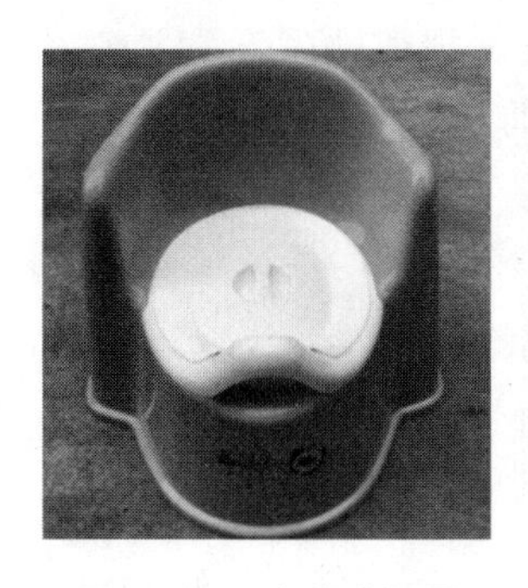

图 10－1　坐式坐便器

图 10－2　跨越式坐便器

图 10－3　坐厕圈

（1）训练前准备。

①用物准备。卫生纸、专用便器、污物桶。

②环境准备。选择一个相对独立的空间，准备合适的便盆并将便盆放在固定位置。

③操作者准备。操作者修剪指甲，清洁双手。

（2）训练步骤。

①识别婴幼儿大、小便前的动作和表情。

②把尿、把便。解开尿布或纸尿裤、抱起婴幼儿，分开其双腿，双手握住婴幼儿的两条大腿根部，并发出“嗯嗯”或“嘘嘘”的声音，以动作和声音形成条件反射，促使其排出。

若婴幼儿已能坐稳，应逐步培养其进行坐便，训练婴幼儿坐便时要专心，不要嬉戏，不要同时进食，并控制好时间，一般不超过 5 分钟。家长应多给予鼓励和表扬，不要训斥婴幼儿。

四、训练婴幼儿自主排大、小便的意义

（一）有利于婴幼儿建立健康的行为和生活方式

一个人的行为和生活方式与其健康密切相关，培养婴幼儿良好的大、小便习惯有利于建立其健康的行为和生活方式。

（二）有利于提高喂养婴幼儿的工作效率

培养婴幼儿有规律地进食、睡觉、游戏和大、小便，可以在婴幼儿的大脑内建立起一系列的条件反射。例如，每天按时吃饭、睡觉，大脑皮层可形成一个动力定型，到吃饭时消化液就开始分泌，消化道开始蠕动，进而产生食欲，有利于食物的消化和吸收。

（三）有利于婴幼儿独立个性的发展

从小对婴幼儿进行常规性训练，可使其养成有规律的生活和活动习惯，培养婴幼儿的自律能力和自我生活能力，帮助其建立自信心，有利于其独立个性的发展。

（四）有利于婴幼儿社会行为的发展

有意识地对婴幼儿进行社会行为规范训练，可帮助其建立社会认可的行为方式，为婴幼儿适应社会和集体生活奠定基础。

（本节作者：孙妙艳、张苏梅）

第五节　婴幼儿的睡眠照护

睡眠对于婴幼儿的脑部发育以及记忆的整合有重要作用。许多研究表明，婴幼儿在夜间获得更多的高质量睡眠会得到更高的认知评分。

一、婴幼儿的睡眠特点

新生儿每天的睡眠时间约为20个小时，2个月时每天睡约18个小时，4个月时每天睡约16个小时，9个月时每天睡约15个小时，1岁左右每天睡约13个小时。2~5个月白天会小睡几次，6~12个月白天固定睡2次。

二、营造良好睡眠环境的方法与注意事项

（一）营造良好睡眠环境的方法

良好的睡眠环境即安静、光线幽暗，卧室温度夏季为26℃~28℃、冬季为18℃~20℃。具体有以下几种方法：

（1）睡眠时可让婴幼儿听到父母的声音，能够增强其安全感，更容易入睡。

（2）规定房间只是用来睡觉休息的地方，不做他用。

（3）可开启小夜灯，让婴幼儿感觉到安全。

（4）可让婴幼儿携其心爱的玩具陪伴入睡。

（5）睡前洗热水澡5~10分钟，排汗助眠。

（6）睡前用润肤油或润肤乳按摩身体半小时，护肤又催眠。

（7）建立晚间睡前常规活动，让婴幼儿做好睡觉的心理准备。

（二）营造良好睡眠环境的注意事项

（1）不满6个月婴幼儿不宜使用过软的枕头，以降低窒息的风险。然而，过硬的枕头也会对婴幼儿的头颅造成压力，导致头部变形。

（2）枕头长度需与婴幼儿肩部同宽。高度按年龄选择，1~4个月的婴幼儿枕头高1~2cm，6个月以上的婴幼儿枕头高3~4cm，3岁以上的婴幼儿枕头高6~9cm。

（3）如自制枕头，面料宜选择棉布，枕芯可用荞麦壳、干茶叶、油菜籽、稗草籽等制成。

（4）避免睡眠误区，如喂奶催眠、抱着哄睡、必须要午睡等。

（5）白天尽量在光线充足的房间里睡，晚上在偏暗、宁静的房间里睡。

（6）睡前避免喝水，以免夜尿增多，影响睡眠质量。

（7）可逐步尝试让婴幼儿独睡。

（本节作者：张苏梅、黎秀娟）

第六节　婴幼儿的哭闹安抚

“哭”是婴幼儿与外界沟通的语言，他们只能用不同的哭声来表达自己的各种生理和情感需求。家长若能常与婴幼儿玩游戏，观察、了解其喜怒哀乐，并适时给予回应，就能与婴幼儿建立起亲密的互动关系。只有充分掌握婴幼儿的情绪规律，家长才能“见招拆招”。

一、婴幼儿哭闹的识别及安抚

（1）撒娇。哭声音调偏高，且哭了很久都没有眼泪，这时需要家长给婴幼儿一个温暖的拥抱，或将其放在前置式的背带里，让其紧贴着母亲。

（2）尿布潮湿。哭声较为刺耳，尖锐并夹杂低音，此时家长应看看婴幼儿尿布的情况，及时更换尿布。

（3）饥饿。哭闹声中有“M”的音节。婴幼儿哭闹有可能是饿了，母亲可以先给其喂食；若哭闹厉害，可先给予安抚，再尝试喂食，否则婴幼儿可能会拒绝进食并继续哭闹。

（4）困倦。哭声比较低沉，应及时哄睡。

（5）生病。哭声持续且反复出现，若哭声异常尖锐或声音由强变弱，家长则需要提高警觉。

（6）外界环境刺激过度。婴幼儿不能完全接受他们每天受到的外界刺激，比如光线、声音以及被人抱来抱去。如果受到太多刺激，他们难以承受，就会通过哭来表达情绪。可以尝试将其带到安静的地方，让其发泄一会儿，再尝试哄睡。

二、婴幼儿哭闹识别的步骤

（1）先查看尿布是否湿了，再确认是否为肚子饿了。

（2）如不是以上原因，再检查婴幼儿身上有无疹子、有无腹胀，或是因温度太高而导致不舒服。

（3）观察婴幼儿的表情和肢体动作，必要时测量体温，判断有无异常。

（4）若安抚超过15分钟仍哭闹不休，且食欲不好，可能是患肠胃炎或其他疾病，应尽快就医。

（本节作者：张苏梅、尹嘉雯）

第十一章　婴幼儿的教育辅导

第一节　婴幼儿的生长发育

一、婴幼儿生长发育

（一）生长发育的定义

指个体从有生命开始，受遗传、环境、学习等因素的影响，进行有序的、连续的、阶段性的、渐进性的、有方向性的、由分化到完整的生理、心理变化的过程。

（二）婴幼儿生长发育的变化和特征

1. 生理和心理变化

（1）生理方面。身高、体重、器官。

（2）心理方面。语言、记忆力、认知以及推理和社会交往能力。

2. 身体比例的变化

婴幼儿的身体比例发展有其特征，并不是一个缩小版的成人，而是不同生长阶段在比例上有明显的不同。如胎儿的头占身长的1/2，婴幼儿的头占身长的1/4，而成人的头占身长的1/8（见图11－1）。

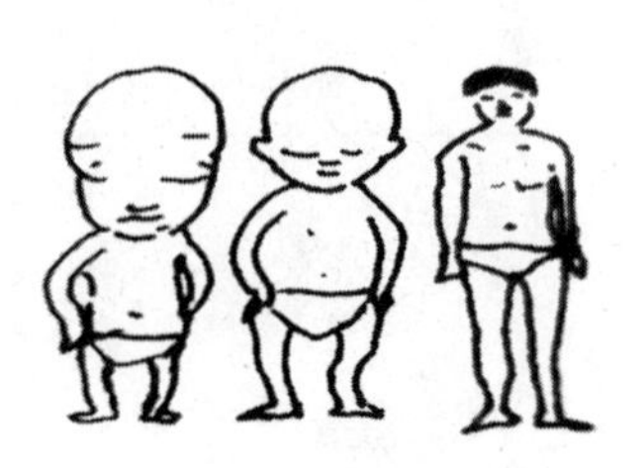

图11－1　不同生长阶段身体比例的变化

3. 旧特征消失

在个体发展的过程中，旧特征会因为成熟而消失。如乳牙脱落。

4. 新特征产生

在学习过程中，婴幼儿会逐渐产生一些新的特征，如好奇、好问及生理上出现恒齿等。

（三）婴幼儿生长发育的任务

在成长的过程中，需要在社会环境中有不同的表现行为，在不同的发展阶段寻找合适的角色，为实现这个过程，就要完成如下的发展任务。

1. 学会走路

（1）站立动作。

①2～3个月时，当扶婴幼儿至立位，髋、膝关节弯曲（见图11－2）。

②6个月扶站时，两下肢可支撑其体重（见图11－3）。

③7个月扶站时，膝盖能弯曲，并进行蹦跳（见图11－4）；

④9个月时可扶墙站（见图11－5）。

（2）行走动作。

①11个月时，能作蟹行，此时能扶着小凳子向前走（见图11－6）。

②13个月时，能独走，肩部外展，肘弯曲，但两下肢分开，基底很宽，每步的距离、大小、方向都不一致（见图11－7）。

③15个月时，可自己站起来，并站得很稳，但绕物转弯时还不灵活，行走时不能突然止步；可自己上下楼梯，但每级台阶需先后用两只脚去踏（见图11－8），能拾起地上的东西且不会跌倒。

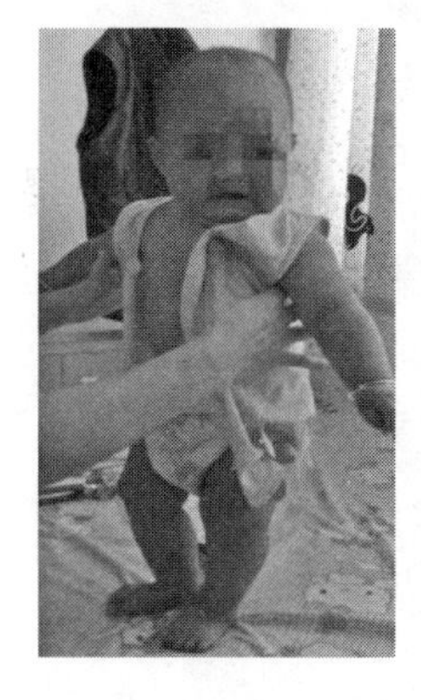

图11－2　扶至立位

图11－3　两下肢可支撑体重

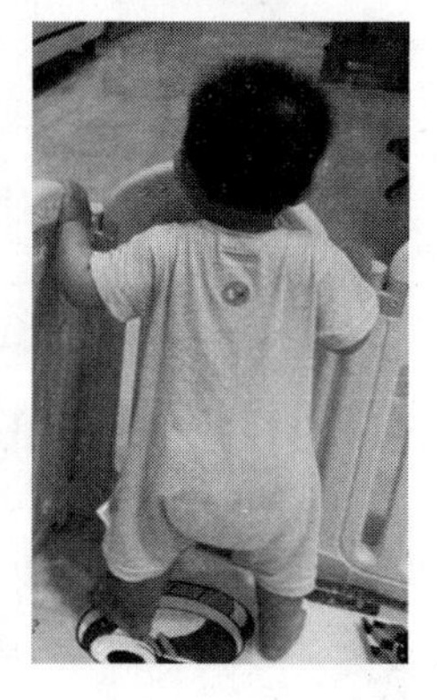

图11－4　弯曲膝盖，进行蹦跳

图 11－5　扶墙站

图 11－6　扶凳蟹行

图 11－7　独走

图 11－8　爬楼梯

（3）婴幼儿学习走路的五个阶段。

第一阶段：可利用学步车帮助婴幼儿克服走路的恐惧感，使其愿意学习行走。

第二阶段：教导婴幼儿蹲站的方式，可将玩具丢在地上，让婴幼儿自行捡起。

第三阶段：教导婴幼儿短距离行走，父母可以各自站在两头，让婴幼儿慢慢从父亲一头走向母亲一头。

第四阶段：教导婴幼儿爬楼梯，如家中没有楼梯，可利用家中的小椅子，让婴幼儿一上一下、一下一上地练习。

第五阶段：教导婴幼儿走斜坡，可利用木板放置成一边高、一边低的斜坡，但倾斜度不要太大，让婴幼儿从高处走向低处，或由低处走向高处，此时家长要在一旁牵扶，以防婴幼儿跌落。

2. 学会以不同的方式获得食物

4～6 月龄学习从勺中取食；7～9 月龄学习用杯喝水；10～12 月龄学习用手抓食。

3. 学会说话

（1）听音与发音的发展。

言语是人类特有的机能活动，是引导人认识世界的基本手段之一，它不是生来就有，而是后天习得的。0～3 岁是言语发展的早期阶段，又可分为两个时期：

第一个时期：0～1 岁为言语的发生期，包括咿呀学语、开始听懂别人说的话和自己说的话三个阶段。

第二个时期：2～3 岁为言语的初步发展期，包括词汇的积累、句式的掌握和口语表达能力提高等阶段。

（2）教导婴幼儿学习说话的方法。

方法一：抓住婴幼儿跟大人说话的机会。在婴幼儿咿呀学语的时候是教授婴幼儿准确发音的最好时机，一定要重视与婴幼儿的对话，避免以后婴幼儿发音出现模糊。

方法二：通过婴幼儿喜欢的玩具来教婴幼儿发音。婴幼儿有很多玩具，而且非常喜欢玩，可让婴幼儿通过玩玩具来认识这些玩具，从而让婴幼儿自己说出玩具的名称，达到学习发音的目的。

方法三：带婴幼儿出去玩也是一个学习发音的好机会。看到婴幼儿觉得好奇的东西，就可以向婴幼儿介绍，强调几遍就可以让婴幼儿试着复述出来。

方法四：睡觉前给婴幼儿讲故事，让婴幼儿看着绘本试着发音。可以让婴幼儿指出喜欢的事物，然后慢慢说出来。

方法五：婴幼儿吃东西时也是一个学习发音很好的时机。尽量让婴幼儿自己说出来喜欢吃的东西的名称，这样婴幼儿就会更主动地学习拼读了。

4. 学会控制排泄

（1）0～1 个月的婴幼儿，尿布若是湿了要及时换，大便后要及时清洗臀部。

（2）2～5 个月的婴幼儿要按需喂养，不仅有利于胃肠工作，还能够自然形成定时解大便的习惯。

（3）6～8个月的婴幼儿要在地方固定的便盆中进行大、小便。

（4）6个月以后的婴幼儿，能够通过脸色及动作变化来表达自己大、小便的需求，也可以开始练习坐便盆。每次时间不宜过长，并要求婴幼儿坐便盆时不要吃东西或玩耍。

（5）10～12个月的婴幼儿，在成人的提醒下知道是否需要解大、小便，坐便盆时要求不摸地、不脱鞋，集中精力排便。

（6）婴幼儿1岁半前开始有控制能力，如果玩得高兴可能会忘记排便，要坚持在固定的时间提醒婴幼儿排便。

（7）1岁半～2岁的婴幼儿可以培养其主动坐便盆的习惯。

（8）2岁以后的婴幼儿，可在成人的指导下，学会主动坐便盆。可根据婴幼儿大、小便的规律进行，如夜里定时把尿，把尿时要让其处于清醒状态，逐步培养其想尿自己会醒的习惯。如果在婴幼儿还在睡梦中的时候把尿，容易造成人为的不良小便习惯。

（9）3岁的婴幼儿会自己脱下裤子坐在便盆里大、小便，并练习自己擦屁股，应满足和鼓励其做这些事情。如果没有擦干净，可以由成人帮助再擦。

5. 学会认识自身性别和器官

性别认同的关键期也是形成性别社会规范行为的重要时期。

性别认同一般出现在1岁6个月至2岁之间，一些婴幼儿在2岁左右已经能正确分辨出照片上人的性别，但仍然不能确定自己的性别。到了3岁左右，多数婴幼儿可以说出自己是男孩还是女孩，但无法明白性别是不变的这个道理。3岁以后直至学龄前，婴幼儿便慢慢地对性别产生了明确的概念，可以明白自身性别以及他人的性别是不变的。

婴幼儿在出生的时候就是有性别的，但是他们的行为是不受性别意识支配的，当婴幼儿开始探索周围环境时，他们自己的身体是被包括在这种探索中的，这种探索是健康的，家长千万不要认为婴幼儿这种行为存在道德问题。婴幼儿通过对自己身体器官的探索以及和别人的交往，逐渐建立自我意识和对性别的理解。

6. 学会与人交往和控制情绪

（1）婴幼儿的人际交往。

人际交往关系是一个发生、发展和变化的过程。首先发生的是亲子关系，其次是玩伴关系，再次是逐渐发展起来的群体关系。0～3岁的婴幼儿主要发生的是前两种交往关系：

①0～1岁主要建立的是亲子关系，即婴幼儿与父母的交往关系。父母

是婴幼儿最亲近的人，也是接触最多的人。在关怀、照顾的过程中，父母与婴幼儿有充分的体肤接触、感情展示、行为表现和语言交流，这些都会对婴幼儿的成长产生深刻的影响。

②1 岁以后的婴幼儿，随着动作能力、言语能力的发展，以及活动范围的扩大，开始表现出强烈的寻求玩伴的愿望，于是出现玩伴关系。玩伴关系在人一生的发展中起着至关重要的作用。它不排斥亲子关系，也不能由亲子关系代替。一个人没有玩伴或朋友，就不会有健康的心理。3 岁前建立的玩伴关系，常常是一对一的，要建立群体的玩伴关系还有一定的困难。

（2）婴幼儿的情绪特点。

①0～3 岁的婴幼儿的情绪，对其生存与发展起着至关重要的作用。良好的情绪和情感体验会激发婴幼儿积极探索的欲望与行动，寻求更多的刺激，获得更多的经验。情绪和情感直接影响婴幼儿的行为，对婴幼儿的认知活动起着激发和推动的作用。

②4～5 个月的婴幼儿，新鲜的东西可能更能引起其注意。

③6～7 个月的婴幼儿，表现认生情绪，并产生了与亲人相互依恋的情绪，这种情绪在 13～15 个月的婴幼儿身上表现最强烈，1 岁半以后逐渐减弱。

④1 岁多的婴幼儿即可表现出对人和对物的关系的体验，如有同情心等。

⑤2 岁左右的婴幼儿已有快乐、喜爱、害怕、厌恶、苦恼甚至妒忌等情绪的表现。

婴幼儿的情绪反应，大多因他们基本的需要是否获得满足而产生，并且婴幼儿的情绪反应非常不稳定，转瞬即逝。但这些短暂的情绪，正是培养和发展丰富、高级情绪的基本条件。婴幼儿以后个性和身心健康的形成，即是在这些情绪的基础上逐渐发展起来的。

7. 学会判断是非

婴幼儿在 3 岁以前判断是非是很困难的，因为这个阶段的婴幼儿心理发育水平有限，还不能理解和判断事物的是非。3 岁以后判断事物是非的标准，是以家中大人对各种事物的态度、情绪、情感来作为自己判定的参照物的。随着婴幼儿认知水平的提高，社会经验的丰富以及思维水平的提高，会逐渐形成自己判断是非的标准。

8. 形成个体与社会的简单概念

（1）培养婴幼儿的生活自理能力。如良好的睡眠习惯、饮食习惯、清洁卫生习惯及良好的大、小便习惯。

（2）培养婴幼儿的社会交往能力。如与他人建立密切关系，训练与成人合作游戏，鼓励与同伴交往，提高沟通能力。

（四）婴幼儿生长发育的规律

（1）婴幼儿的生长发育有连续性和阶段性的特点，年龄越小生长发育得越快。出生后 6 个月内生长发育得很快，尤其是出生后 3 个月内。

（2）各系统器官发育不平衡。如神经系统发育先快后慢，生殖系统发育先慢后快。

（3）生长发育一般遵循由上到下，由近到远，由粗到细，由低级到高级，由简单到复杂的规律。比如：运动是先抬头，后挺胸，再会坐、站和走；先抬臂和伸臂，后控制双手的活动；先控制腿，再控制脚的活动等。

（4）婴幼儿的生长发育在一定范围内受先天和后天因素的影响而存在差异。因此婴幼儿的生长发育是否正常应考虑各种因素对个体的影响。

（五）婴幼儿体格发育的规律

1. 体重

体重是衡量婴幼儿体格生长的重要指标，也是反映婴幼儿营养状况最易获得的灵敏指标。婴幼儿在不同的年龄段生长速度不同，年龄越小，增长越快。婴幼儿出生后，体重在最初 6 个月增长最快，尤其是头 3 个月；后 6 个月起增长速度逐渐减慢，此后稳步增长。出生后头 3 个月每月体重增长 700～800g，4～6 个月时每月增长 500～600g，后半年每月增长 300～400g。出生后第二年全年增加 2 500g 左右。2 岁后到 12 岁前每年稳步增长约 2 000g。

2. 身高（身长）

身高受种族、遗传和环境影响较体重明显。短期营养状况对身高影响不显著，但身高与长期营养状况关系密切。若婴幼儿出生时身长为 50cm，前半年平均每月增长 2.5cm，后半年平均每月增长 1～1.5cm，全年共增长约 25cm。第二年增长速度明显减慢，平均年增长 10cm，以后每年递增 5～7.5cm。1 岁时身高约 75cm，2 岁时身高约 85cm。

3. 坐高

坐高代表头加脊柱的长度。婴幼儿出生后第一年头生长得最快，躯干次之，学龄以后身高增长主要来自下肢的增长。软骨发育不全及克汀病患儿肢体短，坐高占身高的百分比大于同年龄婴幼儿的正常值。

4. 头围

头围大小与脑的发育有关。神经系统，特别是人脑的发育在人出生后头两年最快，5 岁儿童脑袋的大小和重量已接近成人水平。头围也有相应改变，人出生时的头围平均 34cm，1 岁以内增长较快，6 个月时约 44cm，1 岁时约 46cm，2 岁时约 48cm，到 5 岁时为 50cm 左右，15 岁时53 ~ 58cm，与成人相近，头围测量方法如图 11 -9 所示。

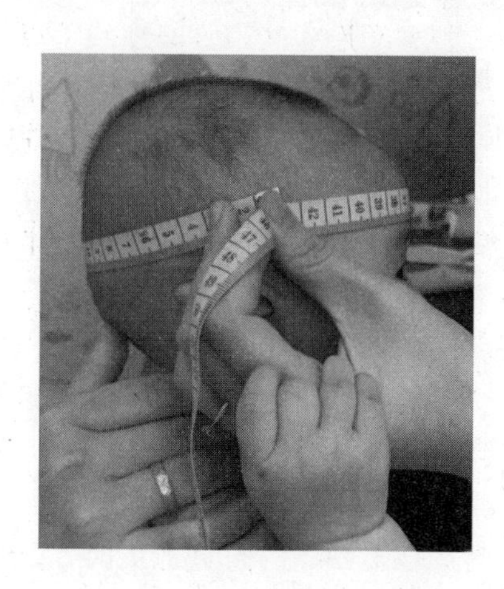

图 11 -9　头围测量方法

5. 胸围

胸围反映了胸廓与肺的发育情况。人出生时胸围比头围小 1 ~2cm，一般在 1 岁后胸围赶上头围。营养状况差、患佝偻病的婴幼儿胸围超过头围的年龄可推迟到 1 岁半以后。

6. 前囟

前囟为额骨和顶骨形成的菱形间隙，前囟对边中点连线长度在出生时为 1. 5 ~2cm，前囟随颅骨发育而增大，6 个月后逐渐骨化而变小，多数在 1 ~1. 5 岁时闭合。前囟早闭合常见于小头畸形，晚闭合多见于佝偻病、脑积水或克汀病。前囟是个小窗口，它能直接反映许多疾病的早期体征，前囟饱满常见于各种原因所致的颅内压升高，是婴幼儿脑膜炎的重要体征，囟门凹陷则多见于脱水。

7. 脊柱

新生儿的脊柱仅轻微后凸，3 个月的新生儿抬头时出现颈椎前凸，此为脊柱第一弯曲；6 个月后能坐，出现第二弯曲，即胸部的脊柱后凸；到 1 岁开始行走后出现第三个弯曲，即腰部的脊柱前凸；至 6 ~7 岁被韧带所固定形成生理弯曲，对保持身体平衡有利。坐、立、行姿势不正及骨骼病变可引起脊柱发育异常。

8. 牙齿

乳牙开始萌发的时间，早的在出生 4 个月时，晚的在出生 10 ~ 12 个月时，个体差异大。全副乳牙在 2 岁半时长齐。

二、婴幼儿身高体重的测量方法

（一）身高（身长）测量

1. 测量前准备

2 岁及以下婴幼儿测量身长，2 岁以上婴幼儿则测量身高。测量前应脱去外衣、鞋、袜、帽。

2. 测量方法

（1）测量身长时，婴幼儿仰卧于测量床中央，一人将其头扶正，头顶接触头板，两耳在同一水平。另一人立于婴幼儿右侧，左手握住婴幼儿两膝使其腿伸直，右手移动足板使其接触婴幼儿双脚跟部，注意测量床两侧的读数应保持一致，然后读数。

（2）测量身高时，应取立位，两眼直视正前方，胸部挺起，两臂自然下垂，脚跟并拢，脚尖分开约 60°，脚跟、臀部与两肩胛间三点同时接触立柱，头部保持正中位置，使测量板与头顶点接触，然后读数。

身高（身长）记录以“cm”为单位，精确至小数点后 1 位。

（二）体重测量

1. 测量前准备

每次测量体重前需校正体重秤零点。婴幼儿去掉尿布，脱去外衣、鞋、袜、帽，排空大小便。冬季注意保持室内温暖，让婴幼儿仅穿单衣裤，准确称量并减去衣服重量（见图 11 - 10）。

2. 测量方法

测量体重时婴幼儿不能接触其他物体。使用杠杆式体重秤进行测量时，放置的砝码应接近婴幼儿体重，并迅速调整游锤，使杠杆呈正中水平，将砝码及游锤所示读数相加；使用电子体重秤称重时，待数据稳定后读数。记录时需减去衣服重量。

体重记录以“kg”为单位，精确至小数点后 2 位。

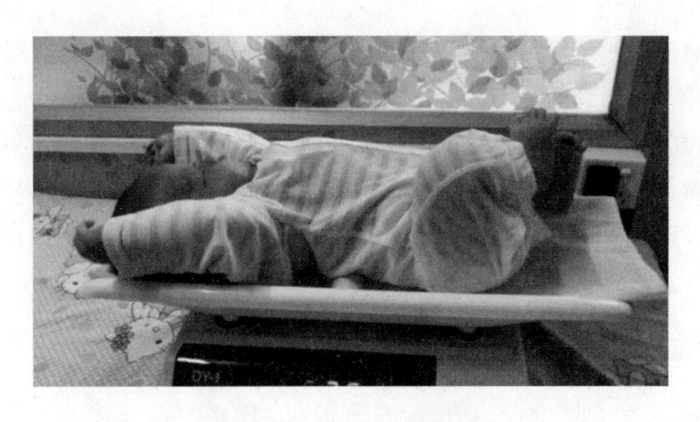

图 11－10　婴儿体重测量

三、生长曲线的记录方法

（一）体格评价的临床意义

婴幼儿体格生长的评价，包括体格的发育水平、生长速度及身体匀称程度三个方面。关于生长发育有一个生长发育曲线图，其中清楚地标注着婴幼儿身高、体重的变化，标注线是一条快速上升的曲线，也就是说婴幼儿从出生到 1 岁的身高、体重都是快速增长的，所以需要定期给婴幼儿测量身高、体重，每个月根据曲线图来监测婴幼儿的生长发育。

（二）曲线图法

一般采用中位数、百分位数值或均值离差描绘生长曲线。用生长曲线监测婴幼儿的身高、体重更科学。

1. 做顺时记录

每个月为婴幼儿测量一次身高、体重，把测量结果描绘在生长曲线图上（不要在婴幼儿生病期间测量），将每次的测量结果连成一条曲线。如果婴幼儿的生长曲线一直在正常值范围内匀速顺时增长，说明是正常的。有些婴幼儿的生长速度比较快，生长曲线呈斜线，只要一直在正常值范围内就不用担心。

婴幼儿的生长发育与遗传、饮食习惯等多种因素有关，每个婴幼儿的生长发育曲线都不同。平均值曲线不是判断发育正常与否的标准。即使婴幼儿的生长曲线一直在平均值曲线之下、最低值曲线之上，只要一直在匀速顺时增长就是正常的。

2. 做动态观察

每 2 ~3 个月对生长曲线增长速度进行一次横向比较，如果出现突然增

(减) 速，就要引起注意，在定期体检时可向医生讲明情况，听取医生的建议。

目前的生长发育两极分化：一些婴幼儿蛋白质补充过量，忽略了其他营养成分的补给，导致营养失衡，结果影响发育，体重不达标；一些婴幼儿由于胃口好，活动又比较少，结果体重超标。因此，需要按照后天的具体情况进行合理喂养。

四、注意事项

（1）测量重量时位置、方法应正确，读数要准确（应减去所穿衣物及尿布等的重量）。

（2）测量体重最好在晨起空腹、排空大、小便后进行。

（3）测量前校正磅秤，尽量一直使用同一磅秤。

（4）每次对测量的结果进行对比，以掌握婴幼儿生长发育的情况。

（本节作者：叶巧章、孙妙艳）

第二节　婴幼儿的主被动操运动

一、婴幼儿主被动操的运动方法

婴幼儿主被动操是在成人的适当扶持下，加入婴幼儿的部分主动性动作完成的一种运动。主要锻炼婴幼儿四肢肌肉、关节的韧性，加强腹肌、腰肌以及脊柱的功能。7～12 个月的婴幼儿，已经具备基本的自主活动的能力，能自主转动头部和翻身，独坐片刻，双下肢已能负重，并能上下跳动。婴幼儿每天进行主被动操训练，可锻炼其全身的肌肉关节，为爬行、站立和行走打下基础。主被动操的具体内容包括起坐运动、起立运动、提腿运动、弯腰运动、托腰运动、转体翻身运动、跳跃运动等。此操共 8 节，每节两个 8 拍，有左右之分的应轮换做。

二、婴幼儿主被动操的注意事项

（1）做操时，应以婴幼儿的喜好及能力所及为前提，循序渐进地增加活动时间和内容。如中途婴幼儿显得疲倦或不悦时，应停止做操。

（2）做操前，家长可以先拥抱和亲吻婴幼儿，用温柔的言语告诉婴幼儿要开始做操了。这个过程中要用语言和动作适时表扬婴幼儿，激发婴幼儿的活动兴趣。每次做完操，也要拥抱和亲吻婴幼儿，以示鼓励。

（3）建议父母和婴幼儿一起锻炼，可增进彼此感情。

（4）主被动操的活动量较大，家长应根据婴幼儿的活动和出汗情况，及时调整运动时间和运动强度，并及时将汗擦干。

三、婴幼儿主被动操的具体操作

（一）准备工作

（1）环境准备。保持室内空气新鲜，温度不低于25℃，可播放轻快的音乐。

（2）用具准备。准备好婴幼儿日常玩耍的玩具。

（3）家长准备。衣着要便于与婴幼儿一起活动、游戏，摘下身上不利于活动的饰品。

（4）婴幼儿准备。脱去外套，保持尿布洁净，帮助其放松手脚。若患病可暂停做操，疾愈后再恢复做操。

（二）具体步骤

1. 起坐运动

（1）仰卧位。两臂放在躯体的两侧，大人握住婴幼儿的手腕，拇指放在婴幼儿的手心，使婴幼儿握拳。

（2）由仰卧位变成站立位。将婴幼儿双臂拉向大人胸前，两手距离与肩同宽。大人握住婴幼儿的手腕，慢慢牵引婴幼儿向上向前，不要过于用力，鼓励婴幼儿用自己的力量站立起来（见图11－11）。

图11－11 起坐运动

2. 站立运动

（1）婴幼儿俯卧，大人双手握住婴幼儿上臂。

（2）让婴幼儿慢慢从俯卧位变成用双膝跪地。

（3）扶婴幼儿站起来。

（4）婴幼儿双膝再跪地。

（5）还原至俯卧姿势。

具体如图 11－12 所示。

（a）俯卧　（b）双膝跪地　（c）站立

（d）双膝再跪地　（e）还原至俯卧姿势

图 11－12　站立运动

3. 提腿运动

（1）轻轻向上抬起婴幼儿的双腿，注意只抬高婴幼儿的下肢，胸部不得离开床。

（2）还原成预备姿势。

具体如图 11－13 所示。

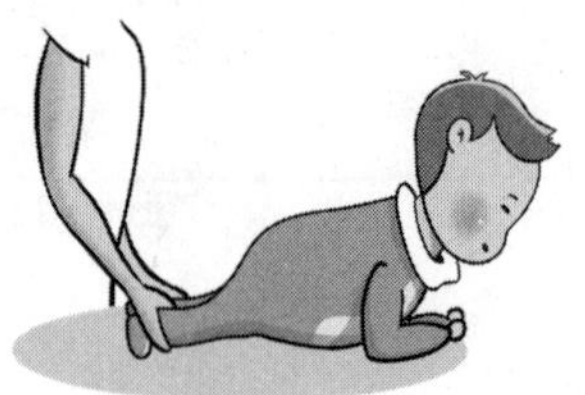

（a）抬起婴幼儿双腿　（b）还原成预备姿势

图 11－13　提腿运动

4. 弯腰运动

（1）让婴幼儿背向大人站立（可在婴幼儿前方放一玩具），大人一只手扶住婴幼儿双膝，另一只手扶住婴幼儿腹部。帮助婴幼儿弯腰前倾。

（2）鼓励婴幼儿弯腰拾取玩具。

（3）拾取玩具后慢慢还原成站立状态。

具体如图 11－14 所示。

图 11－14 弯腰运动

5. 托腰运动

（1）婴幼儿俯卧，大人一只手托住婴幼儿的腰部，另一只手抓住婴幼儿的肘部。

（2）托起婴幼儿的腰部，使婴幼儿腰部挺起，过程中可鼓励其自己用力。

（3）放下婴幼儿腰部，复原。

具体如图 11－15 所示。

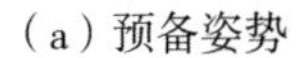

（a）预备姿势

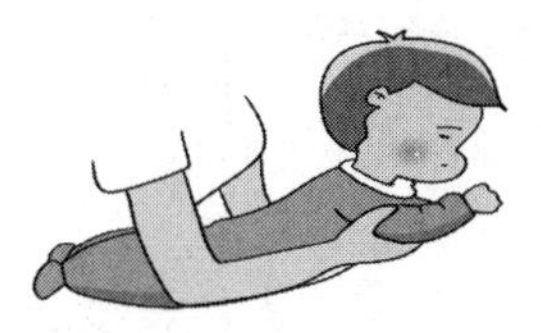

（b）托起腰部

图 11－15 托腰运动

6. 转体翻身运动

（1）婴幼儿仰卧，大人左手握住婴幼儿的双手，右手扶住婴幼儿的背部。

（2）帮助婴幼儿向左翻身，再转体到俯卧状，最后还原至仰卧姿势。

（3）向右边做翻身运动，复原。

具体如图 11－16 所示。

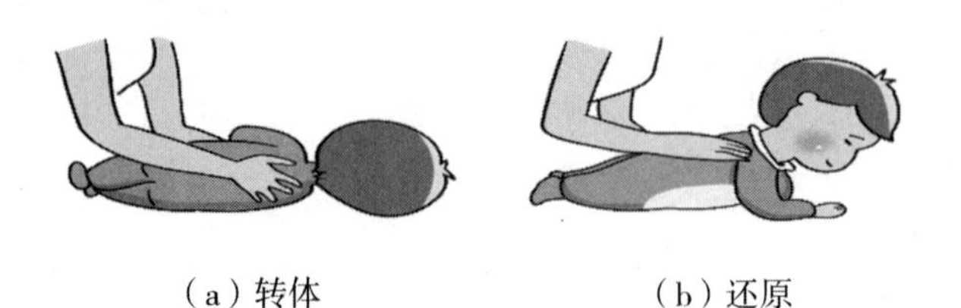

（a）转体　　（b）还原

图 11－16　转体翻身运动

7. 跳跃运动

（1）使婴幼儿站在大人面前，大人用双手扶住婴幼儿腋下，稍用力地将婴幼儿托起离开床。

（2）让婴幼儿足尖着地，轻轻在床上做跳跃动作。

（3）还原至站立状态。

具体如图 11－17 所示。

（a）预备姿势　　（b）婴幼儿向上做跳跃动作

图 11－17　跳跃运动

8. 扶走运动

（1）婴幼儿站立，大人站在婴幼儿背后或前面，扶住婴幼儿的腋下或前臂。

（2）大人扶着婴幼儿向前迈步走，可向前走四步，一步一个节拍。

（3）大人扶着婴幼儿向后退步走，可向后走四步，一步一个节拍。

具体如图 11－18 所示。

（a）预备姿势

（b）向前迈步走

图 11－18　扶走运动

（本节作者：王慧媛、秦姣红）

第三节　婴幼儿的模仿操运动

一、婴幼儿模仿操的运动方法

婴幼儿模仿操具有较强的游戏性和趣味性，是婴幼儿在一定的音乐背景下徒手模仿各种动作的一种操节活动，如模仿一些动物的常见动作、成人的劳动动作以及日常生活动作等。模仿操主要训练婴幼儿走、跑、跳、弯腰等基本动作，促进婴幼儿的运动技能均衡、协调地发展。1 岁半左右的婴幼儿，能够完成走、跑、跳等基本动作，能独立做操，但处于模仿做操的阶段。此时的婴幼儿好学好动，对各种游戏、儿歌和体育活动有浓厚的兴趣，模仿操就是根据此阶段婴幼儿的生理特点来设计的。

（一）小鸟飞

此模仿操适宜 18～36 个月的婴幼儿。每天练习 1～2 次，每次3～5 分钟。练习方法为家长带婴幼儿到户外，拿出玩具小鸟，把上好发条的小鸟“放飞”，可对婴幼儿说：“宝宝你看，小鸟飞了，飞得多高呀，飞到天上去了。”待玩具小鸟从天上落下后，家长引导婴幼儿观察小鸟的外形特征：小鸟身上长满了羽毛，它有一个尖尖的嘴巴和一对翅膀。家长边念儿歌“小鸟小鸟高高飞，拍拍翅膀飞呀飞”，边做两臂侧平举，上下摆动，可原地小跑转一圈，使模仿具有生动性，再让婴幼儿跟着做。

（二）小鸡和小鸭

此模仿操适宜 18～36 个月的婴幼儿。每天练习 1～2 次，每次3～5 分钟。练习方法为家长扮小鸡或小鸭的妈妈，婴幼儿扮小鸡或小鸭。家长边唱“小鸡小鸭”的儿歌边做动作，婴幼儿跟着做相应的动作。小鸡动作为两手拇指和食指并拢，成小鸡嘴状，两脚自然跑；小鸭动作为两手放背后、抬头、腰微弯，成小鸭摇摇摆摆走路状。

（三）划小船

此模仿操适宜18～24个月的婴幼儿。每天练习的次数不限，每次5～15分钟。家长可提议：“我们去划船好吗？”让婴幼儿跟着音乐的节拍拍手。“准备开船，我们一起划”，家长示范划船动作，带领婴幼儿模仿。这时可说“大风吹来了”，然后和婴幼儿一起做摇晃动作，摇晃动作要求双手上举，用腰部的力量使身体左右摆动。

（四）跷跷板

此模仿操适宜18～36个月的婴幼儿。每天练习的次数不限，每次5～15分钟。练习方法为婴幼儿和家长两人面对面站立，两人双手互拉并伸直，身体稍稍往后仰，家长起立时婴幼儿下蹲，婴幼儿起立时家长下蹲，交替轮流地起立和下蹲，模拟正在坐跷跷板的动作。

（五）小兔和小猫

此模仿操适宜18～36个月的婴幼儿。每天练习1～2次，每次3～5分钟。模仿小兔的练习方法：家长竖起双手食指与中指表示兔子耳朵，双脚原地跳两下，然后身体下蹲，双手做吃草动作，并念儿歌“小白兔，跳跳跳，爱吃萝卜和青菜”。模仿小猫的练习方法：家长边念儿歌“小花猫，喵喵喵，爱抓老鼠爱吃鱼”，同时做动作。动作为家长双手张开，掌心向内，放在头两侧，念“喵喵喵”时做两下捋胡须的动作，然后身体前倾，双手轮流向前抓，双脚自然按儿歌节奏走，婴幼儿跟着家长一起做动作。

二、婴幼儿模仿操的注意事项

（1）在进行操节练习时，家长应该根据婴幼儿的月龄特点与个性特点选择操节，动作不宜过多。

（2）家长的示范动作要正确，但不强求婴幼儿姿势正确。

（3）在家中，家长可以根据婴幼儿的日常生活内容自编儿歌和动作让婴幼儿做，这样不但可训练婴幼儿的各种动作，还能培养婴幼儿独立生活的能力，发展其想象能力、思维能力和语言能力。

（4）在户外做操时，家长注意不能让婴幼儿离开自己的视线，更不要让其独自活动，应做好相关的保护措施，避免摔倒。

（5）在进行操节活动前，家长要尽量创设具有情境性、游戏性的活动场景，用形象化的语言和儿歌引导婴幼儿参与运动。

（6）外出活动时，家长应带好相应的生活用品，如毛巾、饮用水、纸巾等，以备不时之需。

（7）运动过程中家长要及时为婴幼儿增减衣物。

（本节作者：王慧媛、秦姣红）

第四节 婴幼儿的粗大动作训练

一、婴幼儿粗大动作的训练意义

（一）加强婴幼儿的体质和体能

婴幼儿粗大动作的训练可以徒手或借助器械与自然物进行。这不但可以促进婴幼儿机体的新陈代谢，还可以提升其对环境的适应能力以及增强其对疾病的抵抗能力。

（二）促进婴幼儿身体的生长发育

婴幼儿粗大动作的训练有利于婴幼儿全身肌力和骨骼的发展，促进婴幼儿的生长发育。

（三）发展婴幼儿的认识潜能

婴幼儿粗大动作的训练，可以丰富婴幼儿的感觉，尤其发展其空间知觉，这是婴幼儿探索世界和形成抽象思维的基础。粗大动作的练习还能让婴幼儿更加明确自我的存在与能力，帮助其进行自我认识和评价，使其对自己与他人、自己与环境的关系认识更为清晰。

（四）促进婴幼儿良好社会行为和性格的形成

婴幼儿粗大动作的训练方式灵活多样，富有趣味，既能让婴幼儿学习运动的方法，又能培养其积极乐观、勇敢自信的精神，有利于其积极心态的构建，促进婴幼儿良好社会行为和性格的形成。

二、婴幼儿粗大动作的训练方法

（一）0～6个月婴幼儿粗大动作的训练方法

具体如表11－1所示。

表11－1 0～6个月婴幼儿粗大动作训练方法

月龄	粗大动作
0～1个月	抓握、转头
2～3个月	俯卧抬头、直抱竖头及仰卧起坐
4～5个月	继续训练抬头、竖头和转头动作； 练习靠坐姿势以及仰卧变成侧卧
6个月	俯卧抬头与双臂支撑，从扶坐到独坐

（二）7～12个月婴幼儿粗大动作的训练方法

主要有抱行、站立和扶走，具体如表11－2所示。

表11－2 7～12个月婴幼儿粗大动作训练方法

月龄	粗大动作
7～9个月	用手支撑使身体离开平面，有时还能在原地转动
10～11个月	能用手向上、向前爬行；11个月时，能扶物站立或扶行， 在成人扶持下能向前走
12个月	爬时可手脚并用

（三）13～18个月婴幼儿粗大动作的训练方法

13～18个月的婴幼儿应常与月龄段相差较小的婴幼儿一起活动、游戏，重点发展婴幼儿独站、双脚一同往上跳的能力。16～18个月的婴幼儿可以练习走、爬和上下楼梯的动作，以及小步独走。

（四）19～36个月婴幼儿粗大动作的训练方法

具体如表11－3所示。

表11－3 19～36个月婴幼儿粗大动作训练方法

月龄	粗大动作
19～24个月	练习模仿动作
25～30个月	练习有目标地逐跑；学做一套模仿操；练习钻、爬、跳等动作；练习投球、平衡、攀登等动作；练习自然走和朝一个方向走
31～36个月	成人可以以玩伴的角色和婴幼儿一起玩，促进婴幼儿大、小动作的发展

三、婴幼儿粗大动作训练的注意事项

（1）游戏环境要安全，创设具有情境性、游戏性的活动环境，积极引导婴幼儿在一定情境中边游戏边练习粗大动作。

（2）练习粗大动作时要注意上肢和下肢同时受到刺激。

（3）练习应做到时间短、次数多。家长应善于观察婴幼儿的情绪、精神状态变化，及时调整游戏时间和活动量。

（4）在活动中，家长要通过语言、动作、表情等来鼓励婴幼儿，提高婴幼儿对游戏的热情。当婴幼儿成功时，家长应及时通过拍手、拥抱等形式来表示肯定。

（5）在活动中要做到循序渐进、动静交替、简繁搭配。

四、婴幼儿粗大动作训练的具体操作

（一）0～6个月婴幼儿粗大动作的具体操作

（1）训练准备与训练方法。选择宽松、舒适、柔软的地方进行，如床上、地毯上。让婴幼儿仰卧在床上，家长用手托住婴幼儿一侧的手臂和背部，慢慢往另一侧的方向推去，直到婴幼儿呈俯卧姿势。停一会儿后，再帮助婴幼儿翻回来呈仰卧姿势。家长可以一边帮助婴幼儿翻身，一边说“宝宝，我们来翻翻身”“翻过去，翻回来”等，这也有助于训练婴幼儿的听觉。

（2）注意事项。

①帮助婴幼儿翻身时，动作要轻。开始练习时，可多一些助力，等到

婴幼儿自己要努力翻身时，稍稍助力即可。对于那些动作发育较快的婴幼儿，家长不必过多帮忙，可让其自己练习。

②可将玩具放在婴幼儿的体侧，婴幼儿为了抓住玩具会顺势翻成侧卧位，进而翻成俯卧位。

③婴幼儿练习翻身时，家长要守护在其身旁给予保护和照顾。

（二）7～12 个月婴幼儿粗大动作的具体操作

（1）训练准备。毯子、婴幼儿喜欢的玩具。

（2）训练方法。将婴幼儿放于毯子上，并将婴幼儿喜欢的玩具放在离婴幼儿前面一点的位置。随后家长可以引导婴幼儿向前爬去拿玩具，可以说："宝宝，你看这是你最喜欢的玩具，快点过来呀。"当婴幼儿向前爬行快拿到玩具时，家长可适当将玩具再放远一点，鼓励婴幼儿继续向前爬行。

（3）注意事项。

①如果婴幼儿在爬行时不能手膝并用，家长可以适当帮助婴幼儿屈膝（即用手将婴幼儿的腿向前推）。

② 不要多次将玩具拿远，避免婴幼儿感到气馁，应根据婴幼儿的情绪和能力来定。

（三）13～18 个月婴幼儿粗大动作的具体操作

（1）训练准备。天气暖和，选择一片干净的户外草地。

（2）训练方法。家长和婴幼儿一起屈膝坐在草地上。家长假装睡着了，醒来后对婴幼儿说"快点，宝宝，我们该出门了"，然后慢慢地起身，在院子里走圈后对婴幼儿说"宝宝，我们去小花园玩吧"，引导婴幼儿站起来，追走在家长后面，走了一会儿后便可在花丛中与婴幼儿玩一会儿，并再次对婴幼儿说"宝宝，我们该回家了"，让婴幼儿跟在家长身后走回原来坐下的地方。可让婴幼儿说出具体的地点，帮助其掌握院子里具体事物的名称。

（3）注意事项。

①对婴幼儿说出具体的和其熟悉、喜欢的地点，吸引婴幼儿的注意力，引发其兴趣，使其愿意跟在家长身后。

②在游戏过程中也可放一些背景音乐，让婴幼儿融入情境，乐于参与游戏。

（四）19～36 个月婴幼儿粗大动作的具体操作

（1）训练准备。各种颜料、较大的纸张等。

（2）训练方法。家长让婴幼儿自由选择不同颜色的颜料，调好后让婴幼儿用脚在颜料盘里轻踩一下，然后在铺好的大纸上随意来回走动，并要求走出一条直线，这时可对婴幼儿说："宝宝，现在我们来走直线吧。"家长可和婴幼儿一起玩，增强互动性。

应注意，由于颜料的特殊性，家长和婴幼儿在游戏时要光着脚，并在玩完之后将脚清洗干净。在婴幼儿能掌握直线行走后，家长可在纸上画不同的路线，加大难度，进一步加强婴幼儿的身体协调性。

（本节作者：王慧媛、秦姣红）

第五节　婴幼儿手指精细动作的训练

一、婴幼儿手指精细动作训练的意义

（一）促进感知觉发展

精细动作的练习能扩展婴幼儿获得环境信息的途径，丰富婴幼儿的环境探索形式，促进婴幼儿感知觉的发展。

（二）有助于丰富面部表情

有助于婴幼儿眼部肌肉和脸部肌肉的发展，使婴幼儿的面部表情不断丰富。同时，在手部肌肉运动过程中，或成功或失败，婴幼儿的表情都会因此改变，促使其情绪发展趋于深刻。

（三）有助于加强手部活动的灵活性

练习能促进婴幼儿手部小肌肉的发展，有助于其灵活用手进行各种活动。

（四）有助于促进大脑发展

练习可以帮助婴幼儿认识事物的各种属性及彼此间的联系，促进其知觉完整性与具体思维的发展，并为婴幼儿以后的自我服务、握笔写字、使用工具等行为打下基础。精细动作的完成度标志着大脑的发育水平。

二、婴幼儿手指精细动作的训练方法

0～6个月的婴幼儿在做触、碰、抓的动作时要让其多尝试，以感知自己的手。练习时可以让婴幼儿抓家长的手指，也可以让其抓不同的软、硬、凉、热的东西。通过不同的刺激，让婴幼儿有不同的感受体验。一般选择长度在2.5cm左右，大小合适、颜色鲜艳的玩具，如铃铛、积木等。0~6个月婴儿精细动作训练方法如表11－4所示。

表11－4　0~6个月婴幼儿手指精细动作训练方法

月龄	手指精细动作
0~1个月	丰富手的触觉经验，进行握力测试
1~2个月	训练手的握紧能力
2~3个月	用触摸和抓握玩具的方法逗引婴幼儿
3~4个月	练习抓握动作，提高手眼协调能力
4~5个月	训练伸手抓握和拍打
5~6个月	提供轻巧玩具，提高抓物能力

7~9个月的婴幼儿训练用手指捏取小物件的能力。

10~12个月的婴幼儿训练从杯中取物，并能逐渐主动放物入杯。

13~15个月的婴幼儿训练手指的协调能力。

16~18个月的婴幼儿训练手脚更协调地运动。

19~24个月的婴幼儿可以练习随意涂鸦，以及练习自己吃饭等。

25~30个月的婴幼儿训练小肌肉动作。例如学习撕贴动作，或用五指一页一页抓翻书页等。

31~36个月的婴幼儿可在剪纸、画画及生活自理等操作活动中，促进手部精细动作的灵活与协调发展。

三、婴幼儿手指精细动作训练的注意事项

（1）训练的环境必须是安全卫生的。

（2）给婴幼儿营造宽松的、充满爱的心理环境。尽量以亲子互动的游戏方式开展活动。一对一的亲子情感交流，可以有效促进婴幼儿手部肌肉运动技能的提升。

四、婴幼儿手指精细动作训练的具体操作

（一）0~6个月婴幼儿手指精细动作训练

（1）训练准备。能让婴幼儿抓握的玩具。

（2）训练方法。家长先将不同质地的玩具放在婴幼儿手心中停留一会儿，如果婴幼儿不会抓握，可从指根到指尖轻轻地抚摸婴幼儿的手指，婴

幼儿紧握的小手就会自然张开，此时可把玩具塞入其手心，并握住婴幼儿抓握玩具的手，帮助其抓握。在婴幼儿熟悉玩具后，可将玩具放在桌上，鼓励婴幼儿自己去抓握玩具。

应注意给婴幼儿抓握的玩具要圆润光滑，不能有棱角，以免误伤婴幼儿。

（二）7～12 个月婴幼儿手指精细动作训练

（1）训练准备。彩色小皮球。

（2）训练方法。家长手中拿一个彩色小皮球逗引婴幼儿玩。当把婴幼儿的注意力吸引到自己手中的皮球上时可说："宝宝，你看，皮球滚了。"同时将手中的球向外丢。接着面对婴幼儿说："宝宝，你把球拿起来好吗?"鼓励婴幼儿将球捡起来。捡回来后，与婴幼儿共同玩抓球、放球的游戏。

应注意如婴幼儿不会抓球、放球，家长要反复示范将球"拿起—握住—放下"的动作。

（三）13～18 个月婴幼儿手指精细动作训练

（1）训练准备。水果玩具、小盘子。

（2）训练方法。家长先把玩具放在婴幼儿的面前，将玩具水果从"树上"摘下，并对婴幼儿说："宝宝，看！我们要摘水果啦，你也来试试吧。"然后将摘下的水果放入盘子中，引导婴幼儿做相同的动作，成功摘取水果。

应注意当婴幼儿摘下水果后，引导其放入盘中，并给予鼓励。

（四）19～24 个月婴幼儿手指精细动作训练

（1）训练准备。自制钓鱼竿（吸铁石）、小鱼若干（小别针）。

（2）训练方法。家长从"小鱼塘"里钓上来一条美丽的"小鱼"，说："哇，宝宝，这里还有好多小鱼呢，我们一起来钓鱼吧。"家长先做示范，然后邀请婴幼儿一起"钓鱼"。

应注意婴幼儿在玩的过程中，若暂时钓不起"鱼"，家长要适时帮助其直至钓鱼成功，否则婴幼儿容易失去兴趣。

（五）25～36 个月婴幼儿手指精细动作训练

（1）训练准备。各种婴幼儿喜欢吃的饼干。

（2）训练方法。家长给婴幼儿展示平时吃的饼干，让婴幼儿说出饼干的形状，然后握着婴幼儿的手，在纸上将不同饼干的轮廓描绘出来。完成后鼓励婴幼儿自己描绘喜欢吃的饼干的轮廓。

应注意在画饼干轮廓时，家长要让婴幼儿紧贴着饼干边缘画出形状。

（本节作者：王慧媛、秦姣红）

第六节　婴幼儿的语言训练

一、婴幼儿语言训练的方法

0～6 个月的婴幼儿处于咿呀学语阶段，能感知语言，但不会说话，会不自觉地发出一些语音（元音、辅音），能模仿发音节。听力比较敏锐，对听到的声音有定向能力。因此，此阶段可以让婴幼儿听不同语调的说话声，学习辨认亲近的人的声音。

7～12 个月的婴幼儿能够对语言做出动作反应，能够识图、识物，能够理解简单的语言，还可以做出相应的动作。所以在此阶段，可以通过说出简单的词语让婴幼儿做出反应，如指认五官等。还可以说出一些常用的简单的词语让婴幼儿模仿发音。

13～18 个月的婴幼儿能够听懂语言指令，能在成人的指导下学会叫“爸爸”“妈妈”等，还会简单说出自己的需要。这一阶段可以下达不同的指令让婴幼儿完成，鼓励婴幼儿模仿成人的简单句或短句，学着称呼人，用单词句表达自己的需要。

19～24 个月的婴幼儿会说双词句，能使用简单句。让婴幼儿做的事情能够照办，还能重复刚说的词语，并能说短句。在听说活动的内容基础上，可以通过简单句表达自己的需求。能说出自己的姓名，与成人一起阅读、听故事、学念儿歌。

25～36 个月的婴幼儿已经会说一些复合句，词汇也较为丰富，所以家长可以在听的方面增加难度，比如选择一些故事、儿歌来进行听说活动。还需增加他们说的内容，鼓励他们对熟悉的事物进行简单描述，用普通话表达自己的需要。

二、婴幼儿语言训练的注意事项

婴幼儿参与听说游戏时，必须遵守一定的游戏规则，按照规则进行游戏，这样才能提高练习的效果。

游戏的方式应生动活泼、形式变换多样，以提高婴幼儿练习的兴趣。

三、婴幼儿语言训练的具体操作

（一）0 ~ 6 个月婴幼儿语言训练（找妈妈）

（1）训练环境。户内户外皆可。

（2）训练方法。当婴幼儿认识妈妈时，可以问他“妈妈在哪里”。当婴幼儿的视线看向正确的方向时，可以再说一些妈妈的信息，如“对的，妈妈就在那里”“妈妈正在喂宝宝吃饭”。

训练时间 1 ~ 2 分钟。

（二）7 ~ 12 个月婴幼儿语言训练（声响）

（1）训练环境。户内户外皆可。

（2）训练方法。放婴幼儿熟悉的小动物的声音录音，可以向其提问：“是什么声音？”比如拿出小鸭玩具，并告知是小鸭在叫。

训练时间 3 ~ 10 分钟。

（三）13 ~ 18 个月婴幼儿语言训练（做手势）

（1）训练环境。户内户外皆可。

（2）训练方法。家长用手指做简单的不同的动物造型，让婴幼儿学着做。可一边做一边和婴幼儿说话：“这是什么啊？”可继续说：“兔子，这是一只兔子。”

（四）19 ~ 24 个月婴幼儿语言训练（一问一答）

（1）训练环境。户内户外皆可。

（2）训练方法。婴幼儿做游戏时，帮助其识记玩具的名称，问问其手里的玩具叫什么，看其是否知道。当婴幼儿盯着玩具看时，可以告诉其这个玩具的名称。即便婴幼儿还不会回答，也能通过这一问一答学会提问及回答物品的名称。如问婴幼儿：“宝宝，这是什么？”可继续回答：“这是小熊，这是一只可爱的咖啡色小熊。”

训练时间 3 ~ 5 分钟。

（五）25 ~ 36 个月婴幼儿语言训练（说说自己的照片）

（1）训练环境。户内户外皆可。

（2）训练方法。家长和婴幼儿一起看照片，让婴幼儿能看到照片里自己的样子。对着照片与婴幼儿说话：“宝宝，我看到你了，你就在里面。”然后让婴幼儿自己说说看到了什么。

训练时间至少 3 分钟。

（本节作者：李婉仪）

第七节　婴幼儿的认知训练

一、婴幼儿认知训练的方法

（一）提供真实物，更具生活性

真实物，是指客观存在的、与婴幼儿生活息息相关的真实的物品，而非替代品（如图片、玩具等）。真实物对婴幼儿的认知发展具有重要意义。

（二）强化操作性，实现“玩中学”

婴幼儿处于直观行动思维阶段，其思维认知离不开对具体事物的直接感知，离不开自己的实际操作活动。婴幼儿的认知活动和操作活动紧密相连，一方面，认知活动必须依靠外在的操作活动；另一方面，认知活动都要通过动作来表现。因此，在选择认知训练方法时，必须考虑训练方法的可操作性，使婴幼儿在动手操作中实现认知发展。

二、婴幼儿认知训练的注意事项

与婴幼儿认知水平相适应的认知游戏训练，是婴幼儿内在认知发生、发展的表现和反映。认知训练的水平反映了其认知水平。同时，认知训练方法对于婴幼儿认知经验的获得和积累意义重大，而经验是其认知发展的重要因素。所以，要选择与婴幼儿认知水平相适应的认知训练方法。认知训练方法以婴幼儿原有的认知经验为基础，认知要求过低或过高，都会使其失去兴趣。

三、婴幼儿不同阶段的认知发展

具体如表 11 -5 所示。

表 11 -5　婴幼儿不同阶段的认知发展

月龄	认知发展
0 ~3 个月	1. 为请求帮助而哭叫 2. 反射行为 3. 偏爱看有图案的物品 4. 模仿成人的面部表情

（续上表）

月龄	认知发展
0～3个月	5. 用眼睛寻找声源 6. 开始在一定的距离内认出熟悉的人 7. 重复动作如吸吮、击打、抓握 8. 发现自己有手和脚
4～6个月	1. 通过声音认人 2. 喜欢重复能对外界发生影响的动作，如摇动玩具发出声音 3. 喜欢注视手和脚 4. 喜欢寻找被部分隐藏的物品 5. 有目的地使用玩具 6. 模仿简单的行为 7. 用已有的图式*探索玩具，如吸吮、重击、抓握、摇晃等
7～9个月	1. 喜欢看熟悉的物品 2. 能从不同的面孔中分辨出熟悉的面孔 3. 做出有目的的行为 4. 预见结果 5. 找出被完全隐藏的物品 6. 模仿稍微不同于日常行为的动作 7. 开始对填充和倒空容器感兴趣
10～12个月	1. 通过有意识地使用图式来感觉运动，如晃动容器里的东西 2. 能指出身体的不同部位 3. 故意反复掉落玩具并往玩具掉落的方向看 4. 挥手示意再见 5. 显示出较强的记忆能力 6. 可执行简单的只需一个步骤的指令 7. 通过外表对物品分类 8. 寻找被藏在另一处的物品
13～18个月	1. 通过新颖的方式探索不同物品的特性 2. 通过试误**来解决问题 3. 探究因果关系，如开电视、敲鼓等 4. 玩辨认身体部位的游戏 5. 模仿他人新颖的行为 6. 在照片中辨认家庭成员

（续上表）

月龄	认知发展
19～24个月	1. 根据要求指认物品 2. 根据形状和颜色将物品分类 3. 在照片中和镜子前认出自己 4. 出现延迟模仿 5. 玩功能性游戏 6. 能找到被移到视线以外的物品 7. 通过内部表征解决问题 8. 能根据性别、种族、头发的颜色等区分自己和他人
25～36个月	1. 有目的地使用物品 2. 做事情时自言自语 3. 能从某个角度给物品进行分类 4. 执行超过一个步骤的指令 5. 较长时间专注于自主活动 6. 能自发地指认物品 7. 和其他婴幼儿玩假扮游戏 8. 通过数数和标识物品来感知数的概念 9. 开始发展相对的概念，如大和小、高和矮、里和外 10. 开始发展时间概念，如今天、明天和昨天

*图式：人脑中已有的知识经验的网络。

**试误：由美国著名的教育心理学家桑代克提出，他认为学习的过程是一种渐进的尝试错误的过程。在这个过程中，无关的、错误的反应逐渐减少，而正确的反应最终形成。

四、婴幼儿认知训练的要求

以认知苹果和香蕉为例。

（1）操作准备。苹果、香蕉各3个；可以收紧开口的布袋1个；小水果篮2个。

（2）操作步骤。

①餐后的水果时间，家长拿着苹果、香蕉各3个，对婴幼儿说："吃餐后水果啦，宝宝快来帮忙呀。"

②请婴幼儿看、摸苹果和香蕉，这时家长可以说："苹果是红色的、圆圆的；香蕉是黄色的、长长的。"

③请婴幼儿把苹果给家长，婴幼儿做到之后，可以说："宝宝把苹果

给我了，真棒！”

此训练的适宜月龄为 13～18 个月。

（本节作者：李婉仪）

第八节　婴幼儿的社会交往训练

一、婴幼儿社会交往训练的方法

（一）建立良好的亲子关系

依恋是人的社会性最基本的表现形式和最早的表现。早期母婴依恋的质量，对日后婴幼儿认知发展和社会性适应都有重要意义，它是婴幼儿社会性发展的重要因素。建立安全性的亲子依恋关系，让婴幼儿获得安全感，有助于其自由地向外探索，主动地与人交往，从而逐步适应社会。

（二）为婴幼儿创造与同伴交往的机会

与同伴的交往是婴幼儿发自内心的一种归属感的需要，是婴幼儿心理发展的重要基础。婴幼儿在交往中得到快乐的情感体验，促使其形成乐观、开朗的性格，进而发展出健康的情感，这也是社会生活对个体情感发展的期待。反之，交往需要不被满足，将会使婴幼儿产生消极的情感体验，时间久了，就会严重阻碍其社会化进程。

与同伴之间的游戏活动和社交实践，对于促进婴幼儿社会性发展极为重要。在游戏与交往中，婴幼儿能够走出自我，了解自己与他人的区别以及集体中每个成员的权利和义务，并逐渐培养出尊重他人、遵循规范、通力协作、乐于助人等的良好道德品性。

婴幼儿还在各种活动中不断进行着成为“社会人”的预练习，比如在游戏中通过模仿、扮演来熟悉社会角色；通过与同伴的交往，逐渐掌握一定的交往技能，形成社会所认可的行为模式等。家长应积极为婴幼儿提供与同伴交往的机会或参与集体活动的机会。

（三）开展丰富的家庭与社会活动

家长应鼓励婴幼儿自己有意识地帮助家人做力所能及的事情，如主动做些家务、为下班回家的家长准备拖鞋等。同时，也要鼓励婴幼儿走出家门，尽早让婴幼儿进入外界较为复杂的社交圈，消除其对人际交往的胆怯和恐惧心理，发展出独立的交往能力，并培养婴幼儿的社会情感和社会参与意识。

二、婴幼儿社会交往训练的注意事项

婴幼儿对与情绪密切相关的事物十分敏感，家长在与婴幼儿的互动过程中，要针对他们心理、情感的发展特点，注重对他们的情绪调动，从而使婴幼儿更积极地与他人进行感情交流与互动，为培养婴幼儿的社交能力建立一个良好的开端，并促进他们的社会性发展。

三、婴幼儿不同阶段的社会性发展

具体如表 11－6 所示。

表 11－6　婴幼儿不同阶段的社会性发展

月龄	社会性发展
0~3 个月	1. 会将头转向人声发出的方向 2. 辨认出最初的看护者 3. 与最初的看护者建立情感联系 4. 在人脸上寻求安慰 5. 发出社会性微笑 6. 听到人声会变得安静 7. 开始将自己和看护者区分开来
4~6 个月	1. 以哭泣声或微笑来寻找成人与自己进行游戏 2. 用整个身体来回应熟悉的面孔，如看着对方微笑、踢腿和摆手 3. 通过发声来回应成人的话语，积极地与他人互动 4. 会对着熟悉的面孔微笑，对着陌生人则表情严肃 5. 能区分熟悉与陌生的人和环境
7~9 个月	1. 与喜欢的成人分离时变得沮丧 2. 为了挽留喜欢的成人，会故意做出哭泣的行为 3. 会特别喜欢把成人作为探索活动的依靠 4. 当别人表现出悲伤时看着他们 5. 喜欢观察别的婴幼儿并可以和他们玩一会儿 6. 喜欢玩游戏，对诸如拍手游戏和玩“躲猫猫”游戏有反应 7. 能独自游戏 8. 形成对特定的人或物品的喜好 9. 看到陌生人会害怕

（续上表）

月龄	社会性发展
10～12个月	1. 对1～2位看护者表现出明显偏爱 2. 与其他婴幼儿进行平行游戏 3. 喜欢与兄弟姐妹玩游戏 4. 开始有自己的主张 5. 开始发展幽默感 6. 通过认识身体各部分来发展自我认同感 7. 开始区分男孩和女孩
13～18个月	1. 要求获得注意 2. 模仿他人的行为 3. 越来越意识到自己是一个独立的个体 4. 向最初的看护者以外的人表达喜欢之情 5. 显示出对物体的占有欲 6. 当自己独立完成某项任务时，可主动形成自我观念
19～24个月	1. 对他人的陪伴表现出热情 2. 从自我中心的角度看待世界 3. 喜欢独自游戏或在成人附近游戏 4. 参加功能性游戏 5. 爱护自己的物品 6. 通过照片或镜子认识自己 7. 使用代名词“我”来称呼自己 8. 根据突出的特征对身边的人分类，如种族或头发的颜色 9. 看见陌生人不再那么害怕
25～36个月	1. 观察他人如何做事 2. 进行单独或平行游戏 3. 开始与其他婴幼儿合作游戏 4. 希望自己独立做事情 5. 通过不断用“不”来表示独立 6. 开始意识到别人的愿望和感受可能与自己的不一样 7. 向父母或看护者提出要求，甚至“指挥”他们 8. 较少使用身体进行攻击性行为，更多地通过语言解决问题 9. 开始表现出具有性别特点的行为

四、婴幼儿社会交往训练的要求

（1）操作准备。

①邀请年龄相仿的小伙伴到家里玩或去小伙伴家里玩，最好有两位以上小伙伴一起玩。

②准备一些积木、一辆小推车。

（2）操作步骤。

①仔细观察两位小伙伴，一位小伙伴在地毯中间搭积木，另一位在推一辆小推车。预测某些需要家长协助的情况，比如，小推车可能会撞翻另一位小伙伴搭建的积木房。

②使用事先防御性而不是事后弥补性的措施，引导婴幼儿将小推车绕开积木房推到别处。在做这样的转移时，可以说："宝宝，把你的小车从这儿推走，绕过妞妞的小房子，如果你不小心把妞妞的小房子撞倒了，妞妞会很伤心的。"

③如果房子确实被撞倒了，家长可走到妞妞身边，蹲下来对妞妞进行解释。比如可以说："妞妞，宝宝不是故意把你的房子撞倒的，这只是一个意外，我们知道你很难受，来，我们把你的感受告诉宝宝。"

④让妞妞自己表达感受，如有必要，家长可以对妞妞的感受进行补充和说明。

⑤家长以温和且关心的语气，向两位小伙伴说明应该怎样在玩自己的玩具时不打断其他小伙伴正在进行的活动。

⑥建议和小伙伴换玩具玩。

（3）注意事项。

①注意安全，防摔伤。

②采用事先防御性而不是事后弥补性的措施。

（本节作者：李婉仪）

第九节　婴幼儿的玩具甄选

一、婴幼儿玩具甄选的方法

玩具是婴幼儿成长的"伴侣"。玩具以其鲜艳的色彩、可爱的造型等吸引着婴幼儿的注意力和好奇心，驱使其摆弄和操纵玩具，促使婴幼儿动手动脑、开发智能和体能。玩具在婴幼儿的认知发育、动作发展、性格培养及情感陶冶等方面有着重要的作用。

（一）适合婴幼儿的年龄特点

1 岁以内的婴幼儿主要是感知觉和运动的发育，所选择的玩具应符合其生理、心理的发展水平。3 个月以内的婴幼儿多躺在床上，这时可买一些彩色的塑料玩具和带悦耳声音的玩具挂在婴儿床的四周，刺激和发展其视觉和听觉。4 ~6 个月的婴幼儿要开始学习抓握，可以准备一些带把的声响玩具，如拨浪鼓、花铃棒、摇铃等，让其练习伸手够、抓、握及摇等动作，还可利用这些玩具诱导婴幼儿练习翻身。7 ~9 个月的婴幼儿会坐、会爬，两侧身体出现配合动作，这时可买塑料大球、娃娃等玩具，训练其两臂合抱的动作，同时训练婴幼儿坐着左右转身及爬行。10 ~12 个月的婴幼儿会玩捏响玩具、简单的积木、杯子、塑料瓶等，家长可让其多摆弄这些玩具，从中发展手指的动作和手、眼协调的能力，同时教婴幼儿这些玩具的名称，促进其语言发育。

（二）不同玩具的不同用处

1 ~2 岁的婴幼儿开始走路，但该年龄阶段的婴幼儿走路尚不够稳当，可选择拖拉类玩具，方便婴幼儿拖拉着向前走、侧身走及向后退着走，以锻炼其走路的平衡性和灵巧性。皮球是婴幼儿非常喜爱的一种玩具，它安全、易操作，深受家长的青睐，除有鲜艳的颜色外，球的滚动和弹跳性极大地调动了婴幼儿追逐、抓握、抛扔的兴趣，与成人之间的相互滚球又能让其学习与人交往的方式和技巧。在精细动作训练方面，可买些简单的积木、插片等结构性玩具，帮助其手指肌肉发育，协调手、眼动作，以及培养其想象力和创造力。绘画用的纸笔、认识物体之间关系的套碗、小桶、小铲、带盖的瓶子以及发展语言用的图画书等，也是必不可少的玩具。玩具不一定都要通过购买获得，家里的棋子、自制的沙包都可以作为玩具。婴幼儿正是通过玩具认识了世界，家长的任务不仅是提供这些玩具，而且应参与游戏，带其一起玩耍，这才是婴幼儿最渴望的。

二、婴幼儿玩具甄选的注意事项

（1）挑选的玩具要符合安全、卫生的要求。婴幼儿都喜欢将玩具放入口中，因此要求玩具材料必须无毒无害。

（2）外形要能保障安全，避免婴幼儿在玩耍中被刺伤、划伤；最好是选择能够经常清洗的玩具，以防止胃肠道疾病的发生。此外，易坏的玩具容易使婴幼儿失望，给其带来不愉快，所以选择的玩具应尽量坚固耐用，经得起敲打摔碰。

（本节作者：朱建英）

第十节　婴幼儿的绘本甄选

一、婴幼儿绘本甄选的方法

婴幼儿绘本甄选应根据婴幼儿不用阶段阅读活动的要求来进行，具体要求如表 11－7 所示。

表 11－7　不同月龄婴幼儿阅读活动的要求

月龄	婴幼儿阅读活动的要求
0～6 个月	对能发声的玩具有反应，并逐渐产生兴趣；在成人讲故事、念儿歌时，逐渐会用原始的发音来回应
7～12 个月	听到他人说“看书”，会把图书拿出来或用手指向图书；在多次接触同一本图书的基础上，能把一些动物、植物、人物和物品的名称与相应的图画联系起来
13～18 个月	对图片感兴趣，能注视或随意地翻看图书；在成人的提示下能辨认图片；有听成人讲解图片和故事的愿望；看到自己熟悉的图片会用动作和表情表达出来
19～24 个月	能与成人一起翻阅图书、画册和念儿歌；能回答成人提出的简单的问题；乐于用各种动作、表情和简单的语词来模仿图书中的角色；24 个月时能表达自己对图书内容的理解
25～30 个月	能按顺序翻看图书，对熟悉的内容能用简短的词语表达；乐于向成人和同伴询问图书中的有关问题
31～36 个月	能较有顺序地从头到尾看完一本书；用已学会的简单语句说出自己所看到的各种图书和画册的内容；在成人的帮助下，尝试制作属于自己的图书

选择婴幼儿感兴趣的绘本。可以让婴幼儿边听边看绘本，以激发婴幼儿的兴趣。可以让婴幼儿听电子设备阅读，也可以由家长阅读。阅读时要用普通话阅读，语速中等，声音抑扬顿挫，对关键的词句做简要解释，以帮助婴幼儿听懂。

二、婴幼儿绘本甄选的注意事项

（1）选择的图书画面要简单，每一页上只出现一个动物，不要几个动物同时出现在同一页上，否则容易给婴幼儿造成干扰。

（2）根据婴幼儿的不同年龄，家长的指导方法也应有所不同。对1岁左右的婴幼儿，家长主要采取让其指认画面中信息的方法进行阅读；对1~2岁的婴幼儿，采用让婴幼儿命名画面中事物的方法进行阅读；对2~3岁的婴幼儿，则采用完整句问答的方法，引导婴幼儿尝试用完整句表达画面内容，说出故事大意。

三、婴幼儿绘本阅读训练示例

阅读图书《在动物园》。

（1）物品准备。图书《在动物园》，小兔子、青蛙、猴子等动物毛绒玩具。

（2）环境准备。图书应放在婴幼儿翻阅得到的地方。

（3）婴幼儿准备。要在婴幼儿清醒、心情愉悦的时候进行。

（4）操作步骤。

①家长拿起图书，对婴幼儿说："今天我们一起去动物园看看吧，动物园里有很多动物宝宝，看看会有谁在动物园里。"

②家长把书本打开翻到第一页，可轻轻抓住婴幼儿的小手指向书中的动物。指到小兔子的时候说："小兔在吃草。"说话的速度应该缓慢，多重复几次，试着让婴幼儿也开口说一说。家长可以引导婴幼儿说："小兔子在吃草，谁在吃草啊？原来是小兔子在吃草……"也可以说："这片绿绿的地方是草地，小兔子爱吃草，小兔子在吃草。"当婴幼儿说到动物名称时，家长可以引导其用手指指认书中的动物图或者出示毛绒玩具，提示婴幼儿说出动物名称。

③家长握着婴幼儿的手说："我们一起翻开第二页，看看是谁来了。谁来了呀？原来是穿绿衣服的青蛙。"可以提问："青蛙张大嘴巴在做什么呀？""原来是青蛙在唱歌，青蛙在唱歌。"学说的短句需要家长引导婴幼儿多重复几遍。

（5）注意事项。应注意选择适合婴幼儿的绘本，并注意不要让图书边角割伤婴幼儿的皮肤。

（本节作者：朱建英）

第十一节　婴幼儿的儿歌和故事讲述

一、给婴幼儿讲述儿歌的方法

（一）讲述儿歌

儿歌对婴幼儿有较强的吸引力，情节大多随人们美好的理想、善良的意愿而发展，可促进婴幼儿想象力的发展。丰富的故事情节，借助生动的语言表达及艺术形象描绘，可以使婴幼儿联想到真实的形象，进而发展其想象力。

（二）续编故事

家长讲儿歌或故事，可留下结尾部分让婴幼儿自己续编。然后和婴幼儿一起商量，如何编出更生动、圆满的结尾。家长描绘儿歌或故事中的情节，但对某个情节不做细节描绘，让婴幼儿来补足，例如故事中的小主人公来到了森林，试着让婴幼儿描绘小主人公初入森林时看到的景象，凡有生动的情节，都可以让婴幼儿先尝试描绘。

（三）描绘角色的神态和行为

当讲到儿歌或故事中的某个角色时，可以让婴幼儿描绘这个角色的神态和行为等。比如老虎是如何出现的、狐狸有多狡猾等。

二、给婴幼儿讲述儿歌和故事的注意事项

可以在日常生活中给婴幼儿讲故事，如坐车时、散步时、入睡前等，一个即兴的故事足以使家长和婴幼儿一同享受一段愉快的时光，它可以温暖婴幼儿的心，对婴幼儿具有很大的吸引力。

在讲故事时，可以引导婴幼儿提出一些问题，家长可借此机会和婴幼儿一起讨论，或将问题的答案融入讨论之中，让婴幼儿自己思考。

婴幼儿喜欢的故事大致有三类：

第一类是民间传说和童话。可以是小神仙的故事等。这些故事的特点是世代相传，主要内容不变，细节可以改变。家长若讲这类故事给婴幼儿

听，可以依照自己的意思增减和改变内容，最好能用自己的语言讲述，这样会更生动、更亲切。

第二类是家长小时候的轶事、趣谈。这类故事可以拉近家长和婴幼儿之间的距离。但是，家长必须坦诚地描述，切不可弄虚作假。

第三类是即兴之作。故事开始时可以先描述一些主角，比如小孩、小动物、桌椅或果蔬，然后再编排出一个相对合理的故事情节。故事的结局最好是圆满幸福的，但主角必须获得新生或得到教训。即兴故事最好带有寓意，与安全、卫生、守时等社会价值相关联。训诫或教导如能用巧妙的故事方式表达出来，婴幼儿更容易接受。

不要把过深的道德理论或社会意义用陈述事实的方式讲出来，家长可以把社会生活、生产等观念融入探险、地理、历史类故事中，这样能给婴幼儿留下深刻的印象。

另外，可以鼓励婴幼儿自己讲故事。婴幼儿第一次讲故事也许有一定困难，这时，家长要耐心给予帮助，千万不要因此而降低了婴幼儿的兴趣。为了激发婴幼儿讲故事的欲望，家长可以买个木偶，方便在讲故事时进行表演，增加故事的生动性，还可以培养婴幼儿的表演才能。

（本节作者：朱建英）

第十二章　婴幼儿的心理成长教育辅导

第一节　婴幼儿的内在心理诉求

一、关于婴幼儿的内在心理诉求

婴幼儿在出生后的头几个月，哭是其与人交流的主要方式。婴幼儿用哭来表达心理诉求，主要是饥饿、尿布湿了或身体不适等。家长不要太害怕婴幼儿哭，比如因饥饿而哭泣，表达的是希望父母能满足他们进食的诉求。当婴幼儿哭泣时，应及时准确地识别其发起诉求的原因，并满足其需求。

日常中婴幼儿还有一种无明显原因哭闹，一般发生在睡前，表现为哭一阵就睡着，或在刚醒时，哭一会儿后进入安静觉醒状态，且显得特别机敏。细心的家长和婴幼儿相处久了，就能学会找到婴幼儿哭的原因，并进行恰当处理。如和婴幼儿说话，触摸、抱起婴幼儿，以找不适的原因，然后哺喂。大部分哭着的婴幼儿被抱起靠在家长肩上时会安静下来，并睁眼扫视四周环境。

恐惧心理：婴幼儿的恐惧心理主要由不愉快的经历产生，处于恐惧情绪中的婴幼儿往往会哭闹不安，有的还会伴有面色苍白或赤红、出冷汗、心跳加速、呼吸急促、血压升高等一系列躯体症状。当婴幼儿感觉恐惧时，家长最好将其抱在怀里，给其足够的安全感。婴幼儿的恐惧心理一般针对具体情境、具体事物而产生，因此，家长要及时了解其恐惧的原因，做些说明与解释，让婴幼儿远离恐惧的环境，帮助其减轻恐惧感。

依恋心理：依恋是寻求与某人的亲密，并当其在场时感觉安全的心理倾向。依恋表现为多种行为，如微笑、咿呀学语、哭叫、注视、依、追踪、拥抱等。婴幼儿最喜欢和母亲在一起，与母亲的接近会使其感到舒适、欢快，在母亲身边能使其得到最大的安慰，同母亲的分离则会使其感到痛苦。在遇到陌生人和陌生环境而产生恐惧、焦虑时，母亲的出现能使婴幼儿获得最大的安全感，得到抚慰。而平时当他们感到饥饿、寒冷、疲倦、厌烦或疼痛时，首先做的往往是寻找依恋对象。

二、处理婴幼儿内在心理诉求的方法

（一）处理婴幼儿内在心理诉求的注意事项

在日常照顾中常进行情感交流，比如温柔地注视，用温柔的语言和婴幼儿交流；在照料活动中和婴幼儿谈话，喂乳时尽量与婴幼儿肌肤相亲，并以表情和动作与婴幼儿交流。

（二）回应婴幼儿哭声的有效策略

把婴幼儿包裹起来紧抱，让婴幼儿听听有节奏的声音；轻轻地摇晃婴幼儿，或给婴幼儿按摩；让婴幼儿吸吮一个东西，比如给其一个安抚奶嘴就能让其平静下来。这种有抚慰作用的吸吮能使婴幼儿心跳平稳，肚子放松，有助于其安静下来。

（三）回应婴幼儿哭声的注意事项

有效应对婴幼儿的哭闹，除了要及时回应、满足婴幼儿的生理需求外，关注其情感和心理需求也非常重要。

家长要避免以下错误的做法：一是当婴幼儿哭闹时，很多家长都会用转移其注意力的方法来让婴幼儿停止哭闹，这其实是一种变相压抑婴幼儿情绪的做法。二是推脱责任，最常听到家长说的就是："都怪这桌子不好，我们打它！"如果这样的情形多次发生，很容易导致婴幼儿在遇到挫折时，不会从自己的身上找原因，而总是把责任推到他人身上。这也会让婴幼儿不愿意去面对自己的负面情绪，不知如何从挫折中总结经验和教训。

（本节作者：段冬梅）

第二节　婴幼儿的日常情绪疏导

一、关于婴幼儿日常情绪的疏导

家长应重视对婴幼儿的情感关怀，强调以亲为先、以情为主、赋予亲情，满足婴幼儿成长的需求。《上海市0—3岁婴幼儿教养方案》中明确指出："保证每日有一小时以上的时间与孩子进行情感交流，如目光注视、肌肤接触、亲子对话等。学会关注，捕捉孩子在情绪、动作、语言等方面出现的新行为，做到及时回应，适时引导，满足婴幼儿的依恋感和安全感。”

二、处理婴幼儿日常情绪的注意事项

（1）积极为婴幼儿提供卫生、安全、舒适、充满亲情的日常护理环境，以及充足的活动空间与温度适宜、空气新鲜、光线柔和的睡眠环境。

（2）积极回应、满足婴幼儿的情感需求。

（3）通过亲子游戏丰富婴幼儿积极的情绪体验，比如哼唱歌曲、挠痒、躲猫猫，以及其他各种可以制造乐趣的活动。婴幼儿对于这样的游戏积极主动，没有强制目标，不会因达到目标、完成任务而产生紧张的情绪，只是满足需要和愿望，婴幼儿便能产生愉悦、自信、满足等积极的情绪，还可以宣泄焦虑、害怕、愤怒和紧张等消极情绪。婴幼儿也可以在这样的游戏中形成与照顾者的积极的情感交往方式，也有利于各种情感类型的产生。

婴幼儿不同阶段情绪情感发展的表现具体如表 12 - 1 所示。

表 12 - 1　婴幼儿不同阶段情绪情感发展的表现

月龄	婴幼儿情绪情感发展表现
0 ~ 3 个月	1. 感受和表达三种基本的情感：感兴趣、悲伤及厌恶 2. 把哭泣作为表达某种需要的信号 3. 在被抱着的时候，会变得安静 4. 感受和表达快乐 5. 发出社会性微笑 6. 辨别和区分成人的面部表情 7. 以情感表达来调节自我 8. 大声地笑 9. 通过吸吮拇指或橡皮奶嘴等方式使自己平静下来
4 ~ 6 个月	1. 表现出快乐的情绪 2. 对照料者的情绪有反应 3. 开始区分熟悉和不熟悉的人 4. 表现出喜欢让熟人抱着 5. 能主动扶着奶瓶 6. 有选择地表达快乐的情绪，对熟人常微笑或大笑

（续上表）

月龄	情绪情感发展表现
7～9 个月	1. 脸部表情、凝视行为、声音和身体动作组成了协调的对社会事件的情绪反应模式 2. 更经常表达害怕和愤怒 3. 开始通过经验学习来调节感情 4. 开始觉察他人情绪表达的含义 5. 通过看着他人来获得如何做出回应的提示 6. 对陌生人表现出害怕心理
10～12 个月	1. 不断地表达愉快、不舒服、愤怒和悲伤的情绪 2. 因没有达到目的而表现出愤怒 3. 对导致受挫的目标源表示愤怒 4. 表示出对看护者要求的顺从 5. 经常对游戏时间被中断表示抗议 6. 开始用勺子吃东西 7. 有意识地穿脱衣服 8. 对玩偶或填充性动物玩具表现出喜爱和照顾之情 9. 用手拿食物，独立进餐 10. 成功完成某项任务时会鼓掌
13～18 个月	1. 经常用“不”来表示自主性 2. 能对几种情绪命名 3. 将感觉与社会性行为联系起来 4. 开始了解复杂的行为模式 5. 表现出交流的愿望 6. 对自己不需要的一些东西可能会说“不” 7. 有可能会情绪失控和发脾气 8. 表现出有自我意识的情绪，如内疚和害羞 9. 易受挫
19～24 个月	1. 主动对他人表达喜欢之情 2. 在他人悲伤时会出现安慰的行为 3. 能表达自豪和尴尬的情绪 4. 在对话或游戏中主动使用情感词语 5. 开始对他人表现出同情 6. 很容易因受到批评而伤心 7. 当没有达到目的时，偶尔会发脾气 8. 将面部表情和简单的情绪词语联系起来

（续上表）

月龄	情绪情感发展表现
25～36个月	1. 关于各种各样害怕的经历增多 2. 开始了解基本情绪之间的因果关系 3. 学习控制强烈情绪的技巧 4. 学习用特别的词汇表达更多的感觉 5. 表现出移情和有同情心 6. 建立起对情绪的疏导管理，较少发脾气 7. 能够从愤怒中恢复过来 8. 愿意帮忙干活，如擦洗玩具、帮忙提购物袋 9. 开始用某种信号表达自己要上厕所的愿望 10. 希望例行的事情能够像上一次那样去做

（本节作者：段冬梅）

第三节　婴幼儿主动合作意识的培养

一、婴幼儿主动合作意识的培养方法

家长应在日常生活中为婴幼儿创造合作的机会，如共同搭积木完成一座房子，共同完成一幅画，或采取两人合作或几人一组的方式进行体育游戏等。这样，婴幼儿在活动时就不能只顾一个人玩，而需要两人或几人合作共同完成一项任务，把每个人的想法结合在一起。两人或几人协商的过程就为婴幼儿提供了锻炼主动合作能力的机会。此外，还可以利用日常生活的各种机会，有意识地让婴幼儿互相帮助，比如你帮我擦汗，我帮你换衣服；你看我的书，我玩你的玩具等。

婴幼儿的“自我中心”意识占主要地位，在游戏中往往是以自己为中心，互不相干。家长可在区域活动游戏中创设合作的机会，让婴幼儿体验合作带来的愉快。

（1）展示法。展示婴幼儿合作的成果。让婴幼儿欣赏合作成果，产生愉快的情绪。

（2）激励法。对合作中有冲突的婴幼儿给予指导和激励，使他们产生积极的情绪。

二、婴幼儿主动合作意识培养的注意事项

（1）采取一种婴幼儿喜欢并乐于接受的方式，不伤害婴幼儿的自尊心。

（2）家长可以加入游戏活动与婴幼儿共同商讨解决问题的办法，最后采取大家都赞同的方式来解决。

（3）家长让婴幼儿体会合作成功的快乐情绪。

（4）让婴幼儿知道遵守合作规则在合作中具有关键意义，它是大家共同合作的依据。只有共同遵守规则，才能齐心协力地完成任务。

（本节作者：段冬梅）

第四节　亲子关系优化的方法

一、亲子关系优化的指导方法

可以请家中长辈或家政阿姨来帮忙，分担家务与照料婴幼儿生活的劳累，使家长有更多时间关注和参与育儿过程。

望子成龙是中国家长的传统思想。但家长应该观察、了解婴幼儿，建立合适且与实际切合的期望，慢慢引导婴幼儿，而不是光有期望，尤其是不切实际的期望。那样只能导致家长失望，由此带来的抱怨对婴幼儿更不利，会令婴幼儿感到自卑和无助。

家长在婴幼儿面前解决问题的行为和情绪状态，往往会被孩子不自觉地习得，并应用在相似的情境中，因此有句话说“孩子是父母的影子”。家长为了婴幼儿一定要管理好自己的情绪，修行自身。家长情绪平和、通情达理是婴幼儿一生的幸福。以尊重的理念接纳婴幼儿，再以智慧引导的方法教育婴幼儿，这样才是可行的。当我们无法控制自己，使用一些过激的行为和言语来强迫婴幼儿遵循我们的意愿时，也许当时是有效的，但对婴幼儿内心的伤害和影响是无法估量的。

回应与互动指导：婴幼儿发脾气时，家长千万不能“以暴制暴”，可以先巧妙地冷处理或是转移注意力，再找合适的时机帮其学会控制情绪。安抚婴幼儿平静下来，家长要巧用共情的策略，共情能让婴幼儿感受到自己的愿望被家长了解与接纳。

营造温馨的亲子阅读氛围：家长每天晚上陪伴婴幼儿进行睡前亲子共

读活动，由此能产生家庭生活浓浓的仪式感和幸福感。2～3岁的婴幼儿喜欢听家长讲图画故事书，但看图书需要家长的引导与陪伴。一边听一边看图画的亲子共读方式是最主要的阅读方式。

二、亲子关系优化的注意事项

家长要注意调节情绪和心态。遇事不要过于紧张不安，更不要激动或不耐烦。家长能够保持良好的心态，情绪平和、态度积极乐观，婴幼儿自然也会愉悦、情绪平和。

日常生活中，家长对于婴幼儿发脾气的常见处理方式有如下四种：

（1）冷处理。当婴幼儿发脾气时，最不恰当的方法就是以粗暴的方式回应，这样只会适得其反。如果婴幼儿哭闹，家长也急躁，情况只会变得一团糟，解决不了任何问题。如果家长感到控制不了自己的情绪，可以先找个地方让自己冷静几分钟，再面对婴幼儿。

（2）拥抱和交流。对稍小一点的婴幼儿，家长更应该用积极的情绪应对，抱抱婴幼儿，轻柔悦耳的声音能更快地让婴幼儿安静下来。

（3）延迟满足。婴幼儿日常生理需求需要及时满足，其他需求随着婴幼儿不断长大，家长要有意识地延迟满足，目的是发展婴幼儿的情绪调控能力。

（4）创设宽松安静的阅读环境，享受温馨。家长除了在为婴幼儿讲述绘本时和其进行互动外，还可做一本有意义、珍贵的婴幼儿阅读记录，记录下婴幼儿在不同阶段喜欢听的绘本故事，包括特别感兴趣的情节，记录下婴幼儿当时的眼神、表情、语言、肢体动作等。

（本节作者：袁慧贞）

第五节　婴幼儿家庭养育观念

一、婴幼儿家庭养育观念的指导

（一）引导家庭各成员配合，形成良好的养育环境

0～3岁是人一生中最重要的阶段之一，这个阶段实际上塑造了婴幼儿的大脑。婴幼儿早期经历的事物越有意义，越富有连续性和趣味性，其大脑也被塑造得越精妙，这将影响其一生的学习能力及竞争能力。而这些又直接受家庭各成员的影响，家长应认识早期发展的重要意义，提升养育技

能，从而为婴幼儿营造一个安全可靠的良好的养育环境。

（二）家长的教养观念和态度

家庭是人生的第一驿站，家长的教育观念和态度十分重要。家长的早期教育观念、知识和科学育儿能力的高低直接影响婴幼儿身心健康发展的质量，是取得家庭教育成功的重要条件之一。家长的教育观包括人才观、亲子观、儿童观等观念，直接影响家长对婴幼儿的态度。所以要开展良好的家庭教育，家长首先必须审度自己的教育观。

人才观是指家长对人才价值和子女成长的价值取向，决定家长对婴幼儿的教育抱有何种期望以及希望子女朝什么方向发展。

亲子观是指家长对亲子关系的基本看法及教养子女的动机。

儿童观是指家长对婴幼儿的权利、地位及发展规律的认识。

（三）家长的教养态度与婴幼儿发展的关系

家长的教养态度在很大程度上会直接影响婴幼儿的行为。心理学家发现，在不同的教养态度下，婴幼儿往往会表现出不同的性格特征。

二、分歧处理的方法

（一）对于核心家庭

核心家庭指由父母与未婚子女两代人组成的家庭。一般只是父母二人，他们之间几乎不存在代际差异，因此对婴幼儿在教育内容、管理方法等方面，认识比较统一，即使出现矛盾，夫妻之间加强沟通，也较容易协调处理。

（二）对于主干家庭

主干家庭指由祖父母或外祖父母、父母和子女三代人组成的家庭。祖辈家长在心理和生理上必然有他们的特点，其价值观念、生活方式、家庭教养观念等都受到自身学历、经历等方面的影响，与现代社会的观念会有差别。

对策：祖辈与父辈在教育的问题上应多沟通，相互学习，交换意见，取长补短。父辈应听取祖辈的意见，祖辈应尊重父辈的决定，不要各执己见，尽可能地在教养婴幼儿的问题上统一思想认识。

三、分歧处理的注意事项

（一）对于核心家庭

要注意发挥自己家庭的优势，同时尽力克服不利因素。应多带婴幼儿到社区与同龄婴幼儿交往、玩耍，多与亲朋好友来往，不让婴幼儿感到孤独，学会人际交往，特别要注意利用日常生活中的各个环节加强与婴幼儿的交流互动，加强对其自理能力和良好生活习惯等的培养。

（二）对于主干家庭

首先年轻父母要端正态度，克服对祖辈家长的依赖，不管多忙，都要抽时间陪伴婴幼儿，不要把对婴幼儿的教育和抚养责任完全交给祖辈家长，这是对婴幼儿不负责任的做法。养育婴幼儿是自己的责任，不是老人的责任。还应注意以下几点：

（1）祖辈家长在带养孙辈时，应注意自己的角色定位，一定是辅助父辈家长带养。

（2）祖辈家长应注意接受新思想，学习新知识，尽量用现代化的、科学的知识带养孙辈。

（3）祖辈家长要以理智控制情感，分清溺爱和关爱，要爱得适度，正确的爱有利于婴幼儿的健康成长。

在教养婴幼儿的问题上，亲子关系的质量远比某一种具体的教育方法更重要。在影响家庭教养的诸多因素中，亲子关系直接决定着家庭教养水平，从而影响婴幼儿的发展。

（本节作者：袁慧贞）

第十三章　婴幼儿常见病照护

第一节　婴幼儿感冒照护

一、婴幼儿感冒的护理方法

婴幼儿感冒发病率较高，往往起病急骤，病情发展迅速，易出现并发症。如感染蔓延到邻近器官，可引发中耳炎、支气管炎、肺炎等；感染通过血液循环播散，可引发败血症、脓胸、脑膜炎等；感染的毒素及变态反应则可引发风湿热、心肌炎、肾炎等。尽管感冒本身不是一种严重的疾病，却是百病之源。因此要积极预防、积极治疗，并做好婴幼儿的家庭护理工作。

（一）一般护理方法

（1）注意休息，减少活动。

（2）采取分室居住和佩戴口罩等方式进行呼吸道隔离。

（3）保持室内空气清新，但应避免对流风直吹婴幼儿。

（二）促进舒适的方法

（1）保持室温18℃～22℃，湿度50%～60%，以减轻空气对婴幼儿呼吸道黏膜的刺激。

（2）保持口腔清洁，婴幼儿饭后可喂少量的温开水以清洗口腔。

（3）及时清除婴幼儿鼻孔周围的分泌物和干痂，保持清洁，可用凡士林或液状石蜡等涂抹鼻翼部及鼻下皮肤，以减轻分泌物引起的刺激。

（4）叮嘱婴幼儿不要用力擤鼻，以免炎症经咽鼓管向中耳发展，引起中耳炎。

（5）如婴幼儿因鼻塞而难以吸吮，可在哺乳前15分钟用0.5%麻黄碱液滴鼻，使鼻腔通畅，保证吸吮。

（三）发热护理方法

（1）让婴幼儿卧床休息，保持室内安静、温度适中、通风良好。衣被不可过厚，以免影响机体散热。

（2）每4小时测量一次体温，并准确记录，如为超高热或有热性惊厥史者须1～2小时测量一次体温。体温超过38.5℃时给予药物降温。若婴幼儿虽有发热甚至高热现象，但精神较好，玩耍如常，在严密观察下可暂不处置。若有高热惊厥病史者应及早给予处置。

（3）保持婴幼儿口腔清洁，饭后、睡前漱口刷牙。

（4）保持婴幼儿皮肤清洁，及时更换被汗液浸湿的衣被。

（5）保证充足的营养和水分。给予富含营养、易消化的食物，如牛奶、粥、面条、鱼、蛋等。有呼吸困难者，应少食多餐。在对婴幼儿进行哺乳时取头高位或抱起喂，呛咳严重者用滴管或小勺慢慢喂，以免进食用力或因呛咳加重病情。因发热、呼吸加快会导致水分消耗增加，所以要注意常喂水，摄入量不足者必要时应进行静脉补液。

（四）病情观察方法

（1）密切观察婴幼儿的病情变化，注意有无咳嗽、鼻塞、流涕等。

（2）注意婴幼儿有无头晕、头痛、呕吐、腹痛等。

（3）注意婴幼儿有无呼吸困难的表现。

（4）注意婴幼儿有无皮疹。

（5）若发现异常情况，应及时到医院就诊，预防高热惊厥、中耳炎、支气管炎、肺炎、心肌炎、肾炎、风湿炎等并发症。

二、婴幼儿感冒护理的注意事项

（1）婴幼儿居室应宽敞、整洁、采光良好。室内应采取湿式清扫，经常开窗通风，家长应避免在婴幼儿居室内吸烟，保持室内的空气新鲜。

（2）合理喂养婴幼儿，提倡母乳喂养，及时添加换乳期食物，保证摄入足量的蛋白质及维生素，做到营养平衡，纠正偏食。

（3）多进行户外活动，多晒太阳，预防佝偻病的发生。加强体格锻炼，增强体质，加强呼吸肌的肌力与耐力，提高适应环境的能力。

（4）在气候变化或季节交替时，应及时给婴幼儿增减衣服，既要注意保暖，避免着凉，又要避免过多地出汗，出汗后应及时更换衣物。

（5）在上呼吸道感染的高发季节，避免带婴幼儿去人多拥挤、空气不流通的公共场所。体弱的婴幼儿建议注射流感疫苗，以提高防御能力。

三、普通感冒与流行性感冒的区别

普通感冒的病原体是鼻病毒、呼吸道合胞病毒、副流感病毒等。没有明显的流行季节，症状有鼻塞、流涕、轻中度干咳和发热。病程较短，少于7天。普通感冒不需要服用西药进行抗病毒治疗，仅需要对症治疗，多喝水，多休息即可。

流行性感冒由流感病毒、副流感病毒引起，简称“流感”。有明显的流行病学史，潜伏期1~3天，起病初期传染性最强。典型流感的呼吸道症状不明显，而全身症状重，如出现发热、头痛、咽痛、肌肉酸痛、全身乏力等。有的可引起支气管炎、中耳炎、肺炎等并发症，以及恶心、呕吐等呼吸道外的各种病症。应尽快到医院就诊，在医生的指导下用药。

四、鼻腔滴药方法

选择清洁、舒适、光线充足的环境。婴幼儿呈舒适体位（坐位、仰卧位或侧卧位，头略后仰）。准备好小方纱、滴鼻药液、手电筒、垃圾桶。

先清洁鼻腔，然后滴药。方法为一手轻推婴幼儿的鼻尖，充分暴露鼻腔，另一手持滴鼻药液，在距离婴幼儿前鼻孔2cm处，滴入药液3~4滴，可以卧位滴药或坐位滴药（见图13－1）。

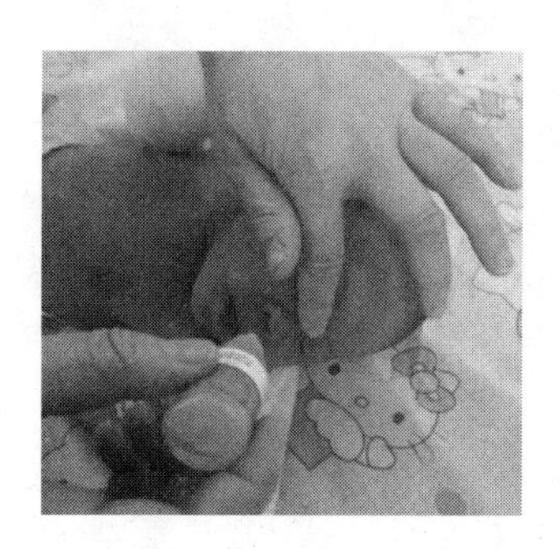
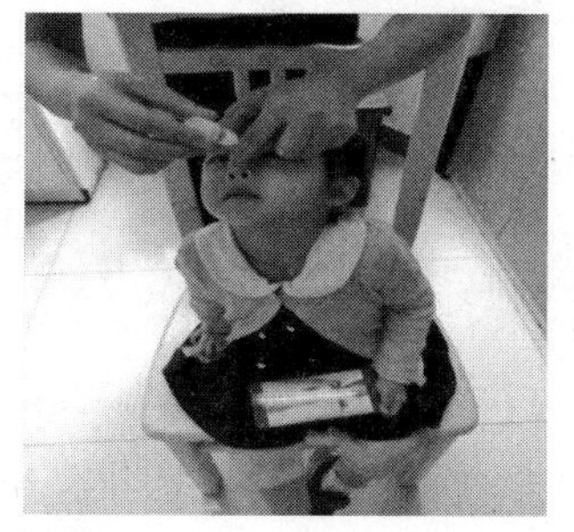

图13－1 鼻腔滴药

滴完药液后轻捏鼻翼两侧，使药液充分与鼻腔黏膜接触。协助婴幼儿保持体位，3~5分钟后恢复正常体位。若药液外溢，可协助婴幼儿用小方纱擦净。

应注意滴药时，药瓶口勿触及前鼻孔，以免污染；要保持婴幼儿体位正确，防止呛咳窒息。

（本节作者：解琼、曲轶枫）

第二节　婴幼儿发热照护

一、婴幼儿发热护理的相关知识

婴幼儿特别是新生儿的体温调节中枢发育尚不完善，体温受外界环境的影响较大，更加需要得到细心护理。

正常体温为腋温36℃～37℃，肛温36.5℃～37.7℃。婴幼儿发热可分为四种：低热（37.5℃～38℃），中度发热（38.1℃～39℃），高热（39.1℃～40℃），超高热（高于40.5℃）。

体温的高低与许多因素有关，如哭闹、进食活动、室温过高、衣着过多等，通常不超过37.5℃。

二、婴幼儿发热的护理方法

婴幼儿发热时家长应准备脸盆或水桶、毛巾、汗巾、换洗衣服、热水袋、奶瓶等婴幼儿日常用品。

发热分3个阶段：上升期、高热期和下降期。

（一）上升期的护理

（1）表现。疲倦乏力、面色苍白、手脚冷等。

（2）护理要点。婴幼儿感觉发冷时应添加衣被保暖，同时保持手脚温暖，可用温水泡脚30分钟。用温水擦身、泡脚后可用热水袋暖脚。若夜间婴幼儿入睡不方便泡脚亦可给予热水袋暖脚，但热水袋温度不宜过高，避免烫伤。

（二）高热期的护理

（1）表现。体温已达到高峰，皮肤潮红而灼热，呼吸加快加深，心跳加快，伴有出汗。

（2）护理要点。减少衣物，给予温水擦身促进散热，多喂水。

（三）下降期的护理

（1）表现。出汗多，皮肤潮湿，体温逐渐下降。

（2）护理要点。多喂水，勤更衣服，保持皮肤干燥，避免受凉。

另外，饮食方面应给予婴幼儿食用富含营养、易消化的食物，如瘦肉粥、牛奶、水果等，暂不进食海鲜以及煎炸、辛辣食物。但发热婴幼儿一般胃口较差，家长不宜强迫其进食，以免引起呕吐。

若伴有腹痛，可能与发热导致的肠痉挛或肠系膜淋巴结炎有关。一般不需特殊处理，若疼痛明显应及时到医院就诊。

三、体温测量方法

选择安静、安全、光线充足、清洁的测量环境。准备小毛巾、体温计（干燥、无破损）、润滑剂、耳温计。婴幼儿测量体温前30分钟应未进食冷热饮，未进行冷热敷、坐浴、灌肠等，且无剧烈活动或情绪激动。

下面主要说说如何使用耳温计测体温，步骤如下：

（1）将耳温计从保护套中拿出。

（2）检查探温头是否干净。

（3）牢牢套上耳温套，耳温计会自动检测。

（4）检查耳温套与耳温计是否接触良好。

（5）把耳温套放入婴幼儿的耳道，完全堵住耳道，耳温探头与耳道在同一水平面。

（6）按下耳温计按钮，听到响声后取出探头。

（7）屏幕上显示探测温度，屏幕上显示向下箭头时卸下耳温套。

（8）按下弹出键，弹下耳温套。

（9）把耳温计放回架上。

四、注意事项

（1）测量前要检查体温计有无破损。

（2）应在吃饭、喝水、运动出汗等情况后休息半小时再测体温。

（3）保证婴幼儿在安静的状态下测量体温。

（4）测体温前，检查体温计中的水银柱是否已甩至35℃以下。

（5）取出体温计时转动温度表，直到可见一条粗线为止，再读取水银柱上所指数字。

（6）婴幼儿不宜测量口温，以免其咬破体温计。

（7）婴幼儿患有腹泻、心脏病者不宜测肛温。

（8）腋下有创伤、皮肤溃烂、肩关节受伤时不宜测腋温。

五、温水擦浴方法

（1）环境准备。安静、室温适宜（26℃～28℃）。

（2）婴幼儿准备。衣着宽松、取舒适体位。

（3）物品准备。水温计、用布袋包裹的冰袋、用布袋包裹的热水袋、小毛巾2条、大毛巾2条、水盆2个、婴幼儿换洗衣服。

（4）操作步骤。

①分别将冷、热水倒入水盆中，用水温计测量水温为32℃～34℃时，浸湿毛巾。

②放置冰袋及热水袋。松开被尾，将用布袋包裹的冰袋置于婴幼儿的头枕部，将用布袋包裹的热水袋置于婴幼儿的脚底。

③擦拭上肢。脱去上衣，先脱近侧衣袖，后脱对侧衣袖。将上衣盖在婴幼儿的前胸，露出近侧上肢，将大毛巾垫于肢体下方。将小毛巾拧至不滴水，缠于操作者手上成手套状，包裹除大拇指外的其余四指。以离心方向自婴幼儿颈部沿上臂外侧擦拭至手背，再从腋窝沿上臂内侧擦拭至手心，边擦边按摩，擦拭腋窝、肘窝及手心时稍用力并延长停留时间。

④观察婴幼儿的反应，若出现面色苍白、脉速或呼吸异常时，立即停止擦浴。

⑤用大毛巾擦干皮肤。

⑥用上衣遮盖婴幼儿近侧肢体，同法擦拭对侧上肢。

⑦穿衣，撤去大毛巾、小毛巾及水盆。

⑧擦拭下肢。更换毛巾和水盆，倒入冷、热水，测量水温。脱去婴幼儿的裤子，先脱近侧裤腿，后脱对侧裤腿。将裤腿盖在对侧下肢，露出近侧，将另一条大毛巾垫于肢体下方。将另一条小毛巾拧至不滴水，缠于操作者手上成手套状，包裹除大拇指外的其余四指。以离心方向自婴幼儿髂骨沿大腿外侧擦拭至脚背，再从腹股沟沿大腿内侧擦拭至内踝，边擦边按摩。

⑨观察婴幼儿的反应，若出现面色苍白、脉速或呼吸异常时，立即停止擦浴。

⑩协助婴幼儿侧卧，从腰部擦拭至脚跟。

⑪用大毛巾擦干皮肤，再撤去大毛巾。

⑫用裤子遮盖婴幼儿近侧肢体，同法擦拭对侧下肢。擦拭腹股沟及腘窝时稍用力并延长停留时间。

⑬穿裤，撤去大毛巾、小毛巾及水盆。

（5）注意事项。

①观察婴幼儿的反应，若出现面色苍白、脉速或呼吸异常时，立即停止擦浴。观察片刻，如症状无缓解甚至加重，应及时就医。

②擦浴时间在10～15分钟。

（本节作者：解琼、卢近好）

第三节 婴幼儿咳嗽照护

一、婴幼儿咳嗽的护理方法

（一）保持室内空气新鲜

污浊的空气对婴幼儿的呼吸道黏膜会造成不良刺激，可使呼吸道黏膜充血、水肿、分泌异常或加重咳嗽，严重时可引起喘息症状。因此，要保持室内空气新鲜，定时开窗换气，厨房油烟要排出，家长更不可在家抽烟。

（二）适度增减衣被

许多家长都认为婴幼儿比大人怕冷，他们往往不分季节、不分室内室外，将婴幼儿捂得过厚过严，其结果是造成婴幼儿机体调节能力差，抵抗力低下。

（三）调节室温

婴幼儿咳嗽往往伴有发热，而室温过高不利于身体散热。稍冷而新鲜的空气可使呼吸道黏膜收缩，减轻充血、肿胀的症状，保持气道通畅。但温度过低，又会使消化吸收的营养物质过多地用于氧化以产生能量保持体温，降低了抗病能力，影响婴幼儿的生长发育。适宜的温度是25℃～28℃，称为中性温度。一般条件下很难保持这种温度，但可以做到室温不至于过高或过低。适当开关门窗，避免室内人员拥挤，可使用电扇、取暖器或空调来调节温度，这些均是简便易行的措施。

（四）居室保持适当湿度

环境过于干燥，空气湿度下降，会导致婴幼儿鼻黏膜发干、变脆，可能造成小血管破裂出血，纤毛运动受限，痰液不易咳出。当呼吸系统的器官有炎症时，影响更为明显。室内保持一定湿度并不困难，气候干燥时，可用湿拖把拖地，或在地上洒些水，有条件的家庭可使用加湿器。

（五）注意饮食调节

俗话说“鱼生火，肉生痰，萝卜白菜保平安”。中医认为，鱼、蟹、虾和肥肉等荤腥、油腻食物，可助湿生痰，但还可能引起过敏反应，加重病情。辣椒、胡椒、生姜等辛辣之品，对呼吸道有刺激作用，使咳嗽加重，要注意避免。而新鲜蔬菜如青菜、胡萝卜、西红柿等，可以供给人体多种维生素和无机盐，有利于机体代谢功能的恢复。

（六）保证充足睡眠

睡眠时，人的全身肌肉松弛，对外界刺激反应降低，心跳、呼吸、排泄等活动减少，有利于各种器官机能的恢复及疾病的康复。应设法让婴幼儿多卧床休息，保证睡眠充足，以利于机体康复。

二、婴幼儿咳嗽护理的注意事项

（1）若婴幼儿只是偶尔咳嗽几声，则不需要进行特殊处理。如果咳嗽频繁并出现其他症状，如气促、发烧等，应及时去医院就诊。

（2）如果是突发性呛咳，很可能是婴幼儿将食物或异物吸入咽喉，但还能呼吸，能讲话或哭出声。要鼓励婴幼儿咳嗽，不可用手在其嘴里乱抠，以防异物越抠越深，以致把气道堵死。如果没有咳出东西，但仍反复咳嗽或气喘，说明异物已到达气道，应立即送去医院取出异物。如果婴幼儿面色发青，不能呼吸，不要惊慌失措，应马上叫其他人去请求医疗急救，同时立即开始自救行动。

三、空气压缩泵雾化吸入疗法

（1）环境准备。安全、空气流通。

（2）婴幼儿准备。婴幼儿取坐位或半坐卧位，意识模糊、呼吸无力者可将其床头抬高30°，取侧卧位。

（3）物品准备。雾化机、一次性雾化器、药液、纸巾或小毛巾。

（4）操作步骤。

①洗手，核对药物。

②加药。向雾化杯内注入药液（见图13－2）。

③安装面罩（见图13－3）。

④连接。一次性雾化器与空气压缩泵连接（见图13－4）。

⑤雾化。将面罩罩住婴幼儿的口鼻，妥善固定，进行雾化（见图13－5）。

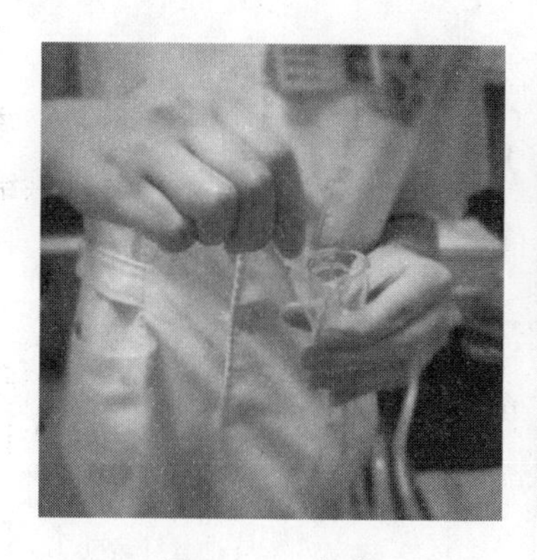

图 13－2　**加药**

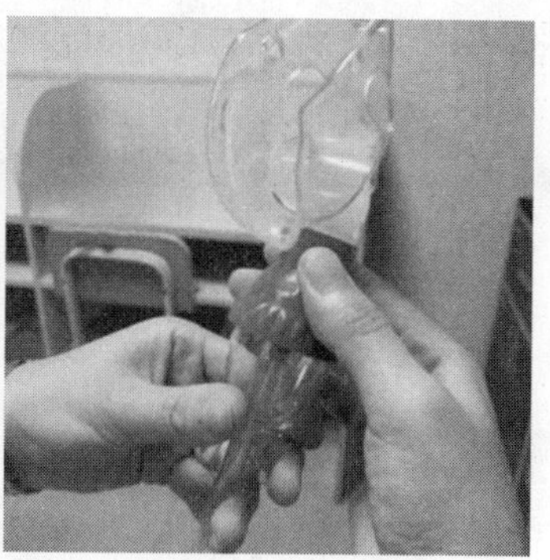

图 13－3　**安装面罩**

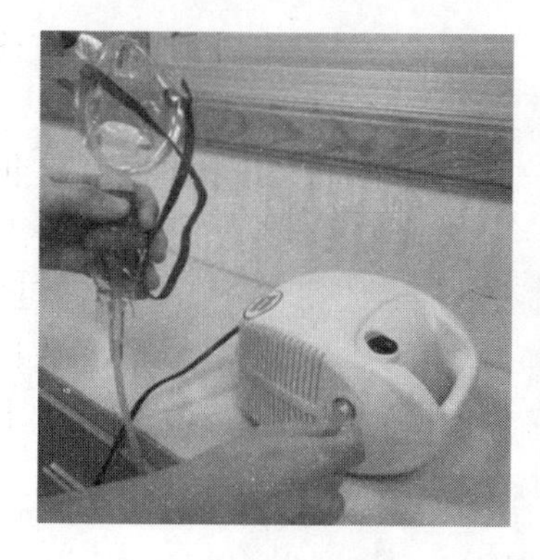

图 13－4　**连接**

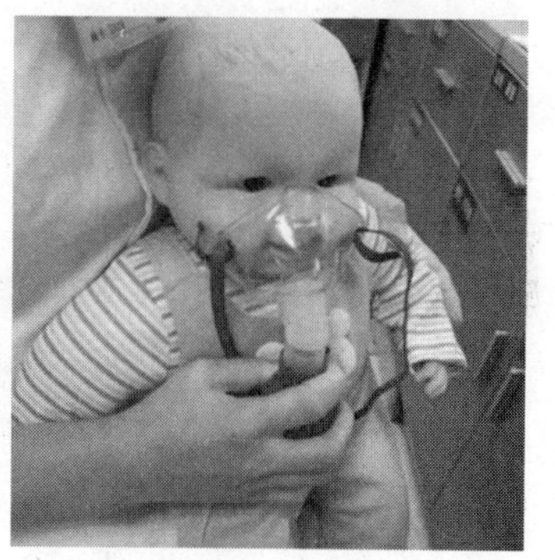

图 13－5　**雾化**

⑥雾化完毕，取下雾化面罩。

⑦关闭电源开关。

⑧擦净婴幼儿面部及颈部，协助婴幼儿漱口。必要时拍背排痰。

（5）注意事项。

①治疗过程中密切观察婴幼儿的病情变化，出现不适可适当休息或平静呼吸。

②不宜饱食后雾化，发生呃逆时，可饮用适量温开水，注意保暖。

③压缩泵放置在平稳处，勿放于地毯或毛织物等软物上。

④雾化器要定期清洗，若喷嘴堵塞，应反复清洗或更换。

（本节作者：解琼、刘金荣）

第四节　婴幼儿荨麻疹照护

一、婴幼儿荨麻疹的护理方法

荨麻疹的表现与消退都发展得十分迅速。常先出现皮肤瘙痒，随即出现红斑或风团（鲜红色或苍白色的水肿性红斑），如图 13－6 所示。持续数分钟或数小时（不超过 24 小时）后一般可自行消退，消退后不留痕迹。全身各个部位都可发生，常反复发作，此起彼伏。

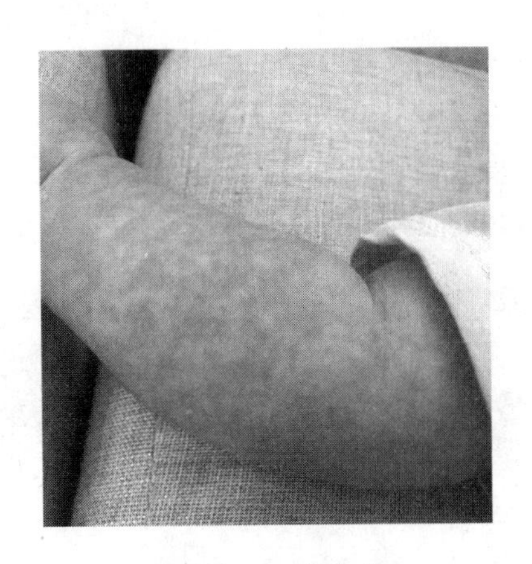

图 13－6　荨麻疹

（一）皮肤护理

评估皮肤受损的程度，红斑、风团的变化情况，观察有无新发皮损。应注意以下几点：

（1）保持床铺清洁、干燥、平整。

（2）穿着软棉质衣服。

（3）勿抓皮损处。

（4）遵医嘱给予婴幼儿内服或（和）外用药物，促进皮损恢复。

（二）疼痛护理

评估疼痛的部位、程度、发作规律、加重及减轻因素。应注意以下几点：

（1）进食易消化、干净的食物，忌食生冷刺激性的食物。

（2）采取舒适体位。

（3）给予保暖，必要时可进行腹部热敷、按摩。

（4）遵医嘱给予婴幼儿用抗过敏、解痉药物，并注意观察疗效以及有无不良反应。

（三）瘙痒护理

评估瘙痒的部位、程度、发作规律及加重、减轻因素。应注意以下几点：

（1）遵医嘱给予婴幼儿抗过敏及止痒的内服及外用药物，并观察疗效以及有无不良反应。

（2）保持环境安静。

二、婴幼儿荨麻疹护理的注意事项

（一）远离变应原

婴幼儿出现荨麻疹之后，要寻找荨麻疹的病因，避免再次接触可疑的变应原，停服、停用引起过敏的药品和食物，远离过敏环境，保持室内外清洁卫生。

（二）避免刺激物品

橡皮手套、染发剂、加香料的肥皂和洗涤剂、化纤和羊毛服装等，对于患有荨麻疹的婴幼儿来说，都可能成为不良刺激，应予以避免。

（三）避免温度和情绪的不良刺激

受热、情绪激动、用力等都会加大皮肤血管扩张，从而引发或加重荨麻疹，因此要避免婴幼儿过热及出汗刺激，洗澡水宜偏凉。患寒冷性荨麻疹的婴幼儿不要去海水浴场，也不能洗冷水浴，冬季或出门要注意保暖。

（四）涂抹止痒药水

若婴幼儿痒得厉害，可以外涂炉甘石洗剂等药水以止痒。另外，要剪短婴幼儿的指甲，防止其抓破皮肤引起感染。

涂抹方法：洗手后核对药物，根据皮疹分布情况选择坐位或卧位，暴露患处注意保暖。将药物摇匀（水剂）或调匀（膏药），用棉签蘸取药物均匀地涂抹在皮疹处，涂抹应薄厚均匀，不污染衣物。

用药注意事项：婴幼儿荨麻疹若发作，勿自行处理，尽量到医院就诊，按医嘱服药，且不宜自行减药或停药。

一般急性荨麻疹经过规范抗过敏治疗后就可以消退，但也有部分婴幼儿荨麻疹反复发生，长达6周以上，称为慢性荨麻疹。若为慢性荨麻疹，需要更长时间的用药调整和治疗，应积极配合医生治疗。

（本节作者：解琼、刘金荣）

第五节　婴幼儿手足口病照护

一、婴幼儿手足口病护理方法

（一）维持正常体温

密切监测婴幼儿的体温，低热或中等热者无须特殊处理，鼓励婴幼儿多饮水。体温超过38.5℃者，遵医嘱使用退热剂。有高热惊厥史的婴幼儿应加强对其病情的监测，预防惊厥发作。

（二）密切观察病情

密切观察婴幼儿的病情，若出现烦躁不安、嗜睡、肢体抖动、呼吸及心率加快等表现时，提示神经系统受累或心肺功能衰竭，应立即就医，并积极配合治疗。

（三）皮肤护理

保持室内温度和湿度适宜，婴幼儿衣被不宜过厚，及时更换汗湿衣被，保持衣被清洁。避免用肥皂、沐浴露清洁皮肤，以免刺激皮肤。手足部疱疹未破溃处，涂炉甘石洗剂；疱疹已破溃、有继发感染者，局部用抗生素软膏。臀部有皮疹的婴幼儿，应保持臀部清洁干燥，及时清理大小便。

（四）口腔护理

保持婴幼儿口腔清洁，进食前后用温水或生理盐水漱口。有口腔溃疡的婴幼儿可将维生素B_2粉剂直接涂于口腔患处，或涂以碘甘油，以消炎止痛，促进愈合。

（五）饮食护理

婴幼儿应多食用营养丰富、易消化、流质或半流质的食品，如牛奶、粥等。饮食定时定量，少食零食，以减少对口腔黏膜的刺激。因口腔溃疡疼痛拒食、拒水造成脱水、酸中毒者，应给予补液以纠正水电解质紊乱。

（六）消毒隔离

每天开窗通风2次，接触婴幼儿前后双手均要消毒，婴幼儿用具要及时消毒处理。家属应勤洗手、戴口罩等。

二、婴幼儿手足口病护理的注意事项

（1）患手足口病的婴幼儿和隐性感染者均为传染源。病毒通过粪便、唾液或口鼻分泌物排出，粪便扩散病毒的时间可长达3～5周。主要传播途径为“粪—口”传播，亦可经接触婴幼儿呼吸道分泌物、疱疹液或被污染的物品而感染。本病多发生于学龄前儿童，感染后可获得免疫力，但持续时间尚不明确。

（2）家长要培养婴幼儿良好的卫生习惯，饭前、便后洗手，并对婴幼儿的玩具、餐具定期清洗消毒等。

（3）确诊的婴幼儿需立即隔离，其中不需住院治疗的婴幼儿可在家中隔离，家长要做好婴幼儿的口腔护理、皮肤护理及病情观察工作，如有病情变化应及时到医院就诊。

（4）手足口病流行期间不要带婴幼儿去公共场所，帮助婴幼儿加强锻炼，增强机体抵抗力。

（本节作者：解琼、刘金荣）

第六节　婴幼儿肺炎照护

一、婴幼儿肺炎的护理方法

（一）改善呼吸功能

1. 休息

保持室内空气清新，室温控制在22℃～24℃，湿度60%左右。婴幼儿应多卧床休息，减少活动。注意被褥要轻暖、穿衣不要过多，以免引起不舒适和出汗；内衣应宽松，以免影响呼吸；勤换尿布，保持皮肤清洁，使婴幼儿感觉舒适，以利于休息。尽量使婴幼儿安静，以减少机体的耗氧量。

2. 氧疗

有烦躁、口唇发绀等缺氧表现的婴幼儿应及早送医院就诊，通过给氧以改善低氧血症。吸氧过程中应经常检查导管是否通畅以及婴幼儿缺氧症状是否改善，发现异常及时呼叫医护人员处理。

另外，应遵医嘱让婴幼儿接受抗生素治疗，促进气体交换。

（二）保持呼吸道通畅

及时清除婴幼儿口鼻分泌物。经常变换婴幼儿体位，以减少其肺部瘀血，促进炎症吸收。根据病情采取相应的体位，以利于肺的扩张及呼吸道分泌物的排出。

指导婴幼儿进行有效咳嗽，排痰前协助其转换体位，帮助清除呼吸道分泌物。必要时，可用家用雾化器进行雾化吸入，使痰液变稀薄，利于咳出。

密切监测婴幼儿的生命体征和呼吸窘迫程度，做好记录，以便就医时完整描述婴幼儿的发病过程，帮助医生更快掌握婴幼儿疾病的发展情况，以便更快更好地给予诊治。

（三）降低体温

密切监测婴幼儿的体温变化，采取相应的护理措施。

（四）补充营养及水分

给予婴幼儿足量的维生素和蛋白质，少量多餐。哺喂婴幼儿时应耐心，每次喂食须将其头部抬高或抱起婴幼儿，以免食物呛入气管而发生窒息。进食确有困难者，可到医院进行静脉补充营养。鼓励婴幼儿多饮水以湿润呼吸道黏膜，利于咳出痰液，并有助于黏膜病变的修复，防止发热导致的脱水。

（五）密切观察病情

注意观察婴幼儿的精神、面色、呼吸、心音、心率等变化。当婴幼儿出现烦躁不安、面色苍白、呼吸加快时，有可能是心力衰竭的表现；若婴幼儿咳粉红色泡沫样痰则为肺水肿的表现，应立即就医。

密切观察婴幼儿的意识、瞳孔、囟门及肌张力等变化，若有烦躁或嗜睡、惊厥、昏迷、呼吸不规则、肌张力增大等表现时，应立即就医。

观察有无腹胀、肠鸣音是否减弱或消失、是否有便血，以及呕吐的性质等，以便及时发现中毒性肠麻痹及胃肠道出血。

如婴幼儿病情突然加重，出现剧烈咳嗽、呼吸困难、烦躁不安、面色青紫、胸痛及一侧呼吸运动受限等，提示出现了脓胸、脓气胸，应及时就医。

（六）健康知识

加强婴幼儿的营养，培养婴幼儿良好的饮食和卫生习惯。

从小养成锻炼身体的好习惯，经常进行户外活动，增强体质，改善呼吸功能。

婴幼儿应少去人多的公共场所，尽可能避免接触呼吸道感染的患者。

有营养不良、佝偻病、贫血及先天性心脏病的婴幼儿应积极治疗，增强抵抗力，减少呼吸道感染的发生。

定期进行健康检查，按时预防接种。

二、婴幼儿肺炎护理的注意事项

（1）保持居室空气新鲜，经常开窗通风，但不要让风直接对着婴幼儿吹。

（2）做好生活护理工作，使婴幼儿舒适，保证其休息，避免剧烈哭闹或剧烈活动。

（3）婴幼儿卧位时应垫高其颈肩部，经常翻身叩背，使痰液松动，利于排出。

（4）适当进行户外活动，注意体格锻炼。保证充足的睡眠，活动量应逐渐恢复，以不疲劳为原则。

（5）穿衣要适宜。气候变化时要及时增减衣服，以手足温暖无汗为宜。出汗后要及时擦干皮肤、更换内衣，以免受凉。

（6）饮食宜少量多餐，避免过饱。

（7）人工喂养者所用奶嘴孔大小要适宜，以滴奶成串球状为度，避免婴幼儿吮奶费力及呛咳。

（8）合理喂养，按时添加辅食，多饮水，适当增加维生素 C 的摄入。

（本节作者：解琼、刘金荣）

第七节　婴幼儿湿疹照护

一、婴幼儿湿疹的症状与护理方法

（一）婴幼儿湿疹的症状

湿疹是由内外因素引起的皮肤炎症反应，会反复发作。婴幼儿期的湿疹叫婴幼儿湿疹，一般出现在出生后 1 个月至两岁期间；儿童期湿疹大多是由婴幼儿湿疹延续而来的。主要表现为皮肤表面长出很多红斑或者小丘疹，有明显渗出，如果用手挠抓，会使皮肤表面溃烂，皮肤溃烂处会流出黄色液体而结痂。湿疹常发于婴幼儿的头部和面部，比如额部、双颊、头顶部等，也有可能蔓延全身。得了湿疹的婴幼儿会感到患处刺痒，因而焦躁不安、哭闹不止，以致影响夜间睡眠。如果护理不当，极有可能使患处皮肤感染化脓，进而形成脓疱疹。

（二）婴幼儿湿疹的护理方法

坚持母乳喂养。母乳喂养可以预防因牛奶喂养而引起异性蛋白过敏所致的湿疹，母亲在饮食方面要注意少吃海鲜等易引起过敏的食物，及时找出不合适的食物。

穿着棉质、软、宽松的衣物，避免人造纤维或毛织品直接接触皮肤，不用羽毛枕。衣物清洗选用刺激性弱的洗涤剂，洗涤时尽量漂洗干净。不宜使用塑料制品，尽量少用或不用纸尿裤。

保持皮肤清洁，不要过度洗浴，不宜用人乳洗脸，用温凉清水轻拭皮肤即可，洗澡时最好用温水或低浓度婴幼儿浴液，护肤品应选择添加成分简单、刺激性小的。冬季减少洗浴次数，洗浴时可用润滑剂，浴后立即使用增湿或保湿剂。

居室要凉爽、通风、清洁，室温不宜过高。为避免屋内尘螨吸入，建议用湿拖把、湿抹布清除。冬季居室应使用加湿器以提高环境湿度。

防止细菌、病毒感染。修剪指甲并避免婴幼儿挠抓患处，防止感染。头发和眉毛等部位结成的痂皮，可涂消过毒的食用油，第二天再轻轻擦洗。

若婴幼儿对牛奶过敏可改喂豆奶，或将牛奶煮开几次，这样可使蛋白变性而减轻过敏反应。

湿疹是婴幼儿的常见病，多发病且易反复，因此用药应注意选择。急性期可在局部用药，应选择浓度低、疗效高、副作用小的药，激素类和非激素类药交替使用。

用药时应咨询医生，过敏体质的婴幼儿在加蛋黄、鱼虾类食物时要密切观察其进食后的反应。

洗澡时最好先清洗全身，最后再洗头。尽量将婴幼儿在水里的时间控制在 10 分钟内。另外，婴幼儿一出浴盆就要擦干肌肤，然后抹上保湿护肤霜，以保持皮肤水分，缓解瘙痒症状。

如果医生建议使用药膏，则按医嘱使用。

二、婴幼儿湿疹护理的注意事项

（1）患湿疹的婴幼儿可以洗澡，但不要长时间洗热水澡（不超过10分钟），以免加重皮肤干燥及刺激皮肤。应每天或隔天沐浴一次，特别是皮肤皱褶处，要选用非碱性洗浴用品，不要用过热的水洗浴。如果洗澡后湿疹有加重，应该减少洗澡的次数。同时，对任何感染的迹象都要特别注意。

（2）在生活中要注意皮肤保湿，避免干燥。建议选择保湿霜，每天涂抹2~4次。最好选用无刺激、无添加婴幼儿专用的护肤品。

（3）若湿疹痒感明显，可适当用些止痒的外涂药物，减轻婴幼儿的痒感。除此之外，要保持婴幼儿手部清洁，及时修剪指甲，避免婴幼儿挠抓自己，造成皮肤损伤或破溃。

（4）婴幼儿所穿衣物要是纯棉透气的，保持宽松柔软，避免穿着化纤类等不易透气的衣服。注意勤换衣服，避免汗液刺激。婴幼儿吐奶后要及时清理。同时应注意婴幼儿的衣服不宜穿得过暖。在尿布的选择上，要选择纯棉质的、柔软的、白色的尿布。

（5）室内要保持通风、透气、清洁、凉爽，不要在室内吸烟，室内最好不要放地毯，打扫卫生最好是用抹布进行湿擦，避免扬起尘土，或者选用吸尘器处理灰尘多的地方。家里尽量不养宠物，如猫、狗等。避免让婴幼儿接触羽毛、花粉等过敏物质。

（6）对于有食物过敏史的婴幼儿，注意避免过敏食物的摄入，以免病情加重。母乳喂养的婴幼儿，婴幼儿及母亲均应避免进食过敏食物。辅食添加要少量、逐一添加，并充分蒸煮。对于婴幼儿，要使用大小合适的勺子，避免食物外溢，刺激口周皮肤。

（7）婴幼儿患湿疹时不建议接种疫苗，若要接种应咨询相关的医护人员。因为在湿疹发作期，婴幼儿本身抵抗力会有所下降。在接种疫苗后，可能也会有起疹的反应，不利于医护人员辨别婴幼儿接种后的真实反应。

（本节作者：解琼、萧慧敏）

第八节　婴幼儿腹泻照护

一、婴幼儿腹泻的症状与护理方法

（一）婴幼儿腹泻的症状

胃肠道症状：轻者食欲不振、溢奶或呕吐，大便次数增多；重者脱水，出现中毒症状。

全身感染症状：发热，精神烦躁、萎靡，意识模糊甚至休克。

水电解质紊乱：出现不同程度的脱水症状。

（二）婴幼儿腹泻的护理方法

1. 调整饮食

限制饮食过严或禁食过久易导致营养不良，并发生酸中毒，造成病情迁延不愈而影响生长发育，故婴幼儿腹泻期间应继续进食，以满足生理需要，以缩短病程，促进恢复。母乳喂养者可继续哺乳，但应减少哺乳次数，缩短每次哺乳的时间，暂停换乳期进行的食物添加；人工喂养者可喂米汤、酸奶、脱脂奶等，待腹泻次数减少后哺喂流质或半流质食物如粥、面条，少量多餐，随着病情稳定和好转，逐步过渡到正常饮食。呕吐严重者，可禁食4~6小时（不禁水），待好转后继续喂食，由少到多，由稀到稠。病毒性肠炎多有双糖酶缺乏，不宜用蔗糖，应暂停乳类喂养，改用酸奶、豆浆等。腹泻停止后逐渐恢复营养丰富的饮食，并每日加餐1次，共2周。对少数严重者或口服营养物质不耐受者，应及时送去医院就诊，必要时进行全静脉营养。

2. 维持水电解质及酸碱平衡

（1）口服补液盐（ORS）。口服补液盐用于婴幼儿腹泻时预防脱水及纠正轻、中度脱水。

（2）静脉补液。用于中、重度脱水、吐泻严重或腹胀的婴幼儿。根据不同的脱水程度和性质，结合婴幼儿的年龄、营养状况、自身调节功能，由医生决定补给溶液的总量、种类和输液速度。

3. 控制感染

按医嘱选用相应的抗生素以控制感染。护理前后认真洗手，腹泻婴幼儿用过的尿布、便盆应分类消毒，以防交叉感染。发热的婴幼儿，根据情况给予物理降温或药物降温。

4. 保持皮肤完整性

选用吸水性强、柔软的布质或纸质尿布，勤更换，避免使用不透气塑料布或橡皮布；每次便后用温水清洗婴幼儿的臀部并擦干，以保持皮肤清洁、干燥；局部皮肤发红处涂以5%鞣酸软膏或40%氧化锌油并按摩片刻，促进局部血液循环；局部皮肤糜烂或溃疡者，可采用暴露法，臀下仅垫尿布，不加包扎，使臀部皮肤暴露于空气中或阳光下。女婴尿道口接近肛门，应注意会阴部的清洁，预防上行性尿道感染。

二、婴幼儿腹泻护理的注意事项

（1）密切观察婴幼儿的生命体征，如精神、体温、脉搏、呼吸、血压等。体温过高时应给婴幼儿多饮水、擦干汗液并及时更换汗湿的衣服，给予其头部进行物理降温，如冰敷等。

（2）观察大便情况：观察大便次数、颜色、气味、性状、量，做好动态比较，为医生治疗提供可靠的依据。

（3）如出现全身中毒症状，包括发热、精神萎靡、嗜睡、烦躁等，应及时就医。

（4）口服补液盐应少量多次饮用。

（5）提倡母乳喂养，避免在夏季断奶，按时逐步添加辅食，防止过食、偏食及饮食结构突然变动。

（6）注意饮食卫生，食物要新鲜，食具要定时消毒。要教育婴幼儿饭前便后洗手，勤剪指甲，养成良好的卫生习惯。

（7）加强体格锻炼，适当进行户外活动；注意气候变化，防止受凉或过热。

（8）避免长期滥用广谱抗生素。

（9）识别脱水的要点：嘴唇、口部及皮肤干燥；眼窝凹陷，眼泪少，婴幼儿可有囟门凹陷；精神差、疲乏、无力或烦躁不安；尿量少，口渴。

三、口服补液盐的配制

（一）操作准备

环境清洁、舒适、光线充足。配制者洗手，准备好口服补液盐、量杯。

（二）配制方法

洗完手后，将一袋口服补液盐打开，整袋一次性倒入随包装配送的量杯中，加入250mL温开水（水位至量杯的刻度线处），搅拌均匀。根据医嘱给婴幼儿口服。

（三）注意事项

（1）应整袋冲入250mL温开水，不能拆分冲水。

（2）不能向配制好的溶液里添加糖、果汁、牛奶等其他物质。

（本节作者：解琼、萧慧敏）

第九节　婴幼儿的给药方法

一、婴幼儿的常用给药方法

婴幼儿给药以保证用药效果为原则，需综合考虑婴幼儿的年龄、病情等，以决定相应的剂型、给药途径，同时排除各种不利因素，减少婴幼儿的痛苦。

（一）口服法

口服是最常用的给药方法，对婴幼儿身心的不良影响小，只要条件许可，尽量采用口服法给药。

婴幼儿所服用的药通常选用糖浆、混悬剂、水剂或冲剂，也可将药片研碎加少量水或果汁（不超过一茶匙），但任何药均不可混于奶中或主食哺喂，以免婴幼儿因药物的苦味产生条件反射而拒绝进食。肠溶或缓释片剂、胶囊不可研碎或打开服用，以免破坏药效。

给婴幼儿喂药时，可用滴管或小药匙给药。若用小药匙喂药，则从婴幼儿的口角处顺口颊方向慢慢倒入药液于其口中，待其将药液咽下后方可将药匙拿开，以防婴幼儿将药液吐出，每次量不超过1mL。此外，可用拇指和食指轻捏婴幼儿的双颊，使其吞咽。注意不要让婴幼儿完全平卧或在其哭闹、哽咽时喂药，喂药时最好抱起婴幼儿或抬高其头部，不可以捏住其鼻子强行灌药，以防呛咳。婴幼儿喂药应在喂奶前或两次喂奶间进行，以免因服药时呕吐而将奶吐出引起误吸。

给婴幼儿及学龄前儿童服药时，可以使用药杯给药，应该用坚定的语气以及婴幼儿能听懂的语言，解释服药目的；给药后，及时表扬婴幼儿，并可给予奖励。

（二）外用法

以软膏为多，也可用水剂、混悬剂、粉剂、膏剂等。根据不同的用药部位，可对婴幼儿的手进行适当约束，以免因婴幼儿抓、摸使药物误入眼、口而发生意外。

（三）其他方法

（1）雾化吸入较常应用，但需有人在旁边照顾。

（2）灌肠给药法采用不多，可用缓释栓剂，如常用的肛门给药法，给予通便剂或退热药。

（3）含剂、漱剂对婴幼儿来说使用不便，年长儿可以使用。

（4）经耳道给药时，注意正确的拉耳方法：3 岁以下的婴幼儿，将其耳垂往下往后拉；对 3 岁以上的儿童，则将耳垂往上后方轻拉。用耳温计在外耳道内测温的方法与之相同。

二、婴幼儿给药的注意事项

（1）严格按照说明书或医嘱用药。因婴幼儿用药的剂量非常少，应在用之前严格阅读说明书或医嘱。

（2）切忌强行灌药，这样容易使婴幼儿呛咳而引起窒息。

（3）把握好吃奶与服药的间隔，如钙剂应在两顿奶之间服用，忌与牛奶同服。

（4）药物吐出后不可再喂，因为无法准确评估婴幼儿到底服了多少剂量。

（5）服药后仔细观察婴幼儿的反应。

（6）吃剩的药应立即扔掉，以免婴幼儿放入嘴里，导致加大用药的剂量从而引发危险。

三、婴幼儿口服给药的具体操作

（1）服药前准备。环境卫生舒适、光线充足，喂药者洗手，准备好药品、药杯、奶瓶、小匙、滴管、小水壶、小饭巾、研钵、搅棒等。查看药物及给药剂量是否正确。

（2）喂药方法。

①奶嘴喂药法。将药物放在奶嘴中，将奶嘴轻触婴幼儿嘴部，婴幼儿吮着奶嘴，将奶嘴向上，此时药液充满奶嘴。药液吸吮完毕后，在奶嘴内放入少量温开水，让婴幼儿吸吮，起到冲洗口腔的作用（见图 13－7）。

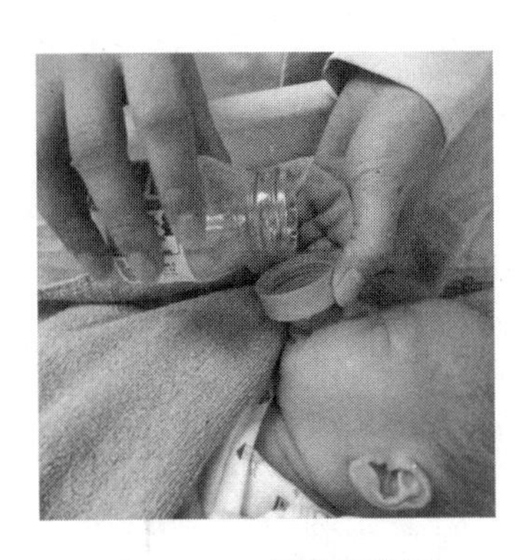

图 13－7　奶嘴喂药法

②奶瓶喂药法。将药物放在奶瓶中，将水与药物充分摇匀，将奶嘴放入婴幼儿的嘴中，奶瓶底部向上，此时药液充满奶嘴。吸吮完毕后，奶瓶内放入少量温开水，让婴幼儿吸吮，起到冲洗口腔的作用（见 13－8）。

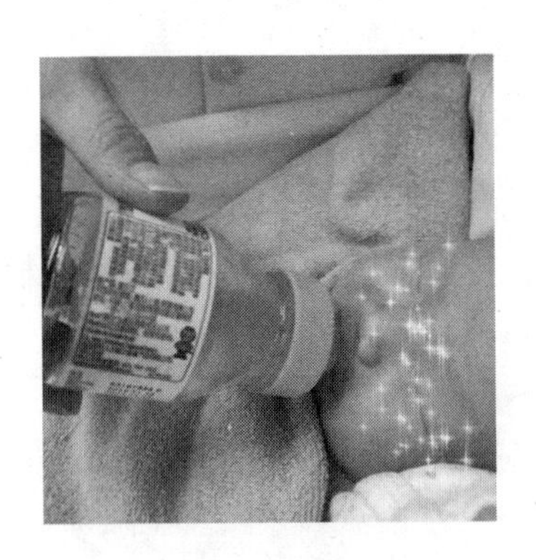

图 13－8　奶瓶喂药法

③单人喂药法。喂药时，将婴幼儿抱起，婴幼儿半卧位于操作者怀中。用小饭巾围于婴幼儿颈部，用小匙盛药，轻捏其双颊，从婴幼儿嘴角处缓缓喂入。喂完药液后，喂服少量温开水。

④双人喂药法。不配合服药的婴幼儿，可采用双人喂药法。婴幼儿呈半卧位，一人固定婴幼儿的头部，使其面朝上，另一人一手捏住婴幼儿的脸颊，另一手持药杯，放在近侧嘴角处，缓慢倒入。喂药完毕后，给予少量温开水喂服，婴幼儿不吞咽时，可将小匙留在口中压住舌尖片刻，以防婴幼儿吐出药物，等咽下后再将小匙取出，然后喂少许温开水。

喂药完毕后，将婴幼儿放在大腿上，用手固定其头部，用另一手轻拍其背部。也可以将婴幼儿抱起，让其伏在家长的肩膀上，用手轻轻地拍打其背部，以减少吐药。喂药完毕后再次核对药物服用是否正确。

（3）注意事项。

①防呛咳、误吸。不配合服药的婴幼儿，在服药的过程中，注意缓慢喂药。对于不能服用片剂等的婴幼儿，可研碎服用（注意缓释片不可研碎，可与医生沟通选用普通片剂）。婴幼儿呛咳时应暂停喂药，并轻轻叩击婴幼儿的背部。如有分泌物应及时清理，防止分泌物误吸，引起吸入性肺炎。

②防呕吐。婴幼儿胃排空常较慢，胃部呈水平位，易发生呕吐。药物味苦或有异味，或服用过快等均可引起婴幼儿胃部不适致呕吐。若遇婴幼儿将药物吐出，注意及时清理呕吐物，防止窒息。并咨询医生，根据呕吐的时间以及呕吐物的性质、量等情况，判断服用药物是否吐出，以决定是否需要补服药物。通常若在1小时以内出现大量呕吐，则再补服一次同剂量药物。若超过1小时后呕吐，一般不用补服。

③液体类型的药物可通过量杯或滴管测量药量。使用量杯读取剂量时，视线应与液面最凹处保持水平。

（本节作者：解琼、萧慧敏）

第十四章　婴幼儿的安全照护

第一节　婴幼儿的行走安全照护

大多数婴幼儿从 10 个月开始就能在家长的牵引下蹒跚学步了，15 个月时就可以独立行走了，这虽然给家人带来了无限惊喜，但同时存在着诸多安全问题。

婴幼儿小脚丫的特点：脚掌肥厚，看起来圆滚滚的，是因为婴幼儿的脚掌脂肪层比较厚。但由于脚掌的足弓尚未发育完全，无法完全吸震，所以走起路来总是摇摇晃晃的，重心无法像大人一般稳固。除了脚掌的脂肪层较厚之外，由于婴幼儿新陈代谢的速度较快，所以脚掌很容易出汗，而且鞋子不合脚会影响学步。

一般学走路可分为几个阶段，一些体态偏胖、体重较重的婴幼儿，学会走路相对要更晚一些。

8 个月的婴幼儿，其生长发育有着自己独特的"时间表"，一般在 8 个月以后，婴幼儿便开始能够借助外力，如扶着成人的手站立起来了。

10 个月的婴幼儿已经可以尝试独自站立，并能够在成人的牵引下蹒跚迈步。

12 个月的婴幼儿扶着东西能够行走，接下来必须让其学习放开手也能走两三步。此时蹲是最重要的发展过程，家长应注重对婴幼儿站、蹲时连贯动作的训练。

13 个月左右的婴幼儿，家长除了要继续训练其腿部的肌力及身体与眼睛的协调度之外，也要着重训练婴幼儿对不同地面的适应能力。

14 ~ 15 个月的婴幼儿已经能稳健行走，对四周事物的探索能力逐渐增强，同时逐渐练就了上下台阶的本领。家长应该在此时满足其好奇心，使其往正面发展。

婴幼儿在学步的过程中容易出现骨折、烫伤、脱臼等意外，家长要格外小心。

（1）骨折。由于婴幼儿的运动能力发展较快，但感知能力相对滞后，因此具有活动时协调性不佳、对危险无意识等特点，故而特别容易在学步初期频繁出现磕碰、跌倒等状况，除了皮外伤，甚至还可能造成肢体创伤，发生骨折。

（2）烫伤。由高温液体、固体或蒸气所致的损伤统称为烫伤。开水瓶、汤碗、油锅等如果摆放位置不当，让学步的婴幼儿有机会接触，就可能带来严重的伤害。

（3）脱臼。指关节头从关节窝中滑出，使得关节无法正常活动。婴幼儿的关节发育还很稚嫩，韧带较为松弛，关节囊还不够稳固，加上腿部力量不足，因此在学步时跌跌撞撞。家长应避免拽着婴幼儿的双手行走，造成其双肩吃力，从而导致肩部关节脱臼。

对于婴幼儿来说，最初的良好行走体验对其是非常重要的。

婴幼儿开始学走路时，如果因路面不平被绊倒，会挫伤其学走路的积极性，从而害怕走路，不愿放开家长的手，所以一定要选择平坦的路面来练习。

婴幼儿最初练习行走的时候，家长一定要注意保护，待其步伐灵活后才可以放手，与其相隔约 50cm，以便能随时进行保护。

家长可站在婴幼儿的身后，两手托住其腋窝，让其向前行走；或者用长浴巾从婴幼儿的胸前穿过两侧腋下，辅助其学走路；家长也可以做一条两寸宽的环形带子，套在婴幼儿身上，从后面拽住带子，帮助其行走。

每次练习时间不宜过长，但练习次数可逐渐增加。要循序渐进，从轻扶双手到扶单手再到独站，最后能独自行走几步。只要能走几步，就要让婴幼儿每天练习走路，但每次走路的时间不宜过长。

当婴幼儿能较稳当地走几步时，可让其在地上玩球。当球向前滚动时，婴幼儿自然有追的欲望，完全不会顾及摔倒，甚至可能连续迈出几步，这样可以增强婴幼儿学会走路的信心。

由于婴幼儿在学步阶段所遇到的危险，比学坐、爬这些动作时遇到的危险都大，因此家长需在环境安全上多费心思。

地板上最好能垫上有一定摩擦力的拼图软垫，这样就可以有效防止婴幼儿挫伤和跌伤。

开水瓶、热水杯、汤碗、油锅之类的物品不仅要远离婴幼儿，还应放在婴幼儿根本触碰不到的地方。

婴幼儿学步时家长可以用双手扶住其腰部，帮助其站稳。

如果婴幼儿不想站立或行走，不可勉强，更不要去拉扯婴幼儿。应保障婴幼儿的行走安全。具体操作如下：

（1）环境准备。安全舒适，及时清理不必要的障碍物，扩大活动空间。

（2）操作要点。

①婴幼儿开始学走路时，要选择平坦的路面来练习。

②待婴幼儿步伐灵活以后，与其相隔约50cm，以随时保护婴幼儿。

③站到婴幼儿身后，或借助辅具帮助其行走。

④每次练习时间不宜过长，但练习次数可逐渐增加，要循序渐进。

⑤当婴幼儿能独立行走时，要注意开水瓶、汤碗、油锅之类的物品，应远离婴幼儿。

（3）注意事项。

①正处于学步阶段的婴幼儿所遇到的危险比学坐、爬这些动作时遇到的危险都大，家长在环境安全上尤其要多费心思。

②地板上最好垫上有一定摩擦力的拼图软垫，可以防止婴幼儿挫伤和跌伤。

（本节作者：张苏梅、王秀华）

第二节　婴幼儿的乘车安全照护

车给人们带来了方便，婴幼儿乘车一定要格外注意安全。虽然有许多家长知道应给婴幼儿使用专用的儿童安全座椅，但在马路上，我们仍能看到许多怀抱婴幼儿坐在车内的家长，这些潜在的危险因素是不容忽视的。有关资料显示，如果婴幼儿坐在后排，无论汽车是否有安全气囊，致命率都会减少1/3。因此，无论汽车是否有安全气囊，保护婴幼儿的最好办法是将其安排在汽车的后排坐。父母一定要保证婴幼儿乘车的安全，掌握更多的乘车安全知识。

一、不同年龄的婴幼儿应该采取的安全保护措施

（一）新生儿或较小的婴幼儿

应使用提篮式安全座椅（见图14－1）。应注意以下几点：

（1）将安全带的带子放置于较低的狭槽，与婴幼儿肩齐高或者比肩略低。

（2）将安全带夹的顶部系在婴幼儿腋窝的位置。

（3）不要把朝后坐着的婴幼儿和能起作用的安全气囊一起放在前排座位上。

（4）保持安全带贴身系好，将婴幼儿束缚装置安装在车上时，角度应该小于45°。

（二）初学走路的婴幼儿

应使用高靠背式汽车座椅（见图14－2）。应注意以下几点：

（1）将安全带的带子放置在指定的加固狭槽中，与婴幼儿肩齐高或者高过肩部。

（2）将安全带夹固定在婴幼儿腋窝的高度，保持安全带的带子贴在婴幼儿身上。

图14－1　提篮式安全座椅

图14－2　高靠背式汽车座椅

二、婴幼儿乘车的正确方式

（1）婴幼儿乘车最安全的位置是汽车的后排座位。家长要让婴幼儿习惯坐在汽车后排座位上，除非车内后排座位没有空间，可以让婴幼儿坐安全座椅或让更大的婴幼儿佩戴安全带坐在前排，但必须将前座尽量向后调。

（2）婴幼儿坐车时一定要使用专用的安全座椅，并将安全带牢牢地系在安全座椅上。至于安全座椅的安置方式，具体是面向车头还是车尾，需要仔细参阅相关的产品说明书。

（3）婴幼儿不能坐在有缓冲气囊的位置。现在的汽车所配备的安全气囊已经不止前座两个，有的还配备了侧面安全气囊甚至气帘，它们有可能在弹开时碰伤婴幼儿，因此，安全座椅摆放的位置要考虑能否避免婴幼儿被弹开后的安全气囊碰到。

三、婴幼儿乘车的注意事项

（1）家长不能抱着婴幼儿乘车。当发生危险紧急刹车时，即使婴幼儿被家长抱在怀中，家长无力也无法及时给婴幼儿提供保护。即使婴幼儿被束缚在座椅上，其颈部仍然会在紧急刹车中受到致命冲击。

（2）婴幼儿不能坐副驾驶座位。汽车上的所有座位中，副驾驶座位是最不安全的。因为一旦有紧急情况出现，驾驶者可能出于求生的本能而逃避危险，这样就把危险留给了副驾驶位置上的人。另外，副驾驶位置上的安全气囊对于婴幼儿有造成窒息的危险。

（3）婴幼儿不能使用成人的安全带。一般汽车座椅和安全带是专门为成人设计的，不适合婴幼儿的体型，既不安全又不舒适。如果婴幼儿使用成人的安全带，遇到危险时可能导致致命，或造成腰部扭伤等。

（本节作者：张苏梅、王秀华）

第三节　婴幼儿的摔伤防护

婴幼儿在刚学会爬行或者坐、行走时，很容易受伤摔倒，这让许多家长很不放心。家长应如何有效预防婴幼儿摔倒受伤呢？

一、远离危险地方

不让婴幼儿在任何有可能摔伤的地方玩耍，如阳台或楼梯旁，而家中的楼梯必须在楼梯口装设护栏，并且要随时上锁，以免婴幼儿摔下楼。

二、注意窗户及阳台高度

窗户和阳台高度依照规定至少要有 110cm，并且避免在窗户旁边摆设椅子、床垫或床板等可以踩踏上去的物品，以免婴幼儿可以轻易攀爬碰到窗户边缘，并建议加装隐形铁窗、儿童防护窗或增设安全开关；窗户若安装了安全锁，开口就只能打开 10cm，确保婴幼儿无法攀爬出去。

三、不宜使用学步车

当婴幼儿学习走路时，时常有家长会让其坐上学步车学习，但由于学步车有轮子不易控制，可移动性远超出婴幼儿可控制的能力，若是靠近楼梯摔落，可能造成骨折、头部受伤，甚至死亡。

四、坐椅子要系上安全带

婴幼儿可能从任何有高度的地方摔下，因此即使坐上椅子时，务必给其系上安全带，并且要教育婴幼儿坐在椅子上时必须坐好，不可以站起来。

五、适时调整婴儿床床栏高度

避免将婴幼儿单独放在床上，以免其翻身时从床上摔下，并根据其年龄来调整床栏高度。若床栏高度不足婴幼儿身高的3/4，婴幼儿就可能直接爬出来，因此家长必须适时调整床垫及床栏高度。

六、注意台阶

台阶可锻炼婴幼儿爬的技巧，他们常会跟着家长或大一点的婴幼儿爬到台阶处。台阶处应保证白天和夜晚都有足够的亮度，不要放置任何东西，如地毯。台阶应至少一边有扶手，还可在台阶处装上一扇门，门的一头要关上。

七、注意家具

婴幼儿可能从任何有高度的家具上摔落，如床、凳子、桌子等，不要让婴幼儿攀爬这些家具；当婴幼儿坐在高处时，要时刻在旁边看护，最好使用有安全带的专用座椅；当婴幼儿坐在椅子上时，应告诉他们不要随意站起来。

八、注意地面

地面有水，地面不平或在房间的地板上放玩具、鞋子和其他物体，都有可能使婴幼儿绊倒。教导婴幼儿在玩完后及时收好玩具；当地上有水时，要马上擦干；保持家中的过道上没有杂物。

若出现摔伤情况，家长应立即判断婴幼儿的伤情，安抚婴幼儿的情绪，必要时送医院进一步检查，保证安全。

（本节作者：张苏梅、王秀华）

第四节　婴幼儿的烫伤防护

烫伤是婴幼儿经常遇到的伤害之一，在日常生活中稍有疏忽，婴幼儿就有被烫伤的可能。家长应从孩子婴幼儿时期就为其创造一个安全的环境。其实，只要家长高度关注安全问题，这些意外都是可以避免的。

家长在日常生活中要细心，把婴幼儿放在安全的地方。

家长不宜抱着婴幼儿抽烟、倒开水或拿热水瓶等，也不要从婴幼儿的头上递盛满的热饮料、热水等，以免碰翻烫伤婴幼儿。

抱婴幼儿同桌吃饭时，不能把装有沸汤的火锅等放在其面前。不要抱着婴幼儿去厨房做饭。

给婴幼儿准备的饭菜应早些预备，以免其着急，在伸手去拿或吃到嘴里时被烫伤。

盛热水、热奶的杯子，不要放在桌子边沿处，婴幼儿可能踮起脚来用手把杯子打翻。如果婴幼儿拉住台布的一角就更危险了，因为桌边上的热水以及其他热烫物可能会随台布一起滚落下来。因此，即使没有台布，也应把杯、盘、碗、锅等容器放在桌子里边。

地面上及桌子下也不要放热锅或热水瓶等，婴幼儿随时都会因走路不稳而扑倒在地，导致碰翻热锅或热水瓶等。

母亲单独一人为婴幼儿洗澡时，浴盆内先盛冷水，后加热水，然后用手试水温。不要把婴幼儿独自放在先盛好热水的浴盆边再去接冷水。

不要让婴幼儿到厨房玩耍，火炉、开水、热锅等都是危险的，随时注意不让婴幼儿靠近各种火源。

烫伤多发生在裸露部位，如头面部、四肢、臀部等。婴幼儿皮肤薄而嫩，表皮内运动神经对热的反应强烈，接触温度不太高的热物也可导致烫伤。相对成人来说，同等热力在婴幼儿身上造成的损伤比成人大。如对于成人仅为轻度烫伤，而对于婴幼儿则可能为重度烫伤。婴幼儿身体小，相对受伤面积也会比成人大。

万一发生烫伤，家长不要惊慌，应赶快清除造成烫伤的物品。

若发生热烫伤，应立即脱去被热液浸透的衣服，如衣服和皮肤难以分离，切勿撕拉，剪去可与皮肤分离的衣服部分。其他部分再做处理。

如果烫伤的范围很小，只是皮肤有点肿痛和发红，可用冷水冲洗创面，或将患部浸入冷开水中，持续 20～30 分钟，可以止痛，并缩小红肿范围。

局部出现的水疱应加以保护，可用干净纱布盖好，使疱内水慢慢吸收，不应将其挑破，否则易造成感染。

大面积的、严重的烫伤及头面部烫伤，应抓紧时间送医院抢救。

（本节作者：张苏梅、王秀华）

第五节　婴幼儿的烧伤防护

烧伤是婴幼儿经常遇到的伤害之一，在日常生活中稍有疏忽，婴幼儿就有被烧伤的可能。家长应从孩子婴幼儿时期就为其创造一个安全的环境，家中应避免一切可能会引起烧伤的隐患。只要家长高度关注安全问题，这些意外都是可以避免的。

应教育婴幼儿不随意摆弄家用电器，不接近电源开关、插头、电线等，以免造成电烧伤。

不要将婴幼儿单独留在厨房中或火炉旁。

不能让婴幼儿玩火及靠近正在燃放的烟花爆竹，一定要有家长看护，不能让其单独玩耍。

家里不要存放高危化学物质，如硫酸等，以免引起化学性烧伤。化学性烧伤一般创面较深，留疤痕的可能性大。

烧伤的紧急处理方法：

（1）冲。烧伤后立即脱离热源，用流动的冷水冲洗创面，降低创面温度，减轻高温进一步渗透所造成的组织损伤程度。

（2）脱。很多人都易忽视“脱”。如果是被开水烫伤，衣服上的水温仍然较高，不脱去衣服，相当于没有脱离热源，伤情会加重。所以边冲边脱是正确的处理方法。

（3）泡。脱下衣服后要继续把伤口泡在冷水中。泡冷水可持续降温，避免起水疱或加重病情。如果出现小水疱，注意不要弄破，交由医生处理。

（4）包。包即包裹伤面，送婴幼儿去医院之前一定要包裹伤面，如裹上一块干净的毛巾，切忌自行涂抹药膏。

（5）送。送去医院就诊，寻求医生的救助。

预防婴幼儿烧伤方法：

最重要的是评估婴幼儿活动环境是否安全，物品摆放是否合理，检查物品是否存在烧伤隐患。应注意若婴幼儿出现烧伤情况，家长应立即判断其伤情，安抚其情绪，做好紧急处理，必要时立即送医院处理。

（本节作者：张苏梅、刘连友）

第六节　婴幼儿的玩具及用品伤害防范

玩具及用品在婴幼儿的成长过程中起着潜移默化的启蒙教育作用，是婴幼儿观察和了解世界的“伴侣”，其质量好坏关系到婴幼儿的身体健康和人身安全。有关资料表明，我国每年因玩具存在的质量与安全隐患造成的伤害事件频发，部分假冒伪劣、粗制滥造的玩具用品成为婴幼儿们身心健康的头号“隐形杀手”。为了防范玩具及用品对婴幼儿造成的伤害，如何选购一款适合的玩具用品尤其重要。一款好的玩具，可以帮助婴幼儿在成长过程中开发智力，激发想象力，唤起婴幼儿的好奇心。

一、婴幼儿玩具及用品的选择方法

（一）拒绝“三无”产品

购买时要注意查看玩具的标识及安全警告标志，应尽量选择正规厂家生产的玩具，拒绝购买“三无”产品。买玩具要查看产品的“CCC”标志，注意警示信息或其他安全信息，还要注意查看玩具的使用说明。选择塑料玩具时一定要看其表面是否光滑，颜色是否纯正，材料是否有杂质，是否够结实，闻上去是否有气味。好的塑料玩具是能够达到食品级塑料的，不含任何杂质，更不会有气味。

（二）注意玩具的适用年龄

给婴幼儿选择玩具时，不应选择带有可能会被吞下或吸入的小部件玩具，包括小球体和未充气的气球，避免被误食后塞住喉咙；未充气或破裂的气球，可能对8岁以下的儿童造成窒息危险，需在家长的监护下使用；只有8岁以上的儿童才能玩带有加热元件的电动玩具。

（三）检查玩具的质量状况

硬质玩具应没有刺伤、划伤婴幼儿皮肤的锐利尖端和边缘；填充物玩具手感应柔软，无异物、硬物感，玩具的运动部件不会夹伤婴幼儿的手指。

（四）识别含有害物质的玩具

要谨慎购买可能含对婴幼儿有害的苯、铅、镉等化学成分或重金属超标的彩色玩具，不要选择带有强烈香味或异味的玩具，在婴幼儿玩完玩具之后或者吃东西之前一定要督促其把手洗干净。购买毛绒玩具时要防止买到使用黑心棉或用未经消毒的废旧料做填充物的商品。

（五）注意防范发声玩具损害婴幼儿的听力

发声玩具的音量应控制在70dB以下，避免对婴幼儿的听觉系统造成损害。

（六）避免选择带尖锐利器的玩具及用品

玩具不能有尖锐的金属和玻璃边缘。带有箭头的玩具，箭头的尖端必须有厚软的橡皮，而且应牢固，不易脱落。婴幼儿的自制力和控制力相对薄弱，因此，飞镖、弹弓、仿真手枪、激光枪等弹射、尖锐强度大的玩具不适合其玩耍。

（七）观察玩具包装

选购的玩具一般配有塑料包装袋或包装物，拆封后应立即收好或丢弃，不要让婴幼儿玩耍，避免其对塑料袋使用不当而造成窒息。玩具的质量关系着婴幼儿的安全和健康，因此在购买时一定要十分注意。

（八）定期清洗和消毒玩具及用品

耐湿、耐腐、不易褪色的玩具可用0.2%过氧乙酸或0.5%消毒灵浸泡、擦抹消毒；毛绒、纸制用品可通过放在太阳下晒，以利用紫外线消毒杀菌；木制玩具可用肥皂水烫洗；金属玩具可先用肥皂水擦洗，再日晒；利用电子消毒柜或用消毒剂浸泡，效果也很好。

二、注意事项

应及时评估婴幼儿玩具及用品是否安全，并有专人看护婴幼儿。尽量选择品牌玩具用品，保证质量安全。注意以下几点：

（1）拒绝“三无”产品，检查玩具的质量状况，识别含有害物质的玩具，注意发声玩具可能损害婴幼儿的听力，避免选择带尖锐利器的玩具及用品。

（2）注意玩具的适用年龄。

（3）配有的塑料包装袋或包装物，拆封后应立即收好或丢弃。

（4）定期清洗和消毒玩具及用品。

（5）好的塑料玩具是能够达到食品级塑料的，没有任何杂质，更不会有气味。

（本节作者：张苏梅、刘连友）

第七节　婴幼儿的公共场所伤害防护

一天忙碌的工作结束后，很多家长都会带婴幼儿去商场、超市等公共场所，购物、吃饭、娱乐等需要都可以在这里得到满足。在家长们看来，这些公共场所相对安全，却忽视了一些“隐形杀手”。常见的自动扶梯、旋转门、玻璃护栏等公共设施很可能会给缺乏自我保护能力的婴幼儿带来危险。近年来，商场等公共场所的安全事故屡屡发生，婴幼儿安全问题屡“亮红灯”，安全隐患防不胜防。如何才能更好地保护好婴幼儿？接下来说说一些常见的公共设施隐患。

一、公共场所中常见的隐患设施

在公共场所，家长不要让婴幼儿离开自己的视线。常见的隐患设施有以下几个：

（1）玻璃护栏。不要让婴幼儿在玻璃护栏旁玩耍、打闹，抱着婴幼儿的家长不要在玻璃护栏处停留，不要让其坐在自己的肩膀上。带婴幼儿观看表演时，最好到所在楼层观看，不要让其坐在玻璃护栏上，发现其有攀爬行为时，要立即制止。

（2）自动扶梯。家长抱着婴幼儿上扶梯时若没抱稳，婴幼儿很可能一下子就掉下去，造成意外；或者婴幼儿的手脚被夹住，造成伤害。家长要引导婴幼儿安全乘坐自动扶梯，一旦身体被卡，要立即求救，让他人按下扶梯停止按钮。

（3）电梯。带婴幼儿外出时，可乘坐垂直升降电梯，不要将婴儿车推上自动扶梯。若不得不乘坐自动扶梯，家长应和婴幼儿一同乘坐自动扶梯并看护好婴幼儿，不要让婴幼儿在梯级上打闹奔跑。上下扶梯时应当心。不要在扶梯附近停留，不要攀爬扶手带。应确保婴幼儿的随身物品不会被卷入扶梯，如松开的鞋带、较长的裙子等。扶梯一端有一个紧急按钮，一旦出现意外，要第一时间求助他人按住按钮，使扶梯停止运行。坐电梯要记住六个字：慢进梯，快出梯。

（4）护栏。商场的护栏分很多种，有的全封闭，有的有缝，有的下面缝隙很大，足够婴幼儿穿过去。家长要善于发现隐患，提前做好防范。

（5）购物车。要使用有专用挡板的购物车，婴幼儿要面向家长坐在挡板上，不能让婴幼儿站在购物车里，以免摔倒。购物车必须在家长的视线范围内。购物车不是玩具，不要让婴幼儿推购物车玩。购物车通常只适合婴幼儿乘坐，否则会造成购物车“头重脚轻”，易导致翻车。

家长带婴幼儿外出要注意，要做到有效看护，而不是无效看护。所谓无效看护，即虽然很多人看着婴幼儿，但没有指定看护人，都认为对方在看护婴幼儿，结果谁都没有看住，甚至酿成悲剧。带婴幼儿出门时，一定要指定专门看护人，这个人可以不做任何事情只看护婴幼儿，才不会出现“我以为你在做，但最后谁也没做”的情况。最后，大家要记住，我们是带着婴幼儿外出的，而不是只有自己外出。

二、注意事项

应及时评估所在的场所是否安全，并有专人看护婴幼儿。注意以下几点：

（1）不要让婴幼儿离开自己的视线。

（2）不要让婴幼儿在玻璃护栏旁玩耍、打闹。抱婴幼儿的家长不要在玻璃护栏处停留，不要让其坐在自己的肩膀上。

（3）带婴幼儿外出时，可乘垂直升降电梯，避免将婴幼儿车推上自动扶梯。

（4）要使用有专用挡板的购物车，婴幼儿要面向家长坐在挡板上，不能站在购物车里，以免摔倒。

（5）尽量少携带婴幼儿到公共场所活动，特别是流感爆发季节。

（本节作者：张苏梅、刘连友）

第八节　婴幼儿的宠物伤害防护

婴幼儿的自我保护意识不强，很多家长考虑到婴幼儿的身心健康，就会放弃养宠物的想法。但是有些人确实喜欢养小动物，若家中本身就有宠物就更难以割舍了，那么家长就要在诸多细节上多注意，防止婴幼儿受到伤害。

一、婴幼儿的宠物伤害防护常识

（1）在正规的机构购买或领养宠物。将宠物带回家之前，先带宠物去正规宠物医院体检，并注射相关的健康疫苗。

（2）训练宠物养成最基本的生活习惯，让宠物逐渐懂得哪些事可以做，哪些事坚决不能做，如坚决不能随地大小便。

（3）禁止宠物与婴幼儿一起睡觉，可在婴幼儿的摇篮或床上加网罩以保护。

（4）宠物的餐具用完后要立即收起来放到婴幼儿碰不到的地方，宠物餐盘要保持干净，定期消毒，并防止婴幼儿用手触摸。

（5）将宠物的“秽物箱”放在婴幼儿可接触范围之外。宠物的大、小便要及时清除，尤其不要让婴幼儿踩到、抓到。

（6）预防宠物身上长跳蚤，跳蚤对婴幼儿有害。

（7）禁止婴幼儿逗宠物玩。不要让宠物舔婴幼儿，防止宠物把病毒传给婴幼儿。不要让婴幼儿去摸宠物的毛发，接触宠物后要用肥皂洗手。

（8）不要让婴幼儿喂食宠物。不要教婴幼儿给宠物直接喂食，更不要让婴幼儿用手拿着食物给宠物吃。保持宠物的身体清洁，勤给宠物洗澡，修剪指甲、剪毛发、接种疫苗等，宠物的窝也要经常打理。

（9）教导婴幼儿不必害怕动物，但是要小心动物，不要靠近被拴住的宠物以及抚摸陌生的动物。

二、注意事项

应及时评估所在的场所是否有宠物，并有专人看护婴幼儿。注意以下几点：

（1）禁止宠物与婴幼儿一起睡觉，不要让婴幼儿喂食宠物，教导婴幼儿不要靠近被拴住的宠物。

（2）宠物餐盘要保持干净，定期消毒，并防止婴幼儿用手触摸。

（3）宠物的大、小便要及时清除，防止宠物身上长跳蚤。

（4）不要让宠物舔婴幼儿，婴幼儿接触宠物后，要用肥皂洗手。

（5）尽量不收养流浪宠物。

（6）要在正规的机构购买或领养宠物，训练宠物形成良好的习惯。

（本节作者：张苏梅、刘连友）

参考文献

［1］肖洪玲．儿科护理学［M］．郑州：郑州大学出版社，2015.

［2］刘湘云，林传家，薛沁冰．儿童保健学［M］．南京：江苏科学技术出版社，1989.

［3］毛萌，江帆．儿童保健学［M］．北京：人民卫生出版社，2020.

［4］王卫平．儿科学［M］．北京：人民卫生出版社，2013.

［5］苏祖斐．实用儿童营养学［M］．北京：人民卫生出版社，1964.

［6］焦广宇，蒋卓勤．临床营养学［M］．北京：人民卫生出版社，2002.

［7］陈宝英．新生儿婴儿护理百科全书［M］．成都：四川科学技术出版社，2016.